心灵与认知文库·原典系列
丛书主编 高新民

放大心灵

具身、行为与认知延展

〔英〕安迪·克拉克 著

李艳鸽 胡水周 译

Andy Clark
SUPERSIZING THE MIND
Embodiment, Action, and Cognitive Extension

Copyright © 2008 by
Oxford University Press, Inc.

根据英国牛津大学出版社 2008 年版译出

心灵与认知文库·原典系列
编委会

主　　编：高新民
外籍编委：Jaegwon Kim（金在权）
　　　　　Timothy O'Connor（T. 奥康纳）
中方编委：冯　俊　李恒威　郁全民　刘明海
　　　　　刘占峰　宋　荣　田　平　王世鹏
　　　　　杨足仪　殷　筱　张卫国

"心灵与认知文库·原典系列"总序

心灵现象是人类共有的精神现象，也是东西方哲学一个长盛不衰的讨论主题。自 20 世纪 70 年代以来，在多种因素的共同推动下，英美哲学界发生了一场心灵转向，心灵哲学几近成为西方哲学特别是英美哲学中的"第一哲学"。这一转向不仅推进和深化了对心灵哲学传统问题的研究，而且也极大地拓展了心灵哲学的研究领域，挖掘出一些此前未曾触及的新问题。

反观东方哲学特别是中国哲学，一方面，与西方心灵哲学的求真性传统不同，中国传统哲学在体贴心灵之体的同时，重在探寻心灵对于"修身、齐家、治国、平天下"的无穷妙用，并一度形成了以"性""理"为研究对象，以提高生存质量和人生境界为价值追求，以超凡成圣为最高目标，融心学、圣学、道德学于一体的价值性心灵哲学。这种中国气派的心灵哲学曾在世界哲学之林中独树一帜、光彩夺目，但近代以来却与中国科学技术一样命运多舛，中国哲学在心灵哲学研究中的传统优势与领先地位逐渐丧失，并与西方的差距越拉越大。另一方面，近年来国内对心灵哲学的译介和研究持续升温，其进步也颇值得称道。不过，中国当代的心灵哲学研究毕竟处于起步阶段，大量工作有待于我们当代学人去完成。

冯友兰先生曾说，学术创新要分两步走：先"照着讲"，后"接着讲"。"照着讲"是"接着讲"的前提和基础，是获取新的灵感和洞见的源泉。有鉴于此，我们联合国内外心灵哲学研究专家，编辑出版《心灵与认知文库·原典系列》丛书，翻译国外心灵哲学经典原著，为有志于投身心灵哲学研究的学人提供原典文献，为国内心灵哲学的传播、研究和发展贡献绵薄之力。丛书意在与西方心灵哲学大家的思想碰撞、对话和交流中，把"照着讲"的功夫做足做好，为今后"接着讲"、构建全球视野下的广义心灵哲学做好铺垫和积累，为最终恢复中国原有的心灵哲学话语权打下坚实基础。

学问千古事，得失寸心知。愿这套丛书能够经受住时间的检验！

高新民　刘占峰
2013年1月29日

致我的母亲克莉丝汀·克拉克（Christine Clark），一个温和的伦敦人。是她教我去想象、探索和关怀。

手和脚、各种装置和器具与大脑中的变化一样,都是它(思维)的一部分。既然这些物理操作(包括大脑事件)和器材是思维的一部分,那么思维就是心理的。其原因不是进入它的某个特殊的东西或形成它的某个特殊的非神经活动,而是物理行为和器具所做的——它们被采用的独特目的和它们达到的独特结果。

——约翰·杜威(John Dewey),《实验逻辑论文集》

目录

前　言......................................大卫·查默斯　1
致　谢..12
引言：颅内观与延展观..................................17

第一部分　从具身到认知延展

1　主动的身体..27
1.1　野外漫步..27
1.2　栖居互动..36
1.3　主动感知..38
1.4　分布式功能分解......................................42
1.5　感应耦合..44
1.6　信息自我构建..47
1.7　认知经验与感觉运动依赖......................53
1.8　时间和心灵..56
1.9　动力学与"软"计算................................61

vii

1.10　跨越基石 64

2　可协同变化的身体 66
2.1　害怕与厌恶 66
2.2　分界面里有什么？ 68
2.3　新的系统性整体 70
2.4　置换 73
2.5　整合对阵使用 77
2.6　通向认知延展 80
2.7　具身的三种层次 83

3　物质符号 86
3.1　语言支架 86
3.2　扩增实境 87
3.3　塑造注意力 91
3.4　混合的思维？ 95
3.5　从翻译到协调 100
3.6　二阶认知动力学 107
3.7　自造的心灵 109

4　合为一体的世界 111
4.1　认知的生态位建构 111
4.2　世界中的认知：配角 113
4.3　思考的空间 116

- 4.4 认知工程师 118
- 4.5 开发性表征与宽计算 121
- 4.6 俄罗斯方块：更新 125
- 4.7 组织的旋涡 130
- 4.8 延展心灵 133
- 4.9 "颅内观"对阵"延展观"：到目前为止的情况...............141

第二部分　边界争论

5 心灵重新分界？ 147
- 5.1 延展的焦虑 147
- 5.2 铅笔自我 147
- 5.3 奇怪的耦合 149
- 5.4 认知参与者 153
- 5.5 认知标记 158
- 5.6 种类与心灵 160
- 5.7 感知和发展 169
- 5.8 欺骗和被争夺的空间 173
- 5.9 民间直觉与认知延展 178
- 5.10 不对称性和不平衡性 179
- 5.11 海马体世界 185

6 治疗认知小病痛的良方（嵌入式认知假说、延展认知假说、嵌入式认知假说……）..........187

- 6.1 鲁珀特的挑战..........187
- 6.2 延展认知假说对阵嵌入式认知假说..........188
- 6.3 再论对等性和认知类型..........191
- 6.4 持续的核心..........195
- 6.5 认知的公正性..........199
- 6.6 脑筋急转弯..........205
- 6.7 思考的手势..........207
- 6.8 物质载体..........213
- 6.9 作为机制的循环..........217
- 6.10 无政府主义的自我刺激..........221
- 6.11 自主耦合..........224
- 6.12 为什么是延展认知假说..........228
- 6.13 良方..........232

7 重新发现大脑..........234

- 7.1 心灵中的事物..........234
- 7.2 亲爱的，我让表征缩水了..........235
- 7.3 续集：变化定点..........238
- 7.4 思考思维：大脑的眼观..........243
- 7.5 笛卡尔主义者的重生？..........247
- 7.6 代理情境..........253
- 7.7 插接点..........258

7.8	大脑控制	263
7.9	非对称争论	267
7.10	桶中的延展	268
7.11	（情境化的）认知者内部结构	271

第三部分 具身的局限

8 绘画、计划和感知 277
8.1	生成感知经验	277
8.2	绘画者和感知者	278
8.3	强烈感觉模型的三个优点	282
8.4	一种缺陷？感觉运动（超）敏感性	288
8.5	伸出动作讲授了什么	293
8.6	"改进的"远程协助	303
8.7	感觉运动汇总	307
8.8	再论视觉内容	313
8.9	超越感觉运动的边界	315

9 解开具身 317
9.1	三条线程	317
9.2	可分离论点	319
9.3	超越食肉的功能主义	323
9.4	艾达、艾德和奥德	327
9.5	张力揭秘	329

9.6	身体是什么？	333
9.7	参与机制和形态学计算	336
9.8	量化具身	344
9.9	海德格尔剧场	349

10 结论——混搭的心灵 ... 351

附录：延展的心灵 ...... 安迪·克拉克　大卫·查默斯　354
参考文献 ... 375
索　引 ... 402

前　言

一个月前,我买了一部苹果手机。这部手机已经取代了我大脑的一些主要功能。它替代了我记忆的一部分,帮我存储电话号码和地址,而这些都是我曾经会劳驾自己的大脑来做的事情。它收藏着我的欲望。当我需要在当地餐馆点餐时,我会调出备忘录,看看我最喜欢的菜肴的名字。当我需要弄清楚自己的账单和小费时,我会用它来计算。一种争论认为,它是一种极大的、惊人的资源,甚至谷歌都曾经现身来帮助解决这场争端。我使用它来做计划,利用其中的日历功能来帮我决定未来数月我能做的和不能做的事情。我甚至在苹果手机里做白日梦,在走神的时候,无所事事地调出一些词语和图像。

朋友们开玩笑说,我应该把这部苹果手机植入我的大脑中。但是,如果安迪·克拉克(Andy Clark)是对的,那这么做只不过是加速加工处理的进程并解放我的双手。这部苹果手机已经是我心灵的一部分了。

心灵依赖世界来完成它的工作,其方式千千万万,而克拉克对此可是行家。这本不同凡响的书在第一部分会探索这些方式中的部分内容：我们身体的延展、我们感觉的延展，且最关键的是，将语言作为工具使用来延展我们的思维。本书第二部分为这样一个论点进行辩护，即至少在一些情况下，世界并没有充当心灵的一种纯粹工具。不如说，世界的相关部分已经变成了我心灵的部分。我的苹果手机不是我的工具，或至少不全是我的工具。它的部分已经变成了我的部分。

延展心灵的论点就是当环境部分以正确方式与大脑耦合时，它们便成为心灵的部分。这个论点历史悠久。有人告诉我，在杜威（Dewey）、海德格尔（Heidegger）和维特根斯坦（Wittgenstein）的论著中都有过暗示。但没有人像安迪·克拉克一样进行了如此大量的研究工作以赋予此想法鲜活的生命。在他一系列重要的著作和论文中——《此在》(Being There)、《天生的赛博格》(Natural-Born Cyborgs)、论文《魔法般的语言：语言如何扩增人类计算》(Magic Words: How language Augments Human Computation)和其他很多著述——他探索了心灵和世界之间的界限如何以多种方式来使二者之间的界限变得比我们原先想象的更加灵活。本书即对支持这一观点的哲学图景做了重要陈述。

因为我和安迪合著过一篇题为《延展的心灵》(The Extended Mind，收入本书附录中）的文章，所以他邀请我写这篇前言。《延展的心灵》这篇论文已经成为对这幅心灵图景的一种标志性哲学陈述。这篇论文写于1995年我和安迪还在华盛顿大学共事时。1998年发表于《分析》(Analysis)杂志。如今

前　言

已过去十载，安迪建议我可以对这篇文章提供一种回顾式的视角，同时也说一些我自己对于这个主题的观点。我乐意之至，尽管大家不必觉得有义务去读那些我不得不说的东西。对这些问题还不熟悉的读者们可以先看看本书其余的部分，或者至少看看附录，然后再回到这篇前言。

原始论文背后的灵感全部来自安迪，了解安迪研究工作的人听到这个应该不会觉得吃惊。1995 年 3 月，安迪拿给我他写的一篇短文，名为《心灵和世界：打破人造边界》（Mind and World: Breaching the Plastic Frontier）。这篇文章已经包含了出现在《延展的心灵》中的很多主要论点和论据。文章包含了那个关键的思想实验，比较俄罗斯方块玩家对大脑内部和外部的影像进行旋转。文章也包含了至关重要的对等原则（parity principle）。该原则认为，如果世界中一个过程进行的方式是那种在大脑中进行就算作认知过程的方式，那么我们仍然应该把它算作一个认知过程。我有过一些有关如何进一步发展和论述这个论点的想法。我们最终进行了合作，并共同完成了一篇重新命名、展开论述的论文。

论文原文中包括一个臭名昭著的脚注，写道："作者顺序依据他们在中心论点中的可信度排列。"有些人将其解读为在暗示我排斥延展心灵论点，我在这里就是为服务他人事业而被雇用的枪手。事实上，我认为这个论点十分有吸引力。如果要说有什么区别的话，那就是看到它较为轻松地从诸多反对声中存活了下来，我对这个论点比十年之前更有信心了（我对本书第二部分中安迪对这些反对观点的几乎所有权威论述都表示赞同）。

但我认为这还未成定局。

我并没有为这种最为普遍的反对观点而感到担忧,即外部认知进程的运行过程不同于内部认知进程这个事实,心灵会在世界中延展地太远这种威胁,以及例如大脑的核心作用将会丢失这种威胁。此外,我是肯定不认为体肤和颅骨具有任何特权来成为心灵的边界线。

我仍旧认为,存在一个延展心灵的反对者可以抵抗的潜在原则性的地方。这就是对感知和行为双重边界的诉求。人们很自然会持有这种观点,认为感知就是世界影响心灵的分界面,且行为就是心灵影响世界的分界面。如果是这样的话,那么先于感知而后于行为的东西并不真正是心理的这种观点就具有诱惑性了。人们还可能使用这种观点在奥托(Otto)(一个患有阿尔茨海默症的病人使用笔记本作为其记忆)和因加(Inga)(一个使用其大脑的正常受试者)的案例之间进行原则性的区分。为了和他的笔记本进行交互,奥托必须阅读笔记本中的内容并在其中书写记载,这既需要感知也需要行为,而在此对因加并没有这样的要求。如果是这样的话,那么上述的界限将会把笔记本放置在心灵之外。

我们在《延展的心灵》中简要思考了这种担忧,认为奥托对笔记本的获取不需要被视为具有感知性,但这种结论肯定是下得过快了。奥托看到这个笔记本并从中读取信息,这是不可否认的,就如同奥托伸手拿这个笔记本并在其中记载信息一样,也是不可否认的。因此,一定有感知和行为在这里发生。更好的回答或许是,要注意到这可以是内在感知(比如,当一

前　言

个人从心理影像中读取信息时）和心理行为（比如，当一个人做心理记录时）。那么，奥托的感知和行为就可以被视为是与这些相一致的。但反对者可能据理力争，认为奥托与笔记本的交互涉及一种在内在感知和心理行为中不存在的真实感知和真实行为（此处，这些可能被解释为感官感知和物理行为，或者依据感知和自主体经验的正确类型，或以其他的方式），并且可以提出，真实感知和真实行为标记了心理的似真的界限。

或许，延展心灵支持者的最佳回答就是否定这个提议的界限。我们在《延展的心灵》中涉及了一种回答，提出仅仅因为终结者通过从屏幕读取信息来检索信息，这并不意味着信息不是它记忆的真正部分。人们还能持有这样一种更具普遍性的观点，即真实感知和内在感知之间的差异或真实行为和心理行为之间的差异，并不足够强健或重要到能够成为心理／非心理区分的依据。反对者仍然可能坚持说，如果那个终结者不得不通过读取来检索信息，那么他事先并不真正相信这些信息，这个反对者或许有常识心理学帮他撑腰。如果是这样的话，那么或许就是克拉克在本书中所青睐的通过常识心理学分配的角色，来使心理状态个体化的"常识功能主义"对延展心灵论点产生不利的地方。

在此，我认为延展心灵的支持者不需要害怕这一点修正主义。即使常识心理学在此标记了差异区分，问题仍然会产生，即这种差异区分是否重要到应该被这样标记。就如我们一样，人们也可以争论，奥托的延展状态涉及笔记本解释功能的方式与信念在心理解释中的功能方式基本一样。如果一种状态共享

5

一种信念的最为重要的解释特征，那么这种状态就真是一种信念。对此观点的争论是一种常见的哲学策略。

尽管如此，这种策略只有在感知和行为的参与没有对奥托延展状态的解释作用产生重要影响的情况下才有用。但这并不十分清晰，因为这些东西似乎至少对某些解释目的产生了影响。人们终究可以提出这样一个关键问题：为什么奥托会伸手去拿他的笔记本？这似乎是一个有关行为解释的完美无瑕的心理学问题。自然的回答就是：他想去博物馆，他不知道博物馆的位置，而且他相信那个笔记本包含这个信息。在这个解释结构中，我们的回答如此自然，就好像奥托缺乏那种延展的信念一样。从另一方面看，对很多其他的解释目的而言，感知和行为的中介作用似乎微不足道。我们可以问为什么奥托朝北边行走，并从他有关博物馆位置的延展固定信念方面来解释这个行为，就和我们从因加的信念来解释她行动的方式一样。

我认为这里的寓意是，状态的分类可以依赖于我们的解释目的。当我们有兴趣解释奥托的大规模行为时，就自然可以说他的信念通过他与作为一种无趣的背景常量的笔记本的交互而被延展了。当我们有兴趣解释奥托与笔记本的局部规模交互时，就自然可以否认他有延展的信念并认为相关的行为是由内部信念来解释的。就如克拉克在结论这章中所提出的，我们可以在看待事物的两种方式之间来回翻转。我们有一种内克尔立方体效应（Necker Cube effect），将心理状态算作具有延展性而并不依赖于我们的角度和目的。

随着翻转这个内克尔立方体，很多事情都随之翻转。奥托

前　言

对笔记本的获取从一种感知行为翻转为一种记忆检索行为。他在笔记本中的书写记载从一种物理行为翻转为一种心理行为。我们或许可以因此从将奥托的认知系统视为局部的观点翻转为将其视为延展的，而且我们甚至还能以类似的方式翻转我们对奥托本身的观点角度。更重要的是，奥托的状态从翻开笔记本之前的不知翻转为有知。

这种角度的双重性可以自然适应有关例如"相信"和"知道"这种心理术语的运作方式的各种不同说法。一种此类说法认为，例如"奥托相信博物馆在第53街上"这种归因对包括解释目的的情境因素具有敏感性。在有人正在解释奥托旅程的情境中，这个归因就是真实的。在有人正在解释他与他的笔记本交互的情境中，这个归因就是错误的。人们在非延展的情况中也能找到对解释目的相似的依赖性。假设某人在回答7乘以8等于56之前，不得不思考一段时间。如果我们问他为什么犹豫，我们或许会给出这样一个合理的说法，即他不知道答案，且不得不对其进行思考。但如果有人问我们为什么他的回答都是正确的，我们可能会说这是因为他知道乘法表中的所有数值。

其他语义学上的说法也是可能的。某人可能给出一种描述，其中延展信念和知识归因总是真实的。当我们说奥托伸手去拿他的笔记本是因为他不知道地址时，我们所说的东西是有用的，但严格说来是错误的。某人也可能给出另一种描述，其中延展信念和知识归因总是错误的，从而我们依据延展信念来解释奥托的行为最多具有隐喻上的真实性。或者某人可以提议，对像"信念"这样术语的引用在这两种观念之间是模糊不定的。如果是这样的话，那么原始的延展信念归因或许既非真也非假，但双方都会得到精确化的版本。

然而，最终我认为，有关什么能被真正算作一个信念和"信念"这一术语表达如何运作的问题是术语学上的问题。这个问题虽然有趣，但会掩盖更深层的要点。如果某人坚持他们使用"信念"这一术语的方式，是这种方式可以挑出在感知和行为之间的空间里被实现的状态，那么这个人就会允许他们在愿意的条件下用这种方式使用这个术语。更深层的要点是，延展状态在解释中运作的方式与信念运作的方式基本一样，而且这些状态应该被视为与信念共享一种深层且重要的解释类型。这种解释上的统一性是延展心灵论点的真正根本要点。

在《延展的心灵》一文中，我们争论的延展元素只是信念和认知进程，尤其是固定信念（像因加有关博物馆位置的信念），以及诸如心理旋转这样的认知进程。人们自然会问，延展心灵论点自身是否可能被延展？还有延展的欲望、延展的推理、延展的感知、延展的想象和延展的情感呢？我认为针对以上每一种疑问都会有对应的说法。或许，我苹果手机上的摄像头可以充当一种延展的感知机制。当一个人的环境总是将其推向快乐感或悲伤感时，一个人可能拥有近似于延展情绪的东西，如果它不是延展情感的话。克拉克对这种情况案例的讨论贯穿于这本书中，包括第2章中的延展感知机制和第3章中的注意力延展机制。

然后，延展的意识这个重大问题是怎样的呢？上面考虑过

前　言

的倾向性信念、认知进程、感知机制和情绪都延展并超越了意识的边界。似真的是，被延展的部分确切说是它们的非意识部分。我并不认为有什么原则性的理由让意识的物理基础不能以同样的方式被延展。它可能在其他可能的世界里已经被这样延展了：人们可以想象意识的一些神经被关联，例如人们腰带上的一个模块所取代。甚至还有可能存在这样的世界，其中在环境中被感知的东西本身就是意识的直接元素，我的论文《感知和伊甸园的坠落》就虚构了一个这样的世界。

我仍然认为，不可能任何近似于奥托与其笔记本交互的日常进程都会产生延展的意识，至少在我们的世界中不可能这样。当然，奥托/因加论证的近亲好像不会延展到意识。原始论证关键性地产生了一个孪生案例，包括奥托和孪生奥托，二者是物理上的复制品，但具有不同的信念。对延展意识的论证需要具有不同意识状态的双胞胎：奥尔加（Olga）和孪生奥尔加是内部的复制品，但作为奥尔加的感觉不同于作为孪生奥尔加的感觉。但无论人们多么努力去构建一个也能像如此行得通的奥托式的故事，这故事几乎无法成功。或许，部分原因在于，意识的物理基础需要在带宽极高的条件下直接获取信息。或许，未来某种对环境信息拥有高带宽敏感性的延展系统才能够完成这项工作。但按照实际情况来说，我们与环境的低带宽意识联系似乎具有的是错误的形式。

近年来，有一些哲学家已经争论过，意识状态的基础部分存在于头部之外。其中一些，比如德雷特斯克（Dretske 1996）、费希尔（Fisher 2007）和马丁（Martin 2004）的论证，开启了不同于延展心灵论点核心那种有机体和环境双向耦合观点的思考。产生的观点有趣又有挑战性，但都在很大程度上独立于延展心灵论点的积极外在主义观点。其他的争论，包括赫尔利（Hurley 1998）和诺亚（Noë 2006），认为那种双向耦合延展到了意识之中。但这些论证似乎都没能产生上面讨论过的那种孪生案例情况，所以他们没有排除意识对内部的随附性。就如克拉克在第8章中提出的，他们至多生成了意识对环境的稍弱一些的依赖性。我暂且下一个这样的结论，心灵的延展与保留一个内部意识核心是相兼容的。

延展心灵论点是依靠什么样的心灵大图景呢？人们有时会提出，这个论点需要有关心理的功能主义，其中所有的心理状态都是由它们所扮演的因果性角色所定义，但这并不十分准确。我认为，有关意识的功能主义并不可信。例如，这种不可信并不影响延展心灵论点的论证。人们可能通过调用弱化的功能主义来支持这个观点。例如，其中某些心理状态（比如，倾向性信念）是由它们与意识状态、行为和认知网络的其他元素的因果性关联来定义的。我自己发现这样的图景很有吸引力，但严格来说，并不是所有论证都需要有这幅图景才能通过。这里所需要的就是在对等原则中体现的弱功能主义。大致就是，如果一个状态在认知网络中发挥着作为一个心理状态同样的因果性作用，那么就会产生对心理的推测。要想推翻这种推测，只能通过显示二者之间的相关差异（且不仅仅是内外之间的纯粹差异）。结合这样的观察，即在相关情况下没有相关差异——这种观察不需要功能主义的支持——延展心灵论点紧随其后。

前　言

同样，延展心灵论点与物理主义和有关心理的二元论都是兼容的。它与联结主义和经典观点相兼容，与计算和非计算路径也相兼容，甚至与有关心理内容的传统论辩中的内在主义和外在主义也相兼容（就如我们在《延展的心灵》中所提出的）。因此，我不认为延展心灵论点在理论前提方面有多高的要求。相反，它是一种具有独立吸引力的心理观。

最终，实践才是真正的检验。对延展心灵观最深度的支持来自延展心灵角度生成的解释性的深刻见解。本书所提供的就是这些深刻见解。一个案例接着一个案例、一个领域接着一个领域，克拉克激发了心灵的延展观，可以富有成效地重新配置我们对于心灵和世界间关系思考的诸多方式。吸纳了这幅图景之后，我们看待所有事物的方式都会变得不同。如果克拉克是正确的，那么这个吸纳过程就已经开始了。翻开这本书吧，它或许会让你变得更聪慧、更深刻且更有见地。

大卫·查默斯（David Chalmers）
2007 年 11 月于堪培拉

致　谢

我真诚地感谢阅读过和评论过此书早期版本和/或书中提出论证的各位，特别是（无特定排序）罗伯特·鲁珀特（Robert Rupert）、弗雷德·亚当斯（Fred Adams）、肯·相泽（Ken Aizawa）、迈克·惠勒（Mike Wheeler）、罗伯特·威尔逊（Robert Wilson）、蒂德·洛克威尔（Teed Rockwell）、马克·罗兰兹（Mark Rowlands）、阿尔瓦·诺亚（Alva Noë）、拉里·夏皮罗（Larry Shapiro）、约翰·萨顿（John Sutton）、理查德·梅纳里（Richard Menary）和苏珊·赫尔利（Susan Hurley）。苏珊·赫尔利于 2007 年 8 月过世，那时这个项目正处于最后阶段。她的热情、参与度和关键贡献为这场讨论的框架建立和推进做出了很多。对于我个人和知识界的这个损失，我的悲痛无以言表。同时，感谢理查德·梅纳里，他于 2001 年和 2006 年在赫特福德大学（University of Hertfordshire）组织了两次精彩的会议，都是致力于延展心灵研究的。约翰·萨顿于 2004 年将这个主题带到在悉尼举办的有关记忆、心灵和媒介的两个出色

致　谢

的研讨会中。肖恩·加拉格尔（Shaun Gallagher）于 2007 年 10 月在中佛罗里达大学（University of Central Florida）组织了名为"认知：具身、嵌入、生成、延展"的跨学科会议，真正让参与者颇有收获。

感谢这些会议的发言人和参与者。特别要感谢大卫·查默斯（David Chalmers），他与我一起承担了最初的延展心灵叙述的任务，这也是本书论述的中心。在这个创作过程中，他（除了写了精彩的前言之外）在每一个阶段都付出了无可估量的心血。感谢罗伯特·麦金托什（Robert McIntosh）、蒂姆·贝恩（Tim Bayne）、托马斯·申克（Thomas Schenk）、迈克尔·泰伊（Michael Tye）、马修·纳德兹（Matthew Nudds）、莫格·斯特普尔顿（Mog Stapleton）、佐伊·德雷森（Zoe Drayson）、米歇尔·梅里特（Michele Merritt）、朱利安·基韦斯坦（Julian Kiverstein）和蒂尔曼·维尔坎特（Tillmann Vierkant），他们促进了有关意识、技术和认知延展的交流（个别地或所有一起）。感谢 2007 年 7 月英国布里斯托尔"感知、行为和意识：感觉运动动力学和双重视觉会议"的所有参与者，还有哈里·哈尔平（Harry Halpin）和戴夫·科克伦（Dave Cochran），以及所有爱丁堡哲学、心理学和信息学阅读小组的成员。

感谢牛津大学出版社的编辑彼得·奥林（Peter Ohlin）一直给予我支持、鼓励和耐心，以及同一出版社的克莉丝汀·达林（Christine Dahlin）在插图和最后定稿上给予我的帮助。同样要感谢约阿希姆·里昂（Joachim Lyon）对各主题的讨论和在索引编写上付出的无价劳动。还要感谢奥拉夫·斯伯恩斯（Olaf

Sporns）和陈宇（Chen Yu）让我接触到信息流自构造的相关研究工作。在知识层面，我最想要感谢的人依旧是丹尼尔·丹尼特（Daniel Dennett），他的研究工作和观点无疑对我所写的东西产生了重要影响，即使这影响有时是十分隐蔽的。还要感谢汤姆·罗伯茨（Tom Roberts）和戴夫·沃德（Dave Ward），他们有关意识和感觉运动模型的博士研究帮助了意识和感觉运动偶然性理论处理的形成，并为其提供了丰富信息。由皮埃尔·斯坦纳（Pierre Steiner）所提供的杜威的引述开启了本书的篇章，而哈里·哈尔平（Harry Halpin）的标语"混搭的心灵"使本书落下帷幕。由衷地感谢克莉丝汀·克拉克和佩帕〔Pepa，也就是何塞法·托里比奥（Josefa Toribio）〕。感谢伊恩·戴维斯（Ian Davies）、奈杰尔·戴维斯（Nigel Davies）、吉尔·班克斯（Gill Banks）、米格尔·托里比奥（Miguel Toribio）和李·斯文德利（Lee Swindley）让我能够劳逸结合。还要感谢洛洛（Lolo），那只持续提供具身化的、常常非常舒适的、嵌入式桌面存在的猫。

本书中有一些资料是基于已经发表论文的部分或片段，或以这样的形式出现在本书之中。感谢相关编辑、出版社和版权持有者给本书授予许可权以使用以下论文的选段和段落。

《超越肉身：来自蝼蛄的启示》（"Beyond the Flesh: Some Lessons from a Mole Cricket". *Artificial Life* 11, 2005, pp.233-244）。

《认知复杂性和感觉运动边界》（"Cognitive Complexity and the Sensorimotor Frontier". *Proceedings of the Aristotelian Society*, *Supp*. Vol. 80, 2006, pp.43-65）。

致 谢

《耦合、构造和认知类型：对亚当斯和相泽的回复》（"Coupling, Constitution and the Cognitive Kind: A Reply to Adams and Aizawa". To appear in R. Menary, ed., *The Extended Mind*. Aldershot, UK: Ashgate）。

《治疗认知的小病痛》（"Curing Cognitive Hiccups". *Journal of Philosophy* 104, no. 4, 2007, pp.163-192）。

《物质符号》（"Material Symbols". *Philosophical Psychology* 19, no. 3, 2006, pp.1-17）。

《记忆碎片的复仇：再探延展的心灵》（"Memento's Revenge: The Extended Mind, Re-visited". To appear in R. Menary, ed., *The Extended Mind*. Aldershot, UK: Ashgate）。

《按压肉身：具身嵌入式心灵研究中的张力》（"Pressing the Flesh: A Tension in the Study of the Embodied, Embedded Mind?" *Philosophy and Phenomenological Research* 76, no. 1, January 2008, pp.37-59）。

《重塑我们自己：具身、感觉和心灵的可塑性》（"Re-inventing Ourselves: The Plasticity of Embodiment, Sensing, and Mind". *Journal of Medicine and Philosophy* 32, no. 3, 2007, pp.263-282）。

《时间和心灵》（"Time and Mind". *Journal of Philosophy* 95, no. 7, 1998, pp.354-376）。

数据来源已记入题注。

本书的第一稿是在艺术与人文研究委员会（AHRC）的研究休假计划、奖励号＃130000R39525内完成的。感谢爱丁堡大学给我提供了一个学期的学术休假，我随后便获得了这个奖励。本书最终版本的完成离不开艺术与人文研究委员会在欧洲科学基金会欧洲合作研究发展计划（ESF Eurocores CNCC scheme）下对"意识交互"项目 AH/E511139/1 提供的宝贵支持。

引言：颅内观与延展观

设想一下诺贝尔奖获得者物理学家理查德·费曼（Richard Feynman）与历史学家查尔斯·韦纳（Charles Weiner）之间的著名对话。[①] 当韦纳带着历史学家的欣喜接触一批费曼的原始笔记和草图时，他认为这些材料就是"费曼日常工作的记录"。但费曼反应意外尖锐，他并不简单地承认这一历史价值，

他说："我其实是在纸上做的这项工作。"

"嗯，"费曼说道，"这工作是在您的大脑中进行的，但工作的记录仍在这里。"

"不，这不见得是一个记录。这是工作。你不得不通过书面形式工作，并且这就是工作用过的纸。好吗？"（Gleick 1993, 409）

费曼建议，至少进入外部媒介的循环是智力活动（工作）本身的一部分。而我想更进一步，我认为费曼实际上是在纸上

[①] 盖伦·斯特劳森（Galen Strawson）让我首次注意到了这段对话。

思考的。然而，与理查德·费曼不同，通过笔和纸的循环是导致我们思想和观点流动形态的物理机制的一部分。这确实有力地提供了功能性。如果它单独由大脑所发生的事情提供，我们将毫不犹豫地认定是认知电路的一部分。同样可以这样认为，一旦把我们的生物偏见抛到一边，就可以揭示向外循环是作为延展认知机器的功能性部分。因此，我主张最好理解的包含身体与世界在内的循环，就是完全逐字地将心灵的机械延展到外部世界——就是构建延展认知循环，而这一认知循环对人类思维和理性的重要方面来说是最起码的物质基础。这样的循环使心灵扩张。

如同我们将在后面看到的一样，类似的直觉可能是人类行为的许多其他方面吸引所至，例如身体姿态在伸展性思维中所起的作用（见第 6 章）。如果对心灵活动的某些形式来说，这种身体与外界之间的信息交换与循环是必须的，那么我们需要理解何时与为何它能如此，以及对我们心灵、理性和自主体的一般模型来说，它（如果有的话）意味着什么？这样的例子真的能为这种"扩张"视角提供支持吗？还是能更好地适应一些更为紧缩的方式？

毫无疑问，心灵至少与人的身体和外部世界紧密相连。[①]人类的感知、学习、思维和情感都是由我们的身体与周围世界的相互作用所建构，并因此有了意义。因此，当具身观点的主

---

① 在这里我没有片刻的犹豫，来压制任何形式的笛卡尔式的怀疑。具身的观点不是旨在解决这些问题，而且他们的争论将迅速使我们偏离得太远。

引言：颅内观与延展观

要支持者埃丝特·西伦（Esther Thelen）[1]写到，"说认知是具身的，就是说认知是由身体和外部世界的相互作用所引起的"时，有理智的人都会赞同。显然，不止眼前看到这些。以下是引文。

> 从这一观点可以看到，认知取决于拥有特定感性和运动能力的身体所产生的各种经验，这些经验紧密相连并共同构成了包含记忆、情感、语言和生活其他方面的网状模型。当代具身认知观点与一般认知学者的立场是大相径庭的。一般认知理论认为心灵是操纵符号的装置，因此，它与正式规则和进程联系起来使符号能恰当地表征世界。（2000, 4）

在这段被大量引用的引文中，我们开始瞥见一种更激进观点的某些关键元素。但即使在这里，都有很多几乎无人反对的主张。作为世界的主动传感器，其具有特定形状和特征的身体，那么我们思考什么、做什么和感知什么结果在某种程度上全部是深刻交织着的，这就相对不那么令人吃惊了。那么，如果大量更高层次的认知在某种程度上原来是基于具身的感知运动能力的，这也不怎么令人吃惊。但是西伦所展开的"网格

---

[1] 埃丝特·西伦是一位备受爱戴的同事，也是一位鼓舞人心的思想家。她于2004年12月去世，享年63岁。其有关婴幼儿发展的研究，曾被Thelen和Smith（1994）与Thelen（2001）等人所例证，是具身路径价值和实力的关键实践和理论示范之一。

化"概念使我们踌躇,"网格化"暗示着认知活动通过感知运动模型推定而呈现,是某种不间断的混合。

网格化和混合在约翰·豪格兰(John Haugeland)的标准主张中同样突出。

> 如果我们想要把心灵理解成智力的所在地,那么我们无法追随笛卡尔关于心灵原则上是可以从人的身体和外部世界分离的观点……如果摆脱了那些偏见,人们可以运用更加丰富多样的方法再次审视感知和行为以及公共设备和社会组织的巧妙参与,并且看到各种紧密的耦合和功能的统一而不是原则性的分离……因此,心灵不是被偶然地而是被紧密深刻地具身化和嵌入于世界之中的。(1998, 236-237)

这一段所讲的是,争论中的核心问题在根本上不是关于发展和学习的,也不是关于身体和世界在整理思维内容、决定思维次序,甚至在决定我们认为什么样的事情值得思考时起到的毋庸置疑的作用。相反,争论的焦点与心灵、身体和世界的可分离性相关,至少是为了理解心灵是"智力的所在地"这个目的。豪格兰所兜售的一套激进思想的目的是为了打破简单的但可以说是歪曲了的心灵模型,即心灵在本质上是内在的,且就我们人类而言,心灵总是处处由神经所实现的。坦率地讲,心灵与大脑(或许是大脑和中枢神经系统)一样这种模型在那种认为一切与思维有关的事情,都伴随着大脑的某些图像的文化

引言：颅内观与延展观

中越来越普遍。我们称这种模型为颅内模型。

根据颅内观，（非神经元的）身体仅仅是大脑的传感器和效应系统，世界的其余部分只是一个竞技场，在其中适应性问题被提出，且大脑—身体系统必须感觉到这些问题并且采取行动。如果颅内观是正确的，那么所有人类认知直接并仅仅依赖于神经活动。当然，神经活动本身可能反过来依赖外界的输入和总的身体活动。但那将仅是赫尔利（Hurley 1998, 10-11）所称的"工具依赖"，就如同我们转动头和眼睛从而得到一个全新的感知输入一样。颅内观主张，就人类认知的实际机制而言，所有真正的事件都是在大脑中发生的。

颅内观最大的挑战来自这样一种观点，即思考和认知[①]可能（有时）以一种直接的且非工具性的方式依赖于身体和/或有机体之外的环境正在进行的工作。这种模型被称为延展模型。[②]根据延展观，实现一定形式的人类认知的实际局部操作包括前馈、反馈和反馈循环之间错综复杂的缠结，这些循环在大脑、身体和世界的边界混杂并纵横交错。如果这一理论是正确的，那么心灵的局部机制并不全在大脑中。认知渗透到身体和外部世界之中。

这听起来好像是奇思异想。但我认为，这一点都不比脑仁

[①] "认知"这个术语在这里用来标记一个比内省和常识更广泛的心理概念。内省和常识可能会把心灵简单定义为信仰、欲望、希望、恐惧等，认知的范围可能包括科学发现的状态与操作。示例可能包括语法（如果具有心理真实性）和低阶层视觉实现的状态与操作。

[②] 这里参考文献是克拉克和查默斯（Clark and Chalmers 1998）的《延展的心灵》，参见本文中的讨论。这篇文章在附录中转载。

活动实现了人类认知的所有方面的老生常谈更奇怪。在对颅内观的质疑中，我不会用任何方式质疑基本的唯物主义观点，即心灵完全产生于物理行为，且不拖泥带水。还有一些额外的奇怪现象仅仅来源于这一事实，即如果延展观是正确的话，一些相关行为在大脑中的条理并不清楚。它们甚至在生物性身体中也是这样。相反，它们被证明能完全并有效地跨越大脑、身体和整个世界。当然，并非所有的身体行为（甚至并非所有以这样或那样方式与我们的神经活动和身体装置相互作用的身体行为）都似真地被配置成心灵机制的构成部分。本书的目的之一就是探寻延展观何时何地被显示，并且展示采用延展观后我们获得了什么。

本书的另一个目的就是表明延展观的重要性。我们认识到，个人的思维和理性在很大程度上并不是仅仅发生在大脑中或者生物有机皮囊内的活动，这一点是非常重要的。这很重要是因为它使人理解在一定程度上环境工程同样也是自我工程。在构建我们物质世界和社会世界的过程中，我们构建（或者说，我们大量重构）我们的心灵和我们思维与理性的能力。

这对心灵科学也同样重要。因为尽管生物大脑和整个具身化的有机体各自都是认知科学探究中完好的、具有战略重要性的组成部件，但我希望表明它们不是唯一的这样的部件。我们将会看到，会有以神经、身体和环境因素的混合体为目标的重要学科即将兴起（且还有诸多未尽事宜）。

最后，我来说一说本书的结构。此探究的背景和我们将要思考的诸多批判的中心议题是《延展的心灵》这篇论文。这篇

引言：颅内观与延展观

论文是我与大卫·查默斯合著的，于1998年发表在《分析》杂志。本书把这篇展现了延展理论最初（但仍是中心的）观点的文章全文列在附录中。对原始论文不熟悉的读者，可以阅读附录，也可以阅读第4章中有关论点的"概要总览"（见第4章第8节）。

这本书的总体结构如下。第一部分主要是展示各种经验主义研究和范例。这些内容为延展观设置了框架结构，并在某些方面为延展观提供间接支持。其中，把积极的身体作用放在显著位置，另一些人则关注局部环境的作用，其中包括例如纸上的字和空气中的语音这些"物质符号"。第二部分考虑到了针对认知延展理论广泛的批判和反对意见，并介绍了作为回应的一些新论据、例子和案例分析。第三部分描述了延展观范围的局限性，并探讨如何将之适用于心灵科学更广泛的解释框架之中。

第一部分

从具身到认知延展

1 主动的身体

1.1 野外漫步

日本本田公司宣布机器人阿西莫（Asimo）（图1.1）可能会当仁不让地成为世界上最先进的拟人化机器人。它竟有惊人的 26 个自由度（脖子有 2 个自由度，每条手臂上各有 6 个自由度，每条腿上也各有 6 个自由度），可以采用多种方式应对真实世界的复杂情况。例如，它能伸手取物、抓握物品、平稳前行、攀爬楼梯，还可以辨识不同的脸与声音。阿西莫的名字（也许有点呆板）是高级步行创新移动机器人（Advanced Step in Innovative Mobility）首字母的缩写，它无疑是工程学上不可思议的进步。虽然阿西莫在智能方面相对有所欠缺，但是在移动性和可操作性上表现突出。

然而，阿西莫作为一个会行走的机器人还没有达到节能的要求。针对行走机器人的耗能有一套衡量标准，"特定传输成本"（Tucker 1975）就是其中的一种。具体说就是，"在单位距

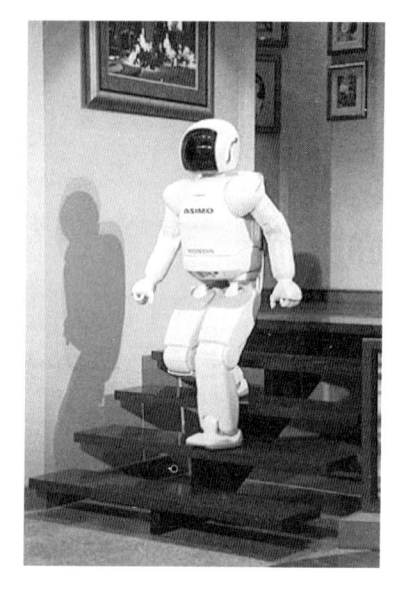

图 1.1 本田公司的阿西莫机器人。(http://asimo.honda.com/gallery.aspx；经由本田公司许可使用。)

离中传输单位重量时所需的能量总量"[1]越小，就意味着在单位距离内移动单位重量消耗的能量越少。阿西莫运转时所消耗的特定传输成本大约是 3.2，而我们人类进行新陈代谢时所消耗的特定传输成本大约是 0.2。那么，是什么导致二者在耗能上存在显著差异呢？

虽然像阿西莫这样的机器人是借助于非常精确的、能量密集型的关节角控制系统进行步行的，但是生物行走自主体最大程度地利用了存在于整个肌肉骨骼系统和行走装置本身的质量特性和生物力学耦合。运动学和结构本身就存在于物理装置中，野外行走者因此精明地运用了所谓的被动动力学（McGeer

---

[1] "特定传输成本"的计算公式为：用能 /（重量 × 距离）。文中提到的详细能源效率比较，请参见 Collins 和 Ruina（2005）。

1 主动的身体

1990）。纯粹的被动动力学行走者是一种简单的装置，除了重力之外没有其他能量来源，而且除了一些简单的机械联动装置，如防止其侧倾覆的机械膝和配对内外腿，也没有其他控制系统。然而，尽管（或许正是因为）结构很简单，如果把这种装置放在斜坡上，它能用非常逼真的步态平稳行走。如柯林斯、维斯和鲁伊纳（Collins, Wisse and Ruina 2001）所精确记载的，这些装置的原型并不是精致复杂的机器人，而仅仅是儿童玩具。它们中有的能追溯到 19 世纪晚期。这些玩具可以漫步、步

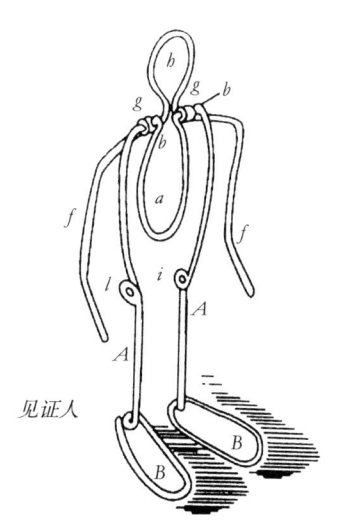

见证人

图 1.2　法拉斯（Fallis 1888）反摆动手臂的巧妙实现。整个玩具由两根线组成。每根线组成一条腿、一个轴承、一个轴和一个胳膊。头部由其中一根线组成，其他各种部位由另一根线组成。［S. Collins, M. Wisse and A. Ruina, "A Three-dimensional Passive-dynamic Walking Robot with Two Legs and Knees," *The International Journal of Robotics Research* 20, no. 7 (July 2001): 607-615, © 2001 Sage Publications，经许可使用。］

行或在下坡道或弹簧被拉时蹒跚而行（图1.2）。这些玩具只有很小的驱动力，且没有控制系统。它们之所以能够行走，不是复杂的关节运动和动力设计的结果，而是基础形态学（包括身体的形状、连接处和各部分重量的分配）在发挥作用。在被动动力学方法背后有令人信服的思想：

> 行进主要是步行机制自然运动，就像摇摆是钟摆的自然运动一样。双腿僵硬的行走玩具自然生成其滑稽的步行运动。这表明类似人类的动作可能会自然而然地类似人类的机制。(Collins, Wisse and Ruina 2001, 608)

柯林斯、维斯和鲁伊纳（2001）在麦吉尔（McGeer 1990）原初设计的基础上添加了弧形的双脚、服帖的脚后跟和机械连接臂，建造了第一个模仿人类行走的装置。在行动中（图1.3），该装置表现出良好、稳定的运动状态，被其创始者描绘为"赏

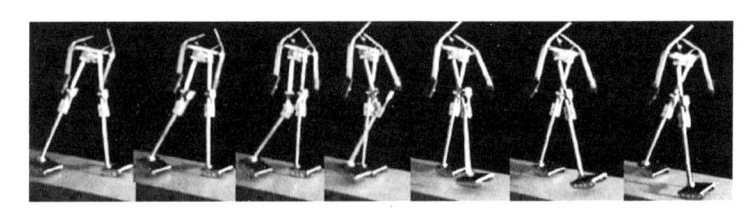

图1.3 运行中的纯粹被动动力步行者。[S. Collins, M. Wisse and A. Ruina, "A Three-dimensional Passive-dynamic Walking Robot with Two Legs and Knees," *The International Journal of Robotics Research* 20, no. 7 (July 2001): 607-615, © 2001 Sage Publications，经许可使用。]

1 主动的身体

心悦目"（McGeer 1990, 613）。相比之下，广泛使用动力操作和关节角控制的机器人更容易遭受"一种尸僵，（因为）关节处受到电动机和高减速齿轮系阻碍……当致动器开启时，关节运动变得低效；当关闭后，关节运动几乎不可能进行"（607）。

那么，使用动力行进呢？一旦身体本身"装备"正确的被动动力学，就能够带来非常优雅和节能的动力步行。从本质上讲，驱动和控制的任务已经被大规模地重新配置。因此，动力定向运动可以通过系统地推、阻、拧某一个被动动力效应仍然发挥重要作用的系统而实现。控制设计巧妙地应用被动基线的所有自然动力学，驱动因此变得高效流畅。

这样一个解决方案的核心特点是由"生态控制"（ecological control）[①]的广义概念激发出来的。在"生态控制"中，一种生态控制系统的目标并不是通过微观管理所需行动或反应的每一个细节而实现，而是通过充分利用控制者身体的（bodily）或世界的（worldly）环境中相关命令的稳健且可靠的资源来实现。在这样的情况下：

> "处理过程"的部分被自主体-环境交互动力系统所接管，只有当自我调节和自然动力系统的稳定性被进一步开发时，才需要极少的神经控制来发挥作用。（Pfeifer et al. 2006, 7）

---

① 这一概念在克拉克的 B 版中有过介绍。

这里有一个能说明这个问题的例子，就是利用稀疏但适时的控制信号，促使机器人完成从地上一跃而起的动作（图 1.4）。这个机器人能从俯卧的姿势自己站起来（Kuniyoshi et al. 2004）。另一个例子是伊达（Iida）和普法伊费尔（Pfeifer 2004）研发的奔跑机器人帕比（Puppy）。帕比有几根弹簧（大致模仿肌腱的特殊性能）连接每条腿的上下两部分，每只脚上有压力感应器，而且还有能产生摇摆运动的内置动力设备。但在装有弹簧的身体所构成的特殊情况下，这种简单的能产生摇摆运动的内部装置让帕比能流畅地行走和奔跑。甚至帕比有铝质的腿和脚这个最简单的事实都能起到"适应性"的作用，因为这导致在大多数表面上少量的滑动。这看似不妙，但通过在脚部增加橡胶软垫的方式减少滑动，反而会导致机器人开始出现跌倒的状况。事实上，微小的滑动能起到稳定的作用，它能有效地促使机器人很快找到稳步前进的方法（可参见 Pfeifer and Bongard 2007, 96-100, 125-128 中的讨论）。

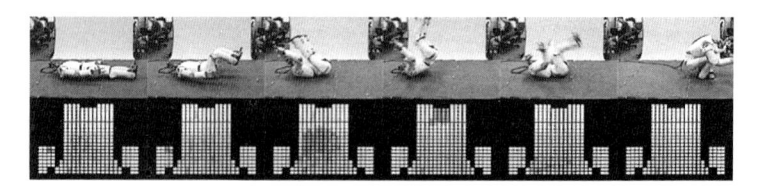

图 1.4 稀疏但适时的控制信号使机器人转动和跃起的动作流畅而节能。[Kuniyoshi 等人的研究（2004）；图表经由 Y. Ohmura 许可使用。]

在接下来的几章，我们将采用生态控制的方法解决以下问题：从感知型机械反应到反射、回忆和思虑。为达到这些效

1 主动的身体

果,普法伊费尔与邦加德(Pfeifer and Bongard 2007)援引了"生态学平衡原理"(the Principle of Ecological Balance, PEB)[①]。此原理是:

> 首先……设定某种任务环境,要使错综复杂的感官运动和神经系统相匹配……其次……在形态学、材料、控制与环境之间存有一定平衡或分工。(第123页)

传感器、形态学、动力系统、材料、控制器和生态位的"匹配"产生了高效适应性的回应:"不是所有的处理过程都是由大脑执行,某些方面是由生态学、材料和环境所接管,在具身不同方面之间产生平衡或分工。"(Pfeifer et al. 2006)在这种情况下,具身的细节可能会接管一些原本需要由大脑或神经网络控制完成的工作,普法伊费尔与邦加德(2007, 100)将其恰当地描述为"形态学计算"(morphological computation)。

对被动动力效果的探索阐明了具身的、内嵌的方法所具有的众多关键特征之一,我们将在后面的章节中遇到。这个首要特征被称作"非平凡因果延伸"(nontrivial causal spread)。只要当我们原先预期由某个划定好的系统来实现某个结果,结果却涉及利用更多相关因素和力量的时候,"非平凡因果延伸"(Clark 1998b; Wheeler and Clark 1999; Wheeler 2005)就会发

[①] 该原理以普法伊费尔和舍勒的最初构想(Pfeifer and Scheier 1999;第13章)为基础,并有所扩展。

生。[1]对密西西比河的短吻鳄来说,产卵处腐烂植被的温度决定了后代的性别,这就是非平凡因果延伸的例子。当实际的腿和身体的被动动力会处理许多原本要让给能耗高的关节角控制系统去处理的需求时,我们同样也会遇到非平凡因果延伸。当代机器人学的一个重要经验是,行态学(包括感应设置、主体设计甚至对基础组建材料的选择等)与控制的共同进化造就了一个真正意义上的黄金契机,在大脑、身体与世界之间扩展解决问题的能力。[2]因此,机器人学再次从吉布森(J. J. Gibson)和"生态心理学"[3]的传统延续中重新发现了很多明确的想法。这样,威廉·沃伦认为,

> 生物学会使用整体系统的规律来安排行为秩序。尤其是环境的结构和物理特性、身体的生物力学、关于自主体—环境状态的感知信息以及任务需求,这所有都为制约行为结果服务。(2006, 358)

这种因果扩展也许会整体性地逐渐形成或被设计出来,或是被学习,或是以上两者的结合。例如,有些控制系统能够积极地学习充分利用被动动力机会的策略。一个例子就是幼儿机

---

[1] 因此,非平凡性完全是在旁观者的眼里才有的。如果你预期性别决定是由巢穴的温度所控制的,那么就已经有了因果扩展,但只有那种已经(让我们假设)被我们最佳科学和目标事件思考所纳入的那种类型的因果扩展。

[2] 精彩的讨论,可参见 Pfeifer 和 Scheier(1999)、Pfeifer(2000)、Pfeifer 和 Bongard(2007)。基础组建材料的真正可能价值可参见 Brooks(2001)。

[3] 参见,例如,参阅 Gibbs(1979)、Turvey 和 Carello(1986)、Warren(2006)。

1 主动的身体

器人,这个行走机器人学习(使用的是所谓的演-评强化学习方法)一种利用身体的被动动力学的控制策略(图1.5)。在柯林斯等人(Collins et. al 2005)所描述的很多基于被动动力学设计的机器人中,幼儿机器人的特点就是能改变速度、前进和后退,它还可以适应不同的地形,包括砖面、木地板、地毯,甚至是变速跑步机。正如期待的那样,被动动力学的应用使像阿西莫这样的标准机器人的耗能减少了约十分之一。柯林斯和鲁伊纳(2005)基于被动动力学设计的机器人的特定传输成本都大约在 0.20,再次低于阿西莫的数量级,并可以和人类的实例相比。这里的差异并不能通过使用阿西莫式控制策略这样的技术进步而明显减少(例如,有些没有使用被动动力效果的)。柯林斯和鲁伊纳认为一个恰当的例子就是一架直升机的能量消耗对比飞机或滑翔机。无论直升机设计得如何精巧,它在每里程内消耗的能量也会远远超过后两者。

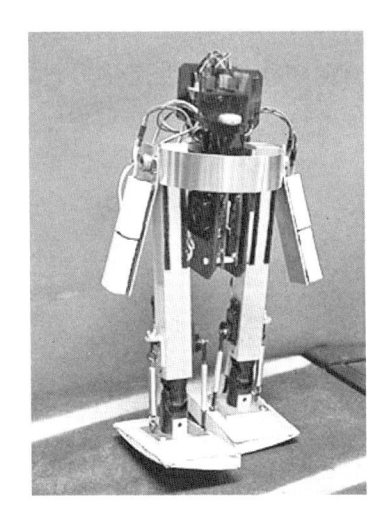

图 1.5 由泰德瑞克(Russ Tedrake)、张(Teresa Zhang)和承现峻(H.Sebastian Seung)设计的幼儿机器人,它学习了一种利用自己身体的被动动力学的控制策略。(图片经 Teresa Zhang 许可使用。)

1.2 栖居互动

让我们简单转换一下视角来试问，依据这一组组不同的原则设计出的具身可能会是什么样子？成为阿西莫那样智能的、有意识的机器人，或反之，成为经过充分训练的、智能的和有意识的幼儿机器人，这又会是怎样的感觉呢？对于后者，也许并非感觉到（其他的一切都是平等的）似乎不费气力和只依靠简单的意志行为就能获得定向的身体运动？对于前者，费了很大气力，而且身体也许会被当作一个复杂的、有抵抗能力的物体，需要进行许多持续强有力的微管理。尽管能量已消耗了很多（例如直升机的例子），但仍然维持在高水平上，经过一段时间后控制也许能够更合理化。然而，成功利用被动动力效果也许对杜里西（Dourish 2001）所妙称为"栖居互动"（Inhabited Interaction）的方式有重大贡献。"栖居互动"是与"分离控制"（dis-connected control）相对比而言的一种存在于世界的方式。杜里西描述了两者不同的观点，他用当前（即仍然相当笨拙）的虚拟实境系统作为比较点。

甚至在一个沉浸式的虚拟实境的环境中，用户对于他们没有直接居住的世界来说，也只是分离的观察者。他们凝视着这个世界，想弄清楚正在发生的事情，决定行动方案，并通过狭窄的键盘界面或数据手套让行动发生。他们仔细监控结果以验证它是否以他们期待的方式出现。我们

1 主动的身体

从日常生活中得出的经验与此不同。我们的脑袋里没有坐着小人去借用我们的双眼观察世界,操纵我们的双手去开展行动,更不能仔细检查以确保我们伸手去拿咖啡杯时不会错过目标。我们居住在自己的身体中,反过来,我们的身体又居住在这个世界中,这一来一去堪称无缝连接。(2001, 102)

在这个意义上说,沉浸式的虚拟实境实质是分离的这一点似乎是不可能的。相反,它只是另一个领域,其中一个技能娴熟的自主体可以行动和感知。但技能是关键,我们中的大多数人在这样的状况中还不能熟练操控。此外,得到现今科技支持的感知和互动模式既有限又笨拙,这使得用户感觉自己成了某种警觉的游戏玩家,而非真正存在于虚拟世界之中的自主体。

然而,值得注意的是,对于婴儿来说,身体本身也存在这些问题特征。幼儿,像虚拟实境中探索的成年人一样,必须学会如何使用起初反应迟钝的双手、双臂和双腿去达到目标(更详尽的研究请参见 Thelen and Smith 1994)。在这样做的过程中,幼儿就像幼儿机器人一样学习充分利用自己身体复杂的进化形态学和被动动力学。这些已被选定,从而显著缩小需要增添能量和强加控制来弥合的"差距"。

随着时间推移和实践推进,身体的连贯性已足够使更广阔的世界本身作为无中介的场所被具身行动(embodied action)更直接地利用。此时,身体以外的世界达到平衡,并向用户展示自身不仅是一个问题空间(尽管很明显),而且也是解决问题的资源。在这样一个世界中（我们将在第 2 章到第 4 章中更详细地了解），尤其是通过栖居互动遇到时，我们可以采用简化或转化想要解决问题的方法来连贯地行动。身体在此刻变成了"透明的工具"（transparent equipment）（Heidegger 1927/1961）：工具（经典举例就是技能熟练的木匠手中的锤子）并不是使用过程中的焦点。相反，使用者"透过"工具看到手头的任务。当你签名时，你的注意力并不在笔上（除非它没有墨水了）。使用中的笔和执笔的手都不是关注的焦点，二者都是"透明的工具"。[①]

毫无疑问，这种透明度或许可通过实践达成，而毋需大幅利用被动动力效果。[②] 但在一种方式中进化的自主体是真实的栖居而非简单控制。从形态学与控制之间深度协调方面而言，他们的身体或许能被有效的理解。这种协调在野外漫步系统中得到体现，这个系统是由生物进化和引人注目的微观世界中基于被动动力学的自主的行走机器人而设计。

1.3 主动感知

假设你被要求完成图 1.6 中的益智游戏，在这个任务中给

[①] 惠勒（Wheeler 2005；第 9 章）通过追溯因果扩展、"栖居互动"（尽管他不用这一术语）和海德格尔现象学各方面的许多联系，提供了这些主题简练而深刻的论述。

[②] 行为艺术家史帝拉（Stelarc）的机器人"第三臂"就是一个例子；参见 Clark（2003）。

1 主动的身体

你一个彩色积木的模型,要求你将相似的积木从一个指定区域移到一个新的工作区(Ballard et al. 1997)。你的任务是使用指定区域中的闲置积木再制造出原先的样式,方法是每次将一块积木从指定区域移动到你正在制作的新版本中。这个游戏是通过点击鼠标并在电脑屏幕上拖动积木进行的。你在进行时,眼动仪会精确记录你在何时何地盯着游戏的诸多不同板块。

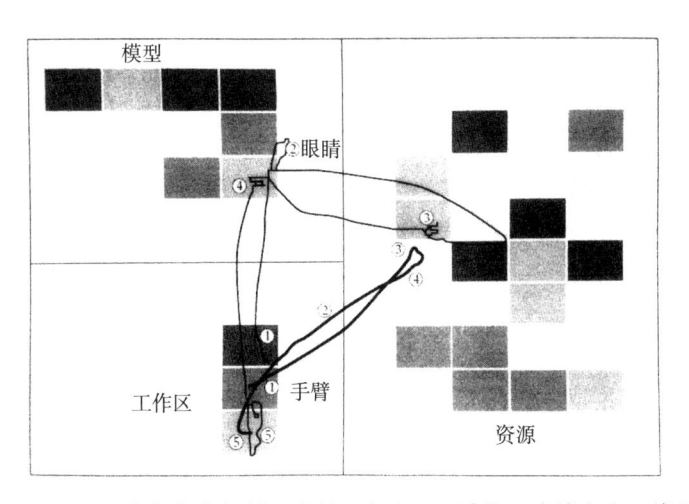

图 1.6 在任务中复制一个单一积木。眼睛位置迹线由交叉线和虚线表示。光标的迹线由箭头和黑线表示。数字指示的是眼睛和手臂迹线的及时对应点。(来源于 Ballard et al. 2001,经许可使用。)

你认为你会使用什么样的解决策略呢?一个简洁的策略就是盯着目标,决定下一步要添加的积木的颜色和位置,然后执行计划,把一块积木从指定区域移走。例如,这几乎是你所期望的一种经典人工智能计划系统(例如,STRIPS——斯坦福研究机构的问题求解程序)的策略,就像早期移动机器人沙基

（Shakey）所使用的那样，请参见尼尔森（Nilsson 1984）的全面回顾性综述。

当我们被问及如何解决这个问题时，我们中的许多人可能会在口头上赞同这种简洁明了的策略，但言行却很难一致，因为这断然不是大多数人类主体会使用的策略。巴拉德等人发现，不断重复的快速眼动（自发的眼睛浏览运动）在任务进行的过程中使用得比预期要多。例如，人们在拿起积木前后都会参考原模型，这说明当他盯着模型时，主体只会存储一条信息：或是颜色，或是下一步要复制的积木的颜色或位置。

为验证这种假设，巴拉德等人在主体看别处时，使用一种计算机程序去变换积木的颜色。在多数这样的干扰下，主体不会注意到变化，甚至无论是对多次浏览过的积木和位置的变化还是当前行动中焦点的变化。这说明当盯着模型的时候，主体仅仅存储了一条信息：下一步要复制的积木的颜色或位置（非二者都）。换句话说，即使不断重复的快速眼动是发生在相同的位置，极少量的信息会被保留下来。相反，不断重复的固定注视点能"恰好及时"地提供当前需要的特定信息。于是，实验者得出以下结论：

> 在积木复制范例中……固定注视点似乎与潜在进程密切相关，通过标记信息（如颜色、相关位置等）获取位置或明确手部运动（拿起、放下）目标的位置。因此，固定注视点可以被视为绑定当前与任务相关的变量的价值。（Ballard et al. 1997, 734）

1 主动的身体

与此案例相关的两个道德事件也随之而来。其一，视觉固定扮演了一个可识别的计算角色。正如巴拉德等人（1997）的评论："改变注视类似于在硅计算机中改变存储器参量。"（725）（这些对固定注视点的使用因而被表述为"指针"）其二，针对实体模型不断重复的快速眼动允许主体利用巴拉德等人所戏称的"最小记忆策略"来解决问题。其观点是，大脑创造自己的运行程序，从而让所需的工作记忆存储量最小化，并且利用眼动将一条新信息置入记忆。的确，通过改变任务需求，巴拉德等人也能够系统地改变生物记忆和活跃的具身数据检索混合体，从而帮助解决不同版本的问题。他们得出结论，至少在这种任务中，"眼部和头部运动以及记忆负荷，彼此相悖交替、灵活协作"（732）。

这是我们说明具身—嵌入认知另一个重要特点的第一个例子。具身认知，也可以称为"生态集合原则"（the Principle of Ecological Assembly, PEA）。依据此原则，精明的认知者倾向即刻吸收任何问题解决的信息混合资源，再花最少的努力产生可接受的结果。生态集合原则有意回应了普法伊费尔和舍勒的生态平衡原则（见第1章第1节，即1.1，下同）。然而，普法伊费尔和舍勒最感兴趣的是传感器、发动机和神经功能之间进展缓慢的竞赛，其次就是机体纤维束和其生态位间的竞赛。相比之下，生态集合原则追踪的是近瞬时的这种总体平衡：平衡使用一系列当场集合在一起的潜在高品质资源去解决既定问题。后者的生态平衡正是灵活的生态控制系统所追求的目标（见第1章第1节）。

重要的是，依据生态集合原则，吸纳过程没有特别区分神经、身体和环境资源，除非是它们以某种方式影响了所涉及的整体努力的情况下。尽管这个原则本身看起来已经十分清晰，但实际上如何最好地解析努力这一概念，以便理解权衡一种类型的努力（例如，从生物记忆中回忆）与另一种完全不同类型的努力并不是显而易见的。例如，头部或眼部运动的产生（让我们假定）得到了完全相同的信息。随着我们不断的讨论，我们将遇到很多不同的尝试（尤其参见第7章和第9章），以定量地理解这一重要但难以捕捉的概念，即在多重异质信息资源和秩序之间权衡。

1.4 分布式功能分解

巴拉德等人的模型也是我们针对解释性策略所举的第一个例子，这种策略可以被称之为"分布式功能分解"（distributed functional decomposition, DFD）。分布式功能分解是从能量、信息、控制的流动转化和适时的表现诸方面来理解超大型机制（利用生物大脑与身体以及本地环境的相互作用而设计制造的）性能的一种方式。[1] "分布式功能分解"中的"功能"一词是用来提醒我们即便在这些更大的系统中，进行解释性工作的是不同要素所扮演的"角色"，而非这些要素被实现的具体方法（这一点不应有异议，就算是在机器人帕比的例子中，对于它的铝

---

[1] 功能分解的经典人工智能解释，参见 Block（1990）、Cummins（1989）、Pylyshyn（1984）。我想到的更广泛解释，可参见 Clark（1997a；第8章；1998b）。

1 主动的身体

质双腿来说，材料所提供的滑动量和伸展性比材料本身更重要。见第 1 章第 1 节）。因此，"分布式功能分解"的目标从传统内在论进路看已经众所周知，即要将某些目标表现为相互作用的大量非智能（"机械的"）交互和效果展示出来，但是这样做会涉及更大的组织整体（想象一下，举一个最简单的例子，加法算法使用自主体的实实在在的手指位置作为关键媒介结果的临时存储缓冲器）。这些方法认识到了具身和环境嵌入对问题解决的重要贡献。然后，试图通过识别在执行任务的真实过程中的特定操作（可能有些是身体总体的，有些是涉及环境的，还有一些是神经系统的）的角色来理解这些贡献。

巴拉德等人在其方法中明确认识到这一点，评论说他们的模型"强烈建议一种视觉计算的功能性视角，这种视觉计算使不同的操作在完成一个复杂任务时被运用在不同阶段"（1997，735）。因此，巴拉德式的方法能够：

> 通过引介眼球运动组成指示编码形式的观点，将"看"是活动的一种形式的概念和视觉是计算的主张相结合……使感知者能够将世界作为一种外部存储设备进行开发利用。（Wilson 2004, 176-177）

此处的身体运动是以执行某种计算操作和表征运算的方式出现（在这个例子中，十分常见）。不同之处就在于这些操作运算不单是在神经系统中得以实现，也是在处于世界里的整个具身系统中得以实现。

巴拉德等人（1997）建议使用"具身水平"这一表达来指示在约每 1/3 秒的时间尺度内功能性关键运算发生所处的水平。这个与观察到的快速眼动频率相符绝非偶然，而且作者声称，这就是"身体运动的自然顺序能够通过一个隐式引用（称为指示）系统与连续决策系统的自然运算经济结构相匹配"的时间尺度，"这个系统使用指向运动将世界中的物体与认知程序绑定"（723）。这个时间框架无疑是重要的，尤其是对作者研究的特定类型的任务而言，但我在这里避免用任何特定的时空窗口去鉴别（计算的关键性内容）具身。我们稍后将会看到，身体和世界在很多（经常互相作用的）时间尺度中扮演着多种重要角色。

1.5 感应耦合

最后，值得我们停下来仔细思考感知在巴拉德等人积木复制（block-copying）情景中发挥的作用。因为感知在其中的作用十分重要而又不同于传统规划和推理的作用。在传统模型里，感知的作用是为系统获取所需信息以解决问题。例如，一个规划自主体可能会扫描环境以建立一个问题充分模型。这个问题模型包括外面有什么问题，这些问题都出自哪儿，在哪个时刻推理引擎能有效撇开世界而基于内在模型运行，并进行规划，然后执行回应（在执行过程中可能会偶尔检查，以确保一切保持不变）。相比之下，在复制积木的情境中，自主体并没有通过感知建立能够充分解决问题的丰富内在模型，而是反复使用感知，将外在情境作为可以及时访问的信息库，用以完成手头任

1　主动的身体

务的部分。在这个过程中，基于屏幕的外部模型充当"它自己的最佳模型"（改编机器人专家 Rodney Brooks 的著名用法；参见例子，Brooks 1991）。感知在此常作为时时有效的自主体与环境的耦合渠道，而不是作为一种"转换面纱"。基于此，源自世界的信号都必须被转换为外部情境的持续内在模型。

还有一种更引人注目的、能证实这种可能性的实例，就是奔跑着去抓住棒球比赛中的高飞球的经典案例。假定洞察力能正常发挥，我们或许可以假定视觉系统的作用就是将目前球的位置信息转换，以使推理系统可以得出球未来的飞行轨迹。然而，同样在此，自然能找到一个更优雅且有效的解决办法：你只需奔跑，这样在视觉背景下，对于棒球的视觉图像就会呈现恒速的直线飞行轨迹（McBeath, Shaffer, and Kaiser 1995）。这种解决方案被称为 LOT 模型，即线性视觉轨迹（Linear Optical Trajectory）模型，它利用了视觉流中的一个强大不变量，李（Lee）和雷迪什（Reddish 1981）为此也讨论过。然而，还有一些关于我们锁定在解决此类问题上的简单不变量的确切本质。[1] 这样，麦克劳德（McLeod）、里德（Reed）和迪恩兹（Dienes 2001, 2002）报告的数据与简单 LOT 模型的预测相冲突，而首先由查普曼（Chapman 1968）提出的 OAC（Optical Acceleration Cancellation）模型，即视觉加速度取消模型，似乎更好地预测了这一点。谢弗（Shaffer）等人（2003）提供了一种结合这两个策略的混合模式。然而，当前的目的是灵活利用

---

[1] 感谢比尔·沃伦（Bill Warren）让我注意到这个问题。

视觉流中的可用数据，使得接球手能规避创建一个丰富内在模型以计算棒球前进轨迹的需求。在最近的研究中，LOT方法的大量使用似乎对狗怎样接住飞盘提供了一个更好的解释，这是一项要求更高的任务，因为在飞盘的飞行路线中会出现偶然的显著波动（Shaffer et al., 2004）。

对当前目的非常重要的是，这样的策略表明（Maturana 1980），耦合感知自身能发挥特别的作用。它不是利用感知去获得更多的内在信息，绕过视觉障碍，以使推理系统"撇开世界"并完全从内部解决问题，而是把传感器作为一个开放的导管使用，从而使环境对行为施加连续不断的影响。感知在这里被视为一个开放的通道，当这个通道内的活动保持在一定范围时，成功的全系统行为就出现了。我们从而创造出了一个全新的、特定任务的自主体世界范围。对于此类案例，兰德尔·比尔（Randall Beer）这样评价："关注的焦点从准确表征环境转为让身体与环境持续互动以稳固适当协调的行为模式。"（2000, 97）

有趣的是，人类主体通常并没有意识到他们对这些策略的使用。谢弗和麦克贝斯（Shaffer and McBeath 2005）表示，大多数人，包括专业的棒球守场员，认为自己能准确觉察到在展开的飞行轨迹中每一点上球在物理空间里的位置。然而，在多数情况下，真正被使用的策略无法显示这种球飞行位置的准确信息。这就是说，"观察者似乎将他们在棒球物理飞行中获得的合理准确的语义知识与抛射追踪任务中可用的视觉信息相混淆或是用后者替代了前者"（Shaffer and McBeath 2005, 1500）。

总结一下当前这个部分，我们似乎遇到了涵盖全部范围的案例，从经典的极端案例（用感知创造一个有效丰富的内在模型以足够问题解决）到许多中级案例（例如积木复制任务，其中感知和持续的身体参与被反复使用以及时检索和绑定所需的信息碎片），再到（主观上并不显著的）非传统极端案例（其中感知开放通道，这样，在某个固定范围内将能量变为最小化就可以直接解决难题）。因此，具身认知的第三个（部分重叠）特征可以添加到我们的列表中：即通过充分利用视觉阵列中大量可用的环境机遇与信息，使具身自主体能够以简化神经系统问题的方式使主动传感与感应耦合。

1.6 信息自我构建

具身自主体也能够通过积极产生具有认知和计算有效性的时间锁定感觉刺激模式来影响它们的世界。在这方面，菲茨帕特里克（Fitzpatrick）等人（2003；Metta and Fitzpatrick 2003）使用了科戈（COG）和宝贝机（BABYBOT）两种平台，展示了操纵活动对象（推挤和触摸视线内的物体）如何能帮助产生关于物体界线的信息（图1.7）。机器人通过探和推了解这些界线，它使用运动侦测看到自己手和臂膀的移动，但是当手遇到或推到一个物体时，行为活动会突然延展开。这种微小的特征使物体从其所处环境中突显出来。

在人类的婴儿中，抓、探、拉、吸吮和推这些动作创造了一个丰富的时间锁定的多模态感觉刺激。这种多模态输入流被展示出来（Lungarella, Sporns, and Kuniyoshi 2008; Lungarella and

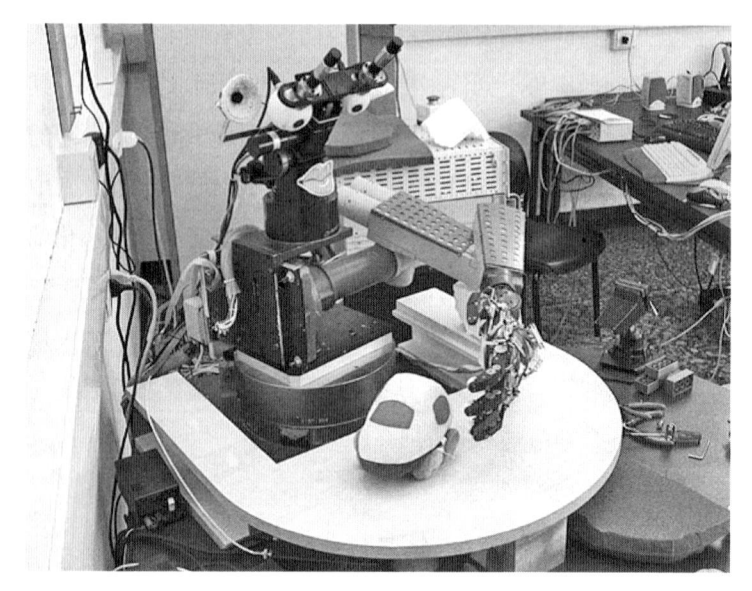

图 1.7 宝贝机通过探和推的动作了解对象物体的性能和功能可见性。（来自 Metta and Fitzpatrick 2003，经许可使用。）

Sporns 2005）以帮助分类学习和观念形成。这些能力的关键在于机器人或婴儿维感觉运动与环境协调交互的能力。此研究表明，自我产生的行为活动是作为"对神经信息处理的补充"，其原因在于：

> 自主体的控制结构（如神经系统）处理和加工感觉刺激流，最终将产生一系列行为。这些行为又转而引导感觉信息更进一步的产生和筛选。（如此）通过行为活动的"信息构建"和通过神经系统的"信息加工"便能通过感觉运动环而彼此持续相连。（Lungarella and Sporns 2005, 25）

1 主动的身体

这个案例关注信息流的积极自我构建，其重要含义就是把握时间节奏（特别是多模式数据流的锁时展开）在支持学习和适应性回应中所起的主要功能性作用。在著名的科戈机器人（Brooks et al. 1999）身上，菲茨帕特里克和阿塞尼奥（Arsenio 2004）展示了具有共同节奏特征的输入信号的跨模型绑定可以帮助机器人通过将本体感受归纳为一种模态来了解物体，并了解其自身本质。机器人首先在个体模态（视觉、听觉和本体感受）中感测节奏模式。然后，有效利用绑定的算法去关联有同种频率的信号。得益于这样的绑定，科戈才能通过绑定视觉、听觉和本体感受信号了解其自身的各个部位。不像人自己的胳膊，科戈的胳膊活动时会发出噪音。因此，当一个人抓住和移动机器人的胳膊并使其超出视觉范围时，机器人可以绑定声音和本体感受的信息。当胳膊在视线中时，就会产生三个模态之间的绑定。因此，装配好的科戈甚至可以学习把镜子中看到的移动图像等同于自己的胳膊。作者对于这个实验的总结如下：

> 我们的工作是尝试建立一个感知系统，此系统对时间选择和内容给予同样的、全面的关注。这是强有力的，因为时间选择是真正意义上的跨模式，不论机器人的感觉是在被处理加工中还是被转换中，时间选择都会在上面留下印记。（Fitzpatrick and Arsenio 2004, 65）

这里有一个很好的事例。这个事例说明有一种方法，可以把基础计算、信息处理方面与时间选择、环境耦合行为所发挥的潜在功能性作用结合起来。我们将在接下来的几章中反复遇到这种结合。这项工作描述了基于信息提取、转换和使用的智能回应，同时也认识到在这些过程中，时间选择、行为和耦合展开都发挥了关键作用。

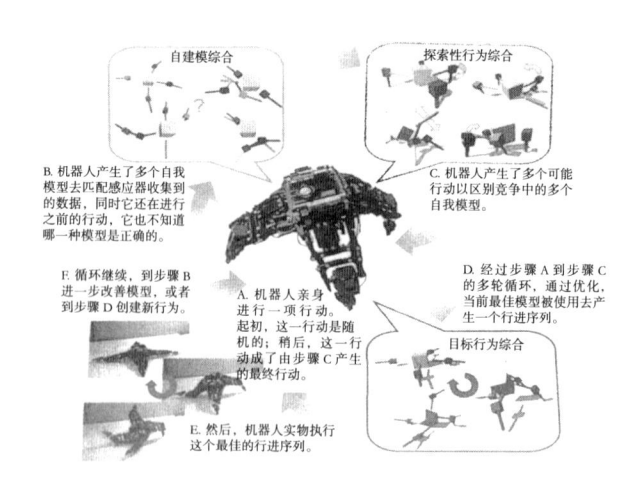

图 1.8 算法略图。(Josh Bongard，经许可使用。)

信息自我构建在持续的自我建模中也发挥了关键作用，这种自我建模对于在身体受伤或改变之后重获行为能力是必须的。邦加德、济科夫（Zykov）和利普森（Lipson 2006）描述了一种机器人通过由自我产生的行为所验证的正在产生中的竞争内在模式来持续学习其自身结构（形态）的算法（图 1.8）。简而言之，正如机器人的行为，此算法记录产生的感觉数据，然后产生出一系列拥有其自身形态学的候选模型（15，在四腿实物机器人的测试案例中）。这些模型在很大程度上与这些数据相

1 主动的身体

符。接下来(这是重要的部分),它发现了一种行为(刺激模式),当执行这个行为时,会在15个候选模型所呈现的感知结果中产生最大程度的不一致。然后,这个行为作为一个迭代周期的部分被执行。在这个迭代周期中,机器人了解到自己的身体具有可变性。例如,适应身体损伤,失去某部分肢体,或抓握工具这种行为变化(更多内容,详见第2章)。当然,在过程中最关键的因素是机器人积极产生这种行为的能力,将会产生最大量的信息:一个清晰的信息自我构建的案例。

最终,正如余(Yu)、巴拉德和阿斯林(Aslin 2005)的惊人研究所展示的那样,信息流的积极构建也是一个自主体间的有效工具。在这些研究中,装备了眼动仪、头盔式摄像机、话筒和手臂身体追踪器研究主体,像对一个孩子那样(缓慢并发音清晰地)描述它们目前的行为(图1.9)。口头描述加上由眼、头和手臂身体追踪器记录的多模式训练数据时间锁流,提供给人工神经网络。此神经网络的任务就是单独通过接收由积极"看护者"创建的多模式训练数据时间锁流来学习一些行为的表面意思。在这种关键的主动构建面前,网络能使用"原始的"视觉和听觉数据(一束不可分割的声音流和没有提前加工过的视频流),学习联合图像和声音,且不受任何内在"语言模式"的帮助。从这些原始但相关的数据中,神经网络学习对可归纳的图像和声音配对(例如,当展示相同行为类型的新视频记录时,它学习产生语音串,比如"sta-pling")。它同时还学习把语音分割转为有意义的单元和每个单元自身的"表面意义"。成功的关键在于看护者携带的"具身意向"的信息。也就是说,它们利用眼睛和身体的运动去追踪，并把场景（目前正在被语言描述的部分）突出的方面与大量同时发生的视觉数据分隔开来。增加的信息效力是由训练数据的主动建构所创建的，它把可怕的学习难题转变为一个不需大量提前构建或大量预先知识的易解决的问题。

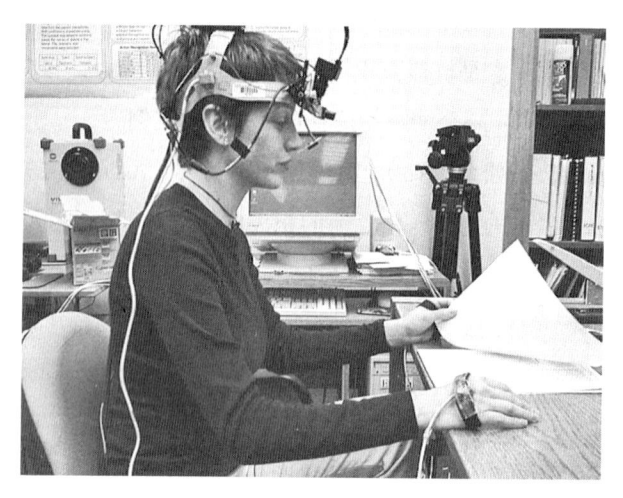

图 1.9 附属训练计算模型装备了应用科学实验室的眼动仪、电荷耦合摄像机、话筒和姿势感应器。因此，计算模型乐意像人类语言学习者一样共享多感官信息，这使得不同模态下的同步信号可以相关联。（来自 Yu, Ballard and Aslin 2005，经许可使用。）

从多方面看，这仅是前面部分中讨论过的关于指示指向研究的另一个方面。指示指向让自主体把世界作为外部存储去利用。这项工作允许学习者将另一自主体对指示指向的使用（通过追踪那些相同的眼睛固定注视点）作为一种"闸门机制"来使用，"这种机制决定同步产生的数据是否彼此相关"（Yu,

1 主动的身体

Ballard and Aslin 2005, 994）。因此，同类的具身策略（眼睛、头部和身体行动的指示使用和时间锁数据流的积极产生）支持了社会知识的传播。个人学习者也得以简化其问题解决和进一步学习了解世界的方法。

这又是具身对人类认知显得非常重要的另一种表现方式。其重要性体现在，一种主动的、自我控制的、感知的身体的出现使自主体能够创建或探得适合的输入资源，并通过主动唤起多模式的相关时间锁刺激流来产生出好的数据（为自身或他者）。这个戏法推进了学习过程、身体的自我建模和分类，且可能甚至（深呼吸）让获得基础知识存有希望。

1.7 认知经验与感觉运动依赖

诉诸行动和主动感知还位于最近一个宏大的、十分有影响力的尝试的核心之中。这个尝试想要对感知和感知经验做出描述，它的中心是自主体（并不明确）了解到的感觉刺激是怎样随着改变或运动而变化的。[1] 当我们转动眼睛、头部或身体

---

[1] 具有里程碑意义的出版物是 O'Regan 和 Noë（2001）、Noë（2004）。从历史上看，这种观点植根于跨越科学［尤其是生态心理学；参见 Gibson（1979）］和诸多有影响力的哲学传统［从 Husserl（1907）、Heidegger（1927/1961）、Merleau-Ponty（1945/1962），到 Ryle（1949/1990）、Mackay（1967），再到 Varela、Thompson 和 Rosch（1991）"生成性"路径］的东西。这也符合（但远远超出）以重大"行动导向"方式（Clark 1997a）和强调身体、行动和环境结构使用的重要性［例如，Hurley（1998），Ballard 等人（1997），Hutchins（1995），Churchland、Ramachandran 和 Sejnowski（1994），以及 Thelen 和 Smith（1994）］的方式来理解心灵和认知的事业。

时，感知刺激就会以多种复杂方式变形和改动，而这个尝试就是从我们（并不清晰的、无意识的）关于感知刺激改变的这些复杂方式的知识或预期的角度所进行的。这些知识被戏称为（O'Regan and Noë 2001）"感觉运动依赖知识（knowledge of sensorimotor dependencies）"或"感觉运动偶然性（sensorimotor contingencies）"，它是关于运动或变化和感官刺激的结果模式之间关系的知识。

尽管表面上相似，但这个关于感知和感知经验的叙述已超越了（我们将在第八章中看到更多细节）巴拉德等人（1997）或许多所谓主动感知（例如 Churchland, Ramachandran, and Sejnowski 1994）支持者的主张。后者描绘了将身体运动和及时检索作为重新有效装配大脑和中央神经系统所执行任务的策略来积极使用。诺亚（和赫尔利出版及其他人）将感觉运动预期负载循环描述为感知经验自身的强有力的组成部分。说到强有力的组成，我的意思是它们坚持一种同一性，这样感知经验的相似性就要求有主动身体的感觉运动知识（感觉运动依赖）的相似性。

因此，得出的核心观点是我们感知经验中的不同与感觉运动特征中（运动和运动感觉效果之间的关联模式）的不同是相符的。如果两个事物看起来不同，其原因在于当我们使它们参与到空间和时间中时，我们产生并具有（正确或错误地）不同系列的感觉运动预期。随着这种交会继续进行，这些预期也许会得到或得不到证实。关键的是，据说就是这种（不明确的）预期和随后感官刺激的整个循环，决定了所有给定的感知经验

1 主动的身体

的内容和特点。我们所拥有的这些预期在不同物体间应该是不同的，例如在足球、橄榄球或美式足球之间。这些差异保证了经验表面的不同。但是，除了这些不同，对于所有视觉呈现的物体，都有感觉运动特征的共同部分。据说，正是这些共同点使经验可见而不是可听。例如，视觉（与听觉和触觉不同）仅仅抽样了物体的前面或正面等。因此，被感觉物体的视觉属性成为标志性的感觉运动偶然性的子集，这种视觉属性属于视觉感觉可以抽样物体真实特性的特殊方法。因此，相同的真正特性（如尺寸）也许可以通过视觉或时而（对小的物体）通过触觉被理解和领会。但是，抽样模式变数很大，而且随之变化的还有关联的感觉运动的偶然性。

那么，视觉感知一个正方形物体，就是要产生并具有多样的实践知识，这些知识是关于当我们观察或与物体互动时，眼睛、头部或身体的运动是怎样能产生感觉变化（新的感觉输入）。一个例子就是向左的快速眼动会把视觉角落的某个形状（左面）带到视觉的中心，而向右的快速眼动会把视觉角落的某个不同的形状（右面）带到视觉的中心。据说，拥有大量且丰富的这类知识就组成了我们对正方形物体的视觉感知。其结果或者主张就是，"决定现象学的不是像这样的刺激建立起的神经活动，而是神经活动内嵌于感觉运动动力中的方式"（Noë 2004, 227）。可能是当前整批感觉运动循环的形状决定了视觉经验的本质。

现在，可以明确表述我想要强调的最近工作的下一个特征：需要注意，特定认知经验的基质（"载体"）可能会牵涉整个参与世界活动的循环。

1.8 时间和心灵

但是在研究心灵与认知时，把具身、主动感知和暂时耦合的演变置于突出位置的进路有时会与（任何或所有）功能的、计算的、信息处理的和信息理论的进路形成非常强烈的对比。[①] 当遇到了明显的内在具身和丰富的时间现象时，更好的解释工具反而是几何学结构和动力系统理论（DSL, Dynamical Systems Theory）的微分方程。我认为，这种两极分化（在动力和计算、信息理论的进路之间）是最近尝试把大脑、身体和世界再次放在一起的不尽如人意的结果之一。我详细叙述了自己对于表征、计算和动力解释观念的自由看法，对于由此产生的处理方式，我在较大程度上持保留态度（但请见第9章）。这些看法都很好地体现在之前的工作中（Clark 1997a, 1997b, 2001a）。相反，从更积极的方面来说，种种展示、例子和思维实验构成了这本书，其目的在于揭示计算的、表征的、信息理论的和动力学进路是成熟的心灵科学的深入补充因素。这些逐渐显现的补充因素是我最近工作中需要强调的最后一个特征。但是，为

---

① 这在认知科学动力学方法的早期尤其如此。[参见，例如，Van Gelder（1995）、Thelen 和 Smith（1994）、Port 和 Van Gelder（1995）]。但是，今天这种习惯依然存在。例如，参见在线调查杂志《哲学指南》上的具身认知研究计划的条目（http://www.blackwell. compass.com/ subject/philosophy/）。我将在第9章重回这一话题。

1 主动的身体

了简单地激发这一更灵活的视角,也许需要停下来说一说有关时间、动力学和计算的问题(关于这些问题的更细节的处理请参考 Clark 1997b)。

时间考虑似乎给解释和分析的传统形式提出了挑战,这个挑战就是我在其他地方所说(Clark 1997b)的连续互为因果关系。当某个 S 系统持续影响并同时被其他 O 系统的活动影响时,持续互为因果(Continuous reciprocal causation, CRC)就会发生。从内部来说,因为许多神经区域是由反馈和前馈路径连接的(Van Essen and Gallant 1994),所以大脑中也许就会遇到这样的因果复杂性。在范围更为广阔的详查中,我们经常发现持续互为因果的过程纵横交错于大脑、身体和局部环境之中。例如,一个舞者身体的方位会持续影响她的神经状态,她的神经状态也会反过来影响她的身体方位。同时,她的运动也会影响她舞伴的神经状态和身体方位,因为她在不断地对其舞伴进行回应。或者,想象在一个小型爵士乐团里演奏即席创作的爵士乐,每一位音乐家的演奏都影响着其他人,同时其他人也影响着这位音乐家的演奏。事实上,持续互为因果遍及自然智能适应的领域。食肉动物和猎物或交配动物间微妙的互动都展现出相同复杂的因果关系。

下面进入到动力系统理论。"动力系统理论"(Dynamical Systems Theory, DST)是有力说明和理解复杂系统时间性演变的框架。[①] 典型的解释是,理论家列出了一组特定变量,这些变

[①] 参见 Norton(1995)、Abraham 和 Shaw(1992)中的介绍。

量的集体演变是由一组微分方程所控制的。这些方程式总会牵涉到一种时间要素，由此时间的控制成为此进路的核心要素。此外，这样的解释很容易跨越有机体和环境的范围。此类案例中，两种构成成分在特定技术层面被视为一个耦合系统，即描述每个成分的演变的方程式都包含一个其他系统当前状态的影响因素（从技术层面上说，第一系统的状态变量也是第二系统的参数，反之亦然）。

因此，思考这样一个情景：两只壁挂式钟摆挂在同一面墙上，两者还挨得很近。这两只钟摆的摆动随着时间会变得一致（得益于钟摆沿墙面摆动时产生的振动）。这个过程承认了一种简洁的动力学解释，其中把两只钟摆分析为一个独立的耦合系统，每一个系统都有一个运动方程式，其中包括一个代表另一个系统当前状态产生影响的项（Salzman and Newsome 1994）。思考这个问题的一种有效途径就是想象两个共同演变的状态空间。每一只钟摆通过时空配置的间隔空间追踪一种行动方向。但是这个间隔空间的形状是部分既定的，由另一只钟摆的不断摆动所决定。钟摆自身的摆动受邻近钟摆活动的影响而不断改变。

强调的关键点是在持续不断的相互影响上，范·盖尔德（Van Gelder）和波特（Port 1995, 14）也曾相应使用整体状态（total state）的说法强调过这一点。因为我们假设在多种系统因素之间有广泛和复杂的交互影响（x 影响 y 和 z，而 x 自身被 y 影响，但 x 也影响了 z，等等），所以力学家选择关注整体系统状态随时间的变化。我们过去常用各种各样的几何设备来给模

1 主动的身体

型增添直觉的躯体（通过吸引子和排斥子充斥的状态空间的轨道线，参见 Clark 2001a，第 7 章的简介）。这些几何设备反映了一个可能的整体系统状态空间中的活动，并相对于每一个方位点给所有系统变量和参数分配的值定义路线和距离。对整体状态的强调标志着动力学和标准计算主义之间最大程度的反差，它既是福利也是负担。如果它能使力学家尊重因果网络中迅速增加的复杂性，那它就是福利，且在这个网络中每一事物（包括内在和外在）持续地影响其他事物。相对于这些案例，环环相扣的微分方程系统中的数学运算能够（至少在简单案例中）准确捕捉两个或更多系统中相互决定的交互中持续、实时和有效瞬时的互动参与的方式。[①] 如果它会威胁模糊特定基于智能通向成功演变的路线，那它就是负担。这条路线涉及一种获知有关我们周围事物信息的能力和使用此信息去指导现在和未来行动的能力。一旦我们把大脑的观念放到信息加工活动最重要（尽管不是唯一）的地位，我们就已经认为它与诸如江流或火山之类的活动根本不同。这种不同需要在我们的科学分析中得到反映－典型说来，这种不同会在我们追求与计算方法相连的信息加工模式时得到反映。但如果我们以心脏的跳动或一个基本化学反应的展开去对等大脑或其他参与到以信息为基础的问题解决活动的系统因素，那就会产生迷失的威胁。[②]

简而言之，问题在于怎样公平对待以知识为基础的系统和

[①] 进一步的数学细节，参见 Van Gelder（1995, 356-357）。
[②] 最后两例，参见 Goodwin（1994, 60）。

仅仅是物理因果的系统之间存在原则性的差异这一观点。动力学家似乎不可能否认这样的差别（尽管有时能发现否认的迹象）。[1] 但动力学家并不是通过接受理解和分析大脑事件的不同的词汇（至少其与认知相关），他们是通过解释不同种类的行为适应性重述这个问题，并希望通过使用同样适用于其他物理系统的设备来解释行为适应性。然而，这些设备从内在性看并没有适当解释特定的神经过程，有时是身体和身体外的过程对行为适应性做出贡献的方式。这是因为，其一，它能怎样公平对待信息引导选择的基本思想仍不明确；其二，对整体状态的强调也许会掩盖丰富的结构变化，特别是信息导向控制系统的特征。

整体状态解释不宜作为理解复杂信息流发挥关键作用的系统的方式。这是因为这种系统，正如斯洛曼（Sloman）所指出的，通常依赖于多样的、"独立易变的、因果交互的潜在状态"（1993, 80）。[2] 这些系统通过能够低成本地并以多种方式改变内

---

[1] 例如，范·盖尔德关于那些最初似乎要求"系统具有对其环境知识和理性"的任务的评论（Van Gelder 1995, 358），西伦和史密斯（Thelen and Smith 1994, xix）对大脑作为热力学系统的强调。相比之下，斯科特·凯尔索（Scott Kelso 1995, 288）认为关键的问题是"如何在生物中，特别是大脑中设计信息"。

[2] 斯洛曼和克里斯利（Sloman and Chrisley 2003）开发了一种"虚拟机功能主义"（Virtual Machine Functionalism）。在虚拟机功能主义中，心理状态虽然的确由输入、内部状态转换和输出的功能矩阵实现，但由于具有潜在的独立变化性的联合（内部和/或外部）子状态的复合体原因，心理状态可以具有同步性和多样性。因此，虚拟机功能主义允许"心理状态的共同存在、独立变化和相互影响"（Sloman and Chrisley 2003, 148）。这些相互作用的"部分"可能在抽象和组织的诸多层次上被定义，即它们可能在"虚拟机"中进行交互。

1 主动的身体

在信息流来支持行为的适应性。例如,为理解一个标准计算设备的运转,我们也许会求助于多样的数据库、程序和操作。这个设备的真正力量在于其具有迅速低成本地重新配置各组成成分交互方式的能力。基于信息的控制系统因此趋于展现出一种复杂的连接方式,其中最关键的是组成部分快速退耦和重组的程度。这种连接方式被描述为真实的神经处理加工过程所具有的普遍有力的特征。[1] 最根本的观点是大量的神经组织并没有投入到对行为的直接控制中,而是投入到大脑对信息的传递和路径选择中。因此,对当前的目的而言,重点是神经控制系统展现如此复杂的和基于信息的连接方式(到多样的、独立的、多变的信息敏感潜在系统),在这一定程度上,单独使用整体状态解释容易模糊解释性的重要细节。例如,潜在状态 x 会用多种方式独立于潜在状态 y 而变化,等等。

1.9 动力学与"软"计算

此时,动力学家应该做出回复,动力体制着实为理解这样的可变性留出了足够空间。毕竟,任何在状态空间中的定位都能被指定为组成多种元素的矢量。然后,我们也许观察到在其他因素保持固定不变时,一些因素是怎样变化的。这是真的,但是请注意这种动力学的进路和在上面第八节介绍过的激进的整体状态视觉之间的不同。如果动力学家被迫去:(1)以信息

---

[1] 我在这里想到了所谓的"闸门假说"(Van Essen and Gallant 1994)。

为基础解读不同的系统潜在状态和过程；（2）同样地留意内在信息流的细节和随时间演化的整体状态。那么，我们就不清楚是否仍然会遇到计算问题的激进的替代选项。相反，结果可能是一个强有力的有趣混合体：一种"动力计算主义"，其中信息流的细节与更大规模的动力学同样重要，且一些动力特征作为信息加工体制中的因素起双重作用。的确，我们早已在前面遇到过这样的例子。巴拉德等人的积木复制游戏案例中，指示指向模型通过使用可识别的计算和信息加工概念分析了认知的部分任务。但是，它也使耦合和精细的时间协调更加关键，从而把这些熟悉的计算和信息加工概念应用到更大的、必要的、具身的动力整体中。[1] 这些工作旨在通过识别实时任务活动中特定身体的与世界的运作中所谓动力机能作用来展示具身与环境嵌入做出的特定贡献。[2]

这种动力学的"软"计算主义是非常有吸引力的。[3] 的确，在很多结合了动力学工具和神经计算或神经计算内在表征使用的处理方法中，"软"计算主义已成为一种规范（参见例

---

[1] 同样，在余等人（Yu, Ballard and Aslin 2005）的语词学习的研究中（参见第1章第6节），我们看到了动态和计算属性具有信息强大性的组合——即时间锁定的多模态训练数据流动的积极手法，导致"基础"的内在表征的形成。

[2] 伊莱斯密斯（Eliasmith 2003）提供了一个对于这种动态功能作用的有用的、不过多少有些以神经为中心的解释。

[3] 洛克威尔（Rockwell 2005a, 2005b；第10章）直接应用这样的分析，以便用符号人工智能（在一个动态的框架中）重构各种构念。在很大程度上，我预想的是比此更弱的东西：使用动力学路径来揭示有关信息流和信息转换的事实，在一方面会导致表征视角和信息-理论视角之间的微妙调解，另一方面会导致时间富余的动力学分析。

1 主动的身体

子, Spencer and Schöner 2003; Elman 1995, 2005)。因此, 再一次考虑这些复杂的互为因果影响的循环。我们假设这些循环是完全内在的, 并涉及绑定两种因素活动的持续互为因果影响的关系。从这并不能推断出我们不能将表征和(更广泛地)信息加工角色分配给诸要素或诸要素的耦合延展。也许, 例如, 我们对两种因素的最好理解仍然为不同种类的信息解码, 但是这些种类会以一些有益的方式互相持续地更改彼此。我们将在第6章中探究一个涉及神经与身体循环的具体案例。在探究中, 我们考查了最近对身体手势在思维和理性展开中作用的解释。基于这种解释, 手势和语言思维在它们给各种信息编码时有很大的不同, 但两者被描述为正好以早先描述的方式耦合。[①]在这样的案例中, 我们需要理解多种耦合因素各自不同的贡献, 也要理解当它们耦合展开时所发挥的强大作用。

然而, 应该承认的是, 这些有关持续互为因果关系和它对理解的表征和计算主义模式带来的潜在威胁的问题都是很复杂的。一些 CRC 模式的确会威胁到这样的理解。来自系统中其他地方的多重影响使得这些"部分"所做贡献的本质自身随时间发生巨大变化。[②]在极端限定中, 这种变化会削弱解释稳定的系统事件类型作为特定内容承担者和载体的尝试。关于可能性

[①] 在其他情况下, 可能某些要素的耦合本身就是单一不同种类的编码、操作或内容的实现者(Clark 1998b)。在这种情况下, 整个神经系统、神经-身体或神经-身体-环境的循环, 包括持续互为因果交换中的多样构成组件, 其自身都可能是具有计算上凸显性的操作或指定内容载体的实现者。

[②] 感谢米歇尔·惠勒在这一点上的许多宝贵论述。

的延续性问题,生物信息加工存在于经验的问题之中(更多的讨论,请参见 Clark 1997a, 1997b; Wheeler 2005)。

然而,由于缺乏这种极端限定,有关时间与持续互为因果活动的考虑所要求的并不是一种对计算/表征的观点[①]的彻底拒绝,而是要增加一种有效的、不能简化的动力学维度。这种维度可能会以几种方式证明自身,包括通过使用动力工具来恢复来自因果交换高度复杂(有时是身体和环境的延伸)界面的潜在信息承载状态和过程;要承认,内在的动力特征与时间特征自身可能在某些时候会扮演可识别的表征角色和/或计算角色;而标准计算观念的(接续的)延展会纳入能持续及时改变和利用持续状态的模拟系统;还要承认(见第 1 章第 6 节),信息自我构建在学习与推理过程中的重要性(例如,通过主动创建多模式输入的时间锁流)。

1.10 跨越基石

我们现在已经探察了人们诉诸身体、环境和具身行动去看待和理解心灵的最根本的方式。形态学、材料与控制的共同演化带来了一系列广泛的福利,这也给我们提供了牢固的基石。在进入到终生学习的时间框架中,我们一睹了"生态集合"的

[①] 这样的构想并不意味着在生物系统中存在根据明确的编码规则而被操纵的经典符号实体的承诺,也并不意味着使用数字形式编码的承诺。这样想就会将某些当代计算机模型的偶然特征误认为是它们有时会在其中设想的更广泛解释框架的深层特征。

1 主动的身体

相关策略，其中具身的自主体对由动态循环、主动感知与环境利用和干预的迭代发生所提供的机会进行利用开发。以下三章将依序探索其中的复杂性：首先是探究人类感觉与具身惊异的不稳定与协商特性，其次是物质人造物、语言与符号文化的改变潜能，最后导向心灵自身渗入身体与世界的启发。

2 可协同变化的身体

2.1 害怕与厌恶

在《连线》杂志 2004 年 5 月登载的一篇短文（《启发性地命名为"对人类－机器界限的害怕与厌恶"》）中，未来主义者和科幻小说家布鲁斯·斯特林（Bruce Sterling）发出了一个越来越被人们所熟知的警告——"智力扩张"即将带来危险，并随后补充道：

> 另一个令人头疼的分界面是与精神扩张相反的身体扩张。日本人口老龄化十分迅速，护理人员也严重缺乏。因此，日本的机器人研究者预想出可以代步的轮椅和可以操控与取物的移动手臂。
>
> 但是分界面会受到道德的冲击。外围设备可能是非常灵巧的小装置，但中央处理器是人类：年老、虚弱、脆弱、可怜、受限可能还衰老。（116）

2 可协同变化的身体

但是这些恐惧根源于对人性的误解：它把我们描述为"闭锁的自主体"——作为心灵和身体能力固定且有限的存在，这些能力（充其量）仅仅能提供支持，用其最先进的工具和技术作为支架。与此相反，我认为人类的心灵和身体会经历深入的、可转变的重建。其中，新的设备（包括身体的和"精神的"）也会被整合至人们的思考和行动系统中，我们将这些系统确定为心灵和身体（Clark 1997a, 2001b, 2003）。在这一章节，我会继续探究这个主题，并将关注点放在我们自身的具身可协同变化性上。

就从最平常的说起，感知和移动是具身自主体踏入更广阔世界的渠道，而这个世界在自主体的生物界限之外。大约在2008年，一个典型的人类自主体感觉她自己就是一个受限的物质实体，通过各种标准的感知渠道，如触觉、视觉、嗅觉、听觉等与世界联系。这一发现虽普通，但简单的工具可以导致局部感知发生改变。当我们熟练地使用一根木棍时，我们感觉自己在用棍子的底端来触碰世界，而不是（我们曾经确实能熟练地使用）用我们的手来触摸棍子。从某种意义上来讲，这根棍子是被整合了。整体感觉更像是把一个临时的新的整个自主体-世界循环带入了存在，而不是简单地把棍子当作是一个有用的道具或工具使用（Merleau-Ponty 1945/1962；Gibson 1979。对这个主题的最新探究请见 Burton 1993；Reed 1996；Peck 1996；Smitsman 1997；Hirose 2002；Maravita & Iriki 2004；Wheeler 2005）。

想想这个木棍扩张知觉的例子，像是有两个分界面在同时发生作用：棍子与手接触的地方，以及延展系统"生物自主体

+木棍"与剩下的世界接触的地方。当我们读到有关人类－机器分界面的新形式的内容时，我们又面临着相似的二元性和随附的张力。使这个分界面成为强化人类合适机制的原因正是它们创建整个自主体－世界新循环的潜在作用。但是，在他们成功完成此任务的情况下，这个新的自主体－工具的分界面本身会从视野中消失，取而代之的是一种延展了的或者增强了的面对（更为广阔的）世界的自主体。

那么，我们最好是从分界面本身的概念讲起。

2.2 分界面里有什么？

豪格兰（1998）在一定程度上对分界面的概念进行了延伸性的哲学思考，目标是揭示"把系统沿着非任意的路线分成不同的子系统"（211）的根本原则。豪格兰认为，构成组件、系统和分界面的概念是彼此定义和彼此被定义的。构成组件是更大整体中的部件，它们通过分界面互相影响。系统是"如此交界的构成组件的相对独立且自足的复合体"。分界面本身是"不同构成组件之间交互'接触'的端点，且由此相关的交互都是界定清楚的、可信赖的并相对简单的"（Haugeland 1998, 213）。

指出交互的本质是分界面定位的关键，豪格兰在这一点上是正确的。当我们识别到一种受限的、通常刻意设计的，且在两个或两个以上独立可调的或可替换的部件之间相接触的点，我们便识别其为分界面。但是，坚持认为跨越分界面的流动是很简单的这种观点似乎是不对的。这里的观点是说，只有发现

2　可协同变化的身体

了有力的或信息的瓶颈，我们才找到了真正的分界面。就好像分界面必须是一个狭窄的通道，这个通道产生出豪格兰所描述的"低带宽"的耦合。这对于豪格兰所争辩的目标是非常重要的，因为他旨在说明人类的感知通常会产生依据任务而变化的、高带宽的自主体-环境耦合的形式，进而争论没有分界面能够把自主体和世界分离开。相反（也可以参看本书序言中已经提出了的这一断言的更长的版本），有说法认为"心灵、身体与世界之间是亲密融合的"（Haugeland 1998, 224）。

从直接的自主体-环境耦合（如我们在先前章节中所见到的）的角度，我们至少有时可以最好地理解感知，在这点上尽管与豪格兰相一致，但是他自己的结论却没有真正的分界面能够连接自主体和世界。这观点似乎是不成熟的。豪格兰把这些"开放渠道"的解决办法形容为"紧密耦合的高带宽交互"（223），因此，这是不利于自主体—环境分界面的概念的。[①]但是，似乎凭借直觉又是能够有支持极高带宽耦合形式的真正的分界面。例如，想象一下，多个电脑通过超速高带宽的"网格技术"[②]被连入到一个网络中。毫无疑问，我们在此面临着一个

[①]　事实上，这些类型的吉布森式不变量检测未必就包含真正的高带宽耦合。但是，考虑到很难找到一个不具争议性的衡量目标带宽的标准，我愿意为了论证观点承认这一点。我的观点是，即使存在这种高带宽的耦合，也不破坏有关位于那些点上分界面的观点。

[②]　典型的描述如下："计算网格实现了各种各样的地理分布式计算资源（如超级计算机、集群、存储系统、数据源、器具和人员）的共享、选择和聚合，并将其作为一个用于解决大规模的和数据密集型计算应用程序的单个统一资源。"（引用来自网格计算信息中心网站 http://www.gridcomputing.com/）

由不同并互通的构成组件机器所构成的网络。然而，这个网络在运转中有时候会作为单个统一的资源起作用。尽管如此，我们依然把它当作是一个由独特的分界面装置构成的网络。我们这样做并不是因为每一台机器与网格的接触点狭窄（并非如此），而是因为网格上的每台机器都存在着潜在的分离和再接合的清晰界定点。当一台机器能够很容易地脱离网格，另一台机器代替接入，使得第一台机器能够加入到另一个网格或独立运转的时候，我们就识别了分界面。格鲁希（Grush 2003, 79）把这称为"插接点准则"。依据此准则，"构成组件就是能够被插接入其他构成组件和/或整体系统中，或从其他构成组件和/或整个系统中拔离出的实体"。

我总结如下：分界面是两个物体的接触点，跨越分界面，与性能相关的交互种类是可信赖的且界定清晰的。然而，这不代表分界面必须是窄带宽的瓶颈。我们不能通过怀疑真正分界面存在（大脑里也存在很多，但这也不妨碍我们区别部件和任务）的方式来论证认知延展和心灵－世界间模糊的界限，而只能通过显示分界面间信息流动的特征和强调由此产生的新的系统性整体的新奇属性来完成。我们现在就要转向这些任务。

2.3 新的系统性整体

从七鳃类到灵长类，生物系统都显示出惊人的身体和感官适应能力（Mussa-Ivaldi and Miller 2003; Bach y Rita and Kercel 2003; Clark 2003）。澳大利亚表演艺术家史帝拉（Stelarc）通常

2 可协同变化的身体

会在表演中利用"第三只手",即一个机械驱动器。它受控于史帝拉大脑向他的腿部和腹部的肌肉侧发出的指令。[1]这些部位的活动由向人工手臂传输信号(通过一台计算机)的电极监控。史帝拉说,经过几年的练习和表演,他感觉自己似乎已经不需要主动控制这只手臂去达到他的目的了,它已经成为了"透明的装置"(回顾第1章)。通过这个装置,史帝拉(自主体)不需要首先对其他任何事物发起行动意愿就可以对世界发起行动了。在这方面,这只人工手已经像是他自己的手臂和胳膊,(通常情况下)它自身不需要成为意识思维或努力控制的对象也能实现自主体的目的。

近期的实验揭示出更多有关在此类案例中可能会发挥作用的各种机制。一个广为宣传的例子是由米格尔·尼克莱利斯(Miguel Nicolelis)和他的同事完成的大脑-机器分界面(BMI)研究,他们以此使一只猕猴用意识控制移动机械手臂。在最新的研究中,卡梅纳(Carmena 2003)等将320个电极植入到了猴子大脑的额叶和顶叶区域。当猴子为了得到奖励而学着使用操纵杆在电脑屏上移动光标时,这些电极使监控电脑记录了多重皮层反应间的神经活动。就像前面的实验一样,电脑能够提取出对应不同活动状态下的神经活动模式,包括转向和紧抓。接下来,操作杆被断开,但是猴子依然能够通过电脑干预演绎的神经活动去直接控制光标移动以获得奖励。最终,这些指令被转移到机械手臂上,它的实际运动随之被转化为屏幕上的光

---

[1] 参见 http://www.stelarc.va.com.au 和克拉克(Clark 2003;第5章)的全面讨论。

标移动，包括与此对等的有力的紧抓动作。与猴子仅仅通过意识控制去移动看不见的机械手臂不同，远程的看不见的手臂现在还能以屏幕上光标移动的形式产生视觉反馈。

当机械手臂被插入到控制环之中时，猴子的行为能力就会大大下降。猴子花费两整天时间训练后，才重新建立对屏幕上光标的流畅的意识控制。其原因在于，猴子的大脑现在必须要学习考虑新设备带来的机械性和时间性的"摩擦"：它必须要学习考虑机械手臂的机械和动态属性以及通过干预神经系统指令和屏幕反馈之间的手臂移动所引起的时间延迟（大量的，在60—90毫秒范围内）。等到流畅度达到以后，我们有理由推测这些仍然看不见的远程手臂的属性在一定意义上已经被整合到猴子自身的身体架构中。为支持这一说法，实验者跟踪记录了使用大脑-机器分界面后猴子额顶骨神经元反应剖面的真实的、长期的生理变化，这些使得他们做出如下评论：

> 机械手臂的动力学（光标移动所反映的）已经成为多重脑皮层表征的一部分……我们认为行为表现的逐步增加是一种塑形重组的结果，重组的结果是把人工致动器的动力学同化为生理上的额叶-前叶神经反应元。（Carmena et al. 2003, 205）

擅长与这种新身体（如同我们稍后将要看到的，也是感觉的和认知的）结构深入整合的生物就是我称为"具有深度具身性的自主体"的例子。这些自主体能够不断和自主体-环境的

2 可协同变化的身体

界限进行协同和再协同。

我认为，尽管我们自己的这种再协同的能力在很大程度上不被看好，但鉴于生物体生理成长和变化的事实来看，这并不是什么令人吃惊的事。婴儿一开始必须学习（通过自我探索）哪些神经指令能引发哪些身体效果，并经过一段时间的练习，才能熟练到不再经由有意识的努力来发出这些指令，此过程被称为"身体的牙牙学语"（Meltzoff and Moore 1997）。而且这一过程会持续，直到婴儿的身体成为那透明的装备一样（见第1章第6节）。由于身体的成长与转变是持续的，好的设计不会永久地闭锁任何特定结构的知识，而是会有效地利用可塑的神经资源和不断进行中的监控与再校准的组织方式（Ramachandran and Blackeslee 1998）。

2.4 置换

列举另一组再校准和再协同的例子，将感官置换研究中揭示出的可塑性考虑进去。保罗·巴赫·丽塔和他的同事们在1960年代和1970年代率先展开研究，最早的此类系统就是把由很多钝头"钉子"组成的网格装配到盲人实验主体的背部，并从头盔式摄像机中获取输入。由于摄像机的输入，网格的特定区域会变得很活跃，并同时轻轻刺激网格背后实验主体的皮肤。实验主体反馈的结果是，首先只会有隐隐的麻刺感，但当穿戴网格装备并进行各种目标驱动的活动（如走路、饮食等）之后，他们的反馈结果会发生巨大的改变。实验主体不再感觉到背部有麻刺感，而会开始产生粗略朦胧的准视觉经验，感觉到有隐约的物体等。在一段时间之后，往实验主体的头部扔一个球，主体会本能地进行恰当的闪避。因果链条发生了"偏移"，它通过系统性的输入转向了背部。但是传达的信息本质和它支持行为控制的方式暗示着视觉形态。运用这些设备展示出的表现令人印象深刻。在最近发表的文章里，巴赫·丽塔、泰勒（Tyler）和卡奇马雷克（Kaczmarek 2003）指出，触觉－视觉置换系统（TVSS）：

> 足以表现复杂的感觉，与"眼睛"——手臂相互协调的任务，其中包含了辨认脸部，准确地判断滚球的速度和方向，当球滚过桌子边缘时，拍打到球的准确率超过了95%，以及复杂的检测——装配任务。（287）

要实现这样有效的感官置换，关键在于目标驱动的运动神经的参与。头盔式摄像机受实验主体的意向性运动神经控制至关重要。这意味着，实际上大脑通过运动神经系统进行尝试之后，可以发出一些指令来系统地改变外在输入，以此开始形成一些有关触觉信号可能传达什么信息的假设。这种训练会产生灵活的新自主体－世界循环。一旦使用头盔式摄像机完成训练后，操作摄像机的运动神经系统就可能会被改变（例如，使用手提式摄像机），但灵敏度没有任何损失。同样，触摸式平板也能被移动到新的身体点，且没有"触觉－视觉"困惑：背着网格挠一下痒不会带来任何"视觉"效果（Bach y Rita and Kercel

2 可协同变化的身体

2003）。

尽管这样的技术仍是实验性的，却是越来越先进。背部安装的网格经常被舌部硬币大小的阵列和其他感觉样式的延展所取代。巴赫·丽塔和柯塞尔（2003）给出了一个很好的例子。布满触摸感知系统的手套能够让麻风病患者使用自己的双手重新有感觉。患者戴的手套能够把讯号传送到前额的触觉磁盘阵列，并迅速汇报指尖触摸的感觉。这大概是因为运动神经通过对手臂传达指令来控制传感器，所以感觉随后被传达到了特定的点上（另见第 8 章第 3 节标题为"强烈感觉模型的三个优点"的关于听觉视觉置换系统的讨论）。

此外，值得注意的是，这些复原策略和身体感觉强化的全新形式之间的界限是非常细微的，几乎达到不存在的状态。有一些关于夜视的感官置换的先进研究，在这个范围的一个极端情况下，我们可能可以绕开现存的感觉边缘，将所有形式的信号（包括商业电视信号）直接提供给大脑皮层（Bach y Rita and Kercel 2003；Clark 2003, 125），甚至不需要穿透皮肤和头骨现存的表面，感觉强化和身体延展都具有普遍发展的可能性。一个引人注目的例子（Schrope 2001）就是美国海军创新发明的所谓触觉飞行服。这件飞行服（类似一种飞行员穿的背心）甚至可以使经验不足的直升机飞行员执行有难度的任务，例如使直升机在空中保持稳定盘旋的状态。它是通过在衣服内部产生身体感觉来实现的（通过空气的安全膨胀）。如果机身向右或左或向前或后倾斜，飞行员相应的一侧身体会感觉到膨胀引发的振动。飞行员自己的反应（向相反方向移动以纠正振动）甚至都可以被衣服监控以控制飞行员。这件飞行服如此擅长以自然简易的方式发射和传输信息以致飞行员都可以蒙着眼睛来执行飞行任务。当飞行员穿着飞行服时，直升机的行为就很像是飞行员一个延展身体的行为：它迅速地将飞行员和飞机连接到一种闭环交互中，这种闭环交互就同史帝拉与那第三只手、猴子和机械手臂或者盲人和触觉视觉置换系统的闭环交互一样。在每一个案例中，重要的是，都提供了闭环信号令，这样运动神经指令就能对感觉输入产生影响。不同的地方在于充分利用因此而创建的新自主体－世界循环所需要的训练量。

在所有这些案例中，新自主体－世界循环要在一个整体的自主体参与的世界导向（目标驱动）的活动中被训练和校准。成功校准的一个标志，正如我们早先注意到的，就是一旦达到了流畅度，世界参与循环的特定细节在实际使用中变成"透明的"了。然后，有意识的自主体感觉到了球的临近，（通常）不是通过看到这个球，也不是通过（出于同样的原因）使用触觉置换渠道探测到了这个球。以同样的方式，穿着触觉外衣的飞行员感到的是飞机的倾斜，而不是空气的膨胀。

所有这些多样化的方式都揭示出人类与其他灵长类动物在感觉、经验和推理（我们在后面章节将看到）上都具有能持续协同的身体平台。这些平台都在生理上准备充分以自然地整合新的身体与感官工具，并且创造新的系统性整体。这便是我们期望创建的生物能参与到我们前面（见第1章第1节）所说的"生态控制"中：系统的演化是为了持续寻求机会，以便充分利用身体与世界的可靠属性和动态性潜能。

2 可协同变化的身体

2.5 整合对阵使用

此时，人们会自然而然地产生以下疑问：

> 批评家："你在这个问题上说这说那，说新的系统性整体等。但是我们都知道我们能够使用工具，而且我们还能学会熟练清楚地使用它们。这里为什么要讨论新的系统性整体、延展的身体和被重构的使用者，而不是讨论能使用新工具的那同一个使用者呢？"

这个问题很有道理。我们已经开始在卡梅纳等人的评论中看到问题答案的线索，评论的内容是有关"把一个人工致动器的动力学同化到额叶－前叶神经元的物理属性中"。为了把关键的想法集中起来，这有助于下一步考虑一个与灵长类动物工具使用密切相关的研究机构。

最近几年的发现表明，灵长类动物的大脑有多种所谓的双模态神经元，它们是对应于来自给定身体部位的躯体感觉信息（如躯体感觉的接收区域，sRF）和来自毗邻空间的视觉信息（视觉接收区域，vRF）的一种前运动神经、颅顶骨和壳核神经元（Maravita and Iriki, 2004, 79）。

比如说，一些神经元对手部躯体感觉刺激（轻触）很敏感，以及对手部附近的视觉刺激很敏感，从而产生对视觉空间的行为关联的解码。在对日本猕猴进行的一系列实验中，研究者记录了当猕猴学会用耙子来取得食物时其顶区皮层中的双模态神经元。实验发现，猴子在使用耙子五分钟后，大脑皮层中原本只能辨别出手掌附近刺激的双模态神经元范围已经扩展至工具整个长度能达到的范围，"就如同这把子已成为猕猴手臂和前臂的一部分"（Maravita and Iriki 2004, 79）。同理，之前只对手臂能够到的范围内的视觉刺激做出反应的其他双模态神经元，现在的视觉接受区域已涵盖了手臂-耙子结合体的可触及范围。[①]据其他大量的相关调查结果发现，包括一些有趣的实验：用屏幕显示中的虚拟手臂去够碰，也能得到相似的效果。之后，马拉维塔和纳木总结："这些视觉接收区域的延展可能包含把工具功能依赖性地同化于身体架构的神经机制中。"（2004, 80）

单侧感觉丧失（来自自我中心编码空间中的某一范围的刺激被选择性地忽视了）的人类实验主体，使用棍子来取东西，实际上将其视觉忽视区域扩大至包含现在能用工具够到的空间（Berti and Frassinetti 2000）。贝尔蒂和弗拉西内蒂得出结论：

> 大脑可以区分出"远的空间"（可触及之外的空间）与"近的空间"（可触及之内的空间，而且）……当人们拿了一根棍子后，就会重新测量远近空间。实际上，人们的大脑，至少为了某些目的，会将这根棍子视为身体的一部分。（2000, 415）

[①] 值得注意的是，特别是鉴于我们之前的讨论，"视觉接收区域的任何扩展都是在主动地、有意地使用工具，而不仅仅是用手抓住"（Berti and Frassinetti 2000, 81）。

2 可协同变化的身体

卡梅纳等提到的可塑神经变化,现在进一步为马拉维塔、纳木、贝尔蒂和弗拉西内蒂所强调。可塑神经变化表明,整合身体架构和单纯的使用这两者之间存在着真正的(在哲学上具有重要性,在科学上有充分论据)区别。需要注意的是,身体架构与身体意象尽管相关但并不相同。我想这样表达(Gallagher 1998),身体意象是有意识的建构,它能够让思想和推理知道身体。相反,身体架构是指一系列神经系统设置,这些设置能够用行动的能力来含蓄地(且无意识地)定义身体。例如,为行动方案定义"近的空间"的程度。①

我们当然可以想象工具的使用者(也许甚至是熟练的工具使用者?),他们的大脑没有以这些方式设计以适应身体架构。这些人总是用我们起初使用工具的方法来使用它:粗略地表征工具和工具的特点与能力(如长度),并依此计算出有效的用途。我们甚至还可以想象出能够快速进行这些计算并擅长此类计算的存在,它们能够与熟练的人类自主体一样有效熟练地使用这些工具。即使是在后者的案例中,反差仍然会存在于以下两者之间:(1)熟练的自主体首次明确表征工具的形状、规模和能力,然后暗示(有意识地或以其他方式)出她能够用这个工具达到某个范围、做某件事情;(2)自主体的大脑有一种构

---

① 加拉格尔(Gallagher 1998)这样表述两者的差异:"身体架构可以被定义为一种在前意识子系统过程中起到控制姿态和运动的动力作用系统……子人身体架构和身体意象之间存在重要且经常被忽视的概念差异。后者通常被定义为个体拥有的对自身身体的意识或心理表征。"参见 Gallagher(2005, 17-20)。

建，此构建导致，例如，一系列被更改的视觉接收区域，这样在工具扩张后所达到的范围中的物体现在自动被处理为属于邻近的空间。这些无疑都是不同的策略。对于（像我们自己）自然要经历成长和变化的存在，我们尤其推荐后一种策略，因为这种策略旨在支持变化中所发生的真正的整合：这些例子其实就是引入可塑神经资源被重新校准（在目标指向的整体自主体活动的背景下），以此自动注意到新的身体和感觉的机遇。换用瓦雷拉（Varela）、汤普森（Thompsom）和罗施（Rosch 1991）的话说，我们自己的具身活动引发或带来了新的系统性整体。

2.6　通向认知延展

有什么东西能够像整合的概念（不是仅仅使用）和随之产生的新的系统性整体那样抓住思想和认知超凡的一面呢？人类的心灵是否真的能够通过文化和技术的调节得到延展和扩张抑或是［就像诸如 Pinker（1997）一样的进化心理学家使我们相信的］旧的思维是否能配备新的工具？

这里，这些问题目前依然没有答案。我自己的看法已逐渐清晰，外在的和非生物性的信息－处理资源也是能够暂时或长久的补充和整合，而不是单纯基于知识去使用（Clark 1997, 2003；Clark and Chalmers 1998）。在所有适用的范围内，我们都不仅在身体上和感官上而且在认知上都是具有渗透性的自主体。我们现在可以指向在最基本的工具使用例子中伴随工具或新的身体结构真正同化的不同种类的可见的神经变化，然而应

2 可协同变化的身体

该从精神和认知惯例的案例中寻求什么，这问题变得更加困难了。目前，我们暂且可以从身体感官的扩张与整合的基本实例中，来寻求一些初步的线索。

首先可简单说明"认知延展"在逻辑层次上的可能性。然而，即使是谈论认知延展的可能性，有些观点可能认为一个简单的论点就可以把它排除。例如，一个匿名的期刊审查委员曾写道，认知强化要求资源的认知运作要能被"自主体"理解。倘若如此，认知强化就总会有明确的表面：认知强化会提供工具，同时让工具使用者在根本上未受影响。但是这个争论是有瑕疵的，因为我自己大脑（甚至那些在发展后期成熟的元素）的许多认知运作都不会因此被我自己这个有意识的自主体所理解。然而，这些运作无疑帮助我成为我所指的认知自主体。这也有助于人们反思生物性大脑的改变与演化有时必须通过在旧的活动、过程和新的或细微更改的结构所带来的新活动、过程（如通过成熟和增长）之间进行协调。如果我们坚持大脑的转变必须经由旧的运作方式来理解新的运作方式，而不只是一些恰当的综合协调的涌现，我们就会忽略全新整体的可能性，这些整体又会决定自主体能够或不能够理解什么。至少在原则上，新的非生物性的工具与结构有可能被充分整合入人们解决问题的活动中，以产生出新的自主体构建的整体。这种整合（实际上的认知合并）可能需要什么呢？

考虑这样一个案例，当某个或某些现存的神经系统学习一种复杂的问题解决程序，这个程序能对某些运作和/或信息体的强健的生物外在有效性做出种种深刻的隐式承诺。我认为，这种隐式承诺在认知的层次上是等同于身体外观的细节和有可能出现的行动（如耙子的案例），这些行动是由迅速重调关键双模态神经元的接收区域（如机械手臂的案例）和重调关键脑皮层表征（特别是额顶骨神经元数量）产生的。

近期关于所谓变化盲视的研究为我们提供了一个快捷（尽管常被误用，见第 7 章第 3 节中批判性的讨论）的说明。在此研究中（客观回顾，可参见 Simons and Rensink 2005），一些简单的实验操作会涉及当一种视觉呈现的场景发生多种改变时对动作瞬变的隐蔽，这些操作揭示出易被有意识的反思所获得的具体改变的信息出奇得稀少，主体几乎察觉不到重大的改变，即便这些转变就发生在眼前。当主体知道出现过多少没注意到的变化时，他们时常会很惊讶！人们该如何调适这种与我们周围环境产生的丰富视觉接触的强烈感觉所发现的这种有意识的改变呢？部分解答或许是（更多讨论参见第 7 章、第 8 章）人们对丰富的视觉接触产生的强烈感觉，实际上是对某些更大规模的、整体性的问题解决的组织中隐含的事物进行反思的结果，这个组织中时时刻刻的视觉仅仅只是参与其中。上述更大规模的组织获得（生态学上的常态）能够通过快速眼动或头部和身体的移动在需要时检索更多细节信息的能力。由于这种"需求的有效性"，我们会感觉（恰当地、重要地）自己（作为自主体以知识为基础来与世界互动）完全掌控了细节（关于这一观点，参见 O'Regan and Nöe 2001; Clark 2002）。

我们也可以回忆一下第 1 章第 3 节中"复制积木"游戏中使用视觉固定绑定的案例。在这个游戏中，大脑有效地运用了一种解决问题的程序，此程序可以直接通过某些类型的具身行动对某些种类的信息有效性产生影响。通过这种方式，"非生物性的信息资源"就会被暂时地或永久地深度整合入子人式定义的"解决问题"的整体中。在这些例子中，解决问题的程序会被仔细准备好，以在平等的基础上自动利用内在的与生物体外在的信息存储。[1] 我们并没有在内部编码周围画上严格的界线，而是扩展相关的信息储存和检索方式以涵盖内在的生物性资源、环境结构和由例如笔记本电脑等认知性工具所提供相关的资料（和运转方式）。当我们迈进穿戴式计算和无所不在的信息取用时代，我们的大脑会细微地调整其内在的认知程序以适应富有活力的、可信赖的信息领域。此外，这些信息领域也会变得更加稠密与强大，甚至能进一步使认知自主体和他们的最佳工具、道具和产品之间的界线越来越模糊。[2]

2.7 具身的三种层次

我们现在可以区分具身的三种层次。我们（姑且，如果缺乏想象力）称它们为简单具身、基本具身和深度具身。具有简单具身性的生物或机器人具有身体与传感器，并能够与外部世界形成闭环交互，但对外部世界而言，身体不过是可高度控制的工具，用来执行纯推理得来的实际解决方案。具有基本具身

---

[1] 有一个很好的例子，参见 Gray 和 Fu（2004）。稍后将在第六章中讨论这个例子。

[2] 我曾探索了这些将来的主题（Clark 2003）。

性的生物或机器人的身体不仅只是另一个需要持续微观管理控制的问题空间,而是一种(我们在第1章中见过一些)资源,其自身特征与动态(传感器的布置、连接的肌腱和肌肉群等)可以被主动利用以增加行动选择与控制的流畅性。当代机器人学的很多(而非所有)研究已经探究了温和具身性的中间道路。但是,这样的系统先天就无法学习新类型的身体使用的"飞速"解决办法以应对身体的损伤、成长或者改变。相反,如我们所见,生物系统(尤其是我们灵长类)似乎就是被这样特定地设计以不断地寻找机遇来充分利用身体与世界,检验什么是可用的,然后(在不同的时间尺度上并以不同的难度)将新的资源进行深度整合,在此过程中创造出全新的自主体-世界循环。具有深度具身性的生物或机器人,其被高水平地设计,并能够学习最大程度地、简化问题式地利用内在的、身体的或外在的命令资源。

我们为什么把此描述为深度的具身而非回归一种把心灵看作脱离实体的控制器官的过时的(很多人认为的;评述见 Clark 1997a)观念呢?答案是这些类型的心灵绝不是脱离实体的。相反,它们对身体和世界进行混杂的利用,永远都在探索将新资源和结构深度整合到其具身行为和问题解决的体制中的可能性。用克拉克即我自己的(2003)术语说,这类心灵是"天生的半机器人"——其系统持续重新协同它们的限度、构成组件、数据库和分界面。就此而言,身体是至关重要与可持续协同的,也是解决问题时的关键角色。这不简单地是传导过程将真实的问题(现在以丰富的内在表征格式呈现)传给脱离实体

2 可协同变化的身体

的理性的内部引擎。反而，我们成功表现的大部分取决于形态学、真实世界行为和机遇与神经控制策略之间的持续微妙的协定。但是这个强大的肉体是可以被意志活动和由此带来的感官刺激的涌流所时刻调适和构造的。

起初的恐惧和厌恶现在让路给更有益的感觉。斯特林（Sterling）（见第 2 章第 1 节）看到了令人恐怖的一幕：一个仅仅在表面上被扩张的自主体，"其中央处理器是一个人类——年老、虚弱、脆弱、可怜、受限、可能还衰老"。这些恐惧给我们带来了有关我们已经是谁和我们是什么的误导性的印象。人类自主体被塑造为一个双重受困的人类，有固定的心灵（只由给定的生物大脑组成）、在更广阔世界中有固定的肉体存在。对我们而言，幸运的是，人类的心灵并不是旧式的、被困在不变的、逐渐衰弱的肉体躯壳中的中央处理器。相反，它们是深度具身自主体所拥有的可塑性惊人的心灵：这些自主体的边界与构成组件会永久地进行协同，他们的身体、感觉、思考和推理过程都会灵活反复地交织于情境性、意向性行为相应的交错结构中。

3 物质符号

3.1 语言支架

语言是在哪里和我们形成的具有可塑性、环境可利用性与生态高效性的自主体融为一体的？一种能够帮助回答这个问题的办法是把语言本身视为心灵转化的认知支架形式：如同一座持续存在却永不固定的符号大厦，其对于提升思想和理性所起的关键性作用一直没有被理解透彻。

在这一章，我会审视三种不同但相互关联的语言架构的益处。第一，给世界贴上标签的简单行为开启了多种新的计算机遇并为发现自然界中愈加抽象的模式提供了支持。第二，使用或回忆结构化的句子使原本无法企及的专业知识有了发展的可能。第三，语言结构使得人类拥有了一些非常重要但概念上很复杂的能力：我们反思自己的思想和性格的能力，以及我们有限的但实实在在的用来控制和引导自身思考形状和内容的能力。

3 物质符号

3.2 扩增实境

想一下示巴（Sheba）的例子和在博伊森（Boysen 1996）等所叙述的美食案例。示巴（一只成年母猩猩）接受过符号和数字训练：她知道数字。她和萨拉（Sarah）（另一只猩猩）坐在一起，面前有两盘美食，示巴指哪个盘子，萨拉就能吃哪一个盘子里的食物。示巴总是指着食物堆得多一些的盘子，所以自己得到的总是很少。她明显讨厌这个结果，但似乎无法改进。但是，当食物放在容器里，容器上盖着标有数字的盖子时，这个魔咒被打破了。示巴指着标有小一些数字的容器，因此自己吃到了更多的食物。

根据博伊森的观点，这里的情况就是去除了代表食物的物理提示的简单物质符号，可以让猩猩通过生态上特定的和快速简单的子程序来回避对自己行为的捕捉。物质符号成为一种可操控的、在一定意义上只是"被肤浅理解"（Clowes 2007）的替身，能够使感知和行为之间的密切联系变得松弛。重要的是，物质符号的出现对行为的影响并不是凭借作为通向丰富内在精神表征的关键作用（但也可能就是如此），而是凭借自身作为物质符号成为选择性注意的新目标和行为控制的新支点。克劳斯（2007）认为，这些效用必然取决于和理解系统相似的一种东西的出现。但是，他们自己的能力则是提供简单的、影响减弱的、永久的目标（我想指出）来解释他们大部分的认知潜力。

标记行为以差不多的方式创造出一个可感知物体的新领

域，并基于这些物体进行统计和联想学习。这种标记行为因此改变了种种问题所施加的计算压力。我已经在别处写了不少关于这个问题的观点，在这里我只简单地说一下。我最喜欢的例子（Clark 1998b）以使用开始，给原本不懂语言的猩猩使用实在的标签（简单并且形状独特可塑）来演示相同和相异的关系。因此，将杯子－杯子的关系与一个红色的三角形（相同）关联，杯子－鞋子（相异）的关系与一个蓝色的圆环关联，这本身并不令人吃惊。但更有趣的是，在训练结束以后，这些经过标签训练的猩猩（且只有经过标签训练的猩猩）证明是能够学习更高阶相同的抽象属性的。也就是说，他们可以学着去判断所呈现的两组物体（如杯子－杯子和杯子－鞋子）之间的关系属于更高阶的相异（或更好的是缺乏高阶相同），原因是第一组展示了相同的关系，第二组展示了相异的关系（Thompson, Oden, and Boysen 1997）。经过标签训练的猩猩们之所以能够有如此令人吃惊的表现，作者认为是其通过回忆标签，把更高阶的问题降低为较低阶的问题：它们所需要做的只是认出相异关系描述的是一对被回忆起的标签（红色三角形和蓝色环形）。

这是一个关于什么将很可能成为普遍效果的很好的具体例子（Clark 1998b; Dennett 1993）。一旦能熟练使用标签了，感知阵列中的复杂属性和关系实质上可以被人工重组为简单可审视的整体，其作用是降低场景描述的复杂性。我们将在第 4 章看到更多的细节，基尔希（Kirsh 1995b）用这些术语来描述对空间的灵活使用。例如，当你把你的杂货放进一个袋子，把我的放在另一个袋子，或者当厨师把洗净的蔬菜放在一个地方，没

3　物质符号

有洗的蔬菜放在另一个地方时,就能达到利用空间组织来简化问题的解决,通过空间接近法来降低描述的复杂性。凭直觉可以得出结论,一旦描述的复杂性因此降低了,选择性注意和行为控制的过程就可以对一个场景的各元素起作用,而这些元素之前因"无标记"而无法完整定义这样的操作。标签法可能是达到相似结果的一种低成本的方式。空间组织通过物理组群的方式降低描述的复杂性,物理组群将感知和行动引向功能性的或基于外表的等价类。标签可以让我们将注意力集中在所有或者只属于等价类的事物上(红鞋子、绿苹果等)。以这样的方式,语言和物理组群使得选择性注意只会停留在属于此类别的事物上,而且这两种资源能够紧密协调工作。空间组群也被用来教授孩子单词的意义,在心里预演单词可以控制空间组群的活动。

简单的标签因此起到了一种扩增实境的作用。通过它,我们可以以低成本、开放式的方式将新的组群和结构投射到一个被感知的场景中。[1] 标签花费的成本很低,因为它省去了把东西堆起来所花费的体力。标签是开放式的,只要它能以超越简单空间展示的方式进行组群,比如说,通过使我们可以有选择性地注意桌子台面的四个角,这一运用显然不能靠物理重组实现。从这点看,语法标签是组群的工具,在此意义上其作用就如同真正的空间重组。但此外(且与纯粹的物理组群不同),它们有效并开放地将新的"虚拟"术语(被回忆起来的标签自身)

---

[1] 它显示的一种例子就是,按需将标记通往某个大学图书馆路线的绿色箭头投射到眼镜显示器上。箭头将叠加显示在实际场景中,并随着自主体的移动而更新。

添加到场景中。用这样的方式，标签的使用过程会扭曲和重组认知的问题空间。

一个相似的效果在近期的一项语言学习的研究中被观察到。因此，在一个近期的评论中史密斯和加瑟（Smith and Gasser 2005）问了一个不错的问题。人类既然是基础型、具体型和感觉运动驱动型学习的专家，那么为何公共语言的符号系统还要采用特殊和纯化的形式？

> 人们可能会认为一种多模态的基础型、感觉运动驱动型的学习会更青睐一种图标型的、手势的语言，其中符号就类似指称对象。但语言断然不是这样的……大多数单词的发音和它们所指称的对象之间并没有本质上的相似性："dog（狗）"一词的形式并没有给人们任何暗示它所指的是什么东西。"dig（挖）"和"dog（狗）"两个词的形式上的相似性绝不会传达两个词在意义上具有任何相似性。（Smith and Gasser 2005, 22）

这个问题简单来说就是："为什么在我们这种多模态的感觉运动程度深刻的自主体身上，例如我们自己，语言是个任意的符号系统？"（24）

当然，一个可能的答案：语言就是这样，因为（生物学基础）思维就是这样，语言的形式和结构正是反映了这个事实。但是另一个答案却是相反的：语言可能是那样，但是思维（毋宁说生物学基础的思维）并不是那样。根据此相反的观点，本质上无语境的、任意的符号公共系统所包含的计算价值，在于这类系统可以推进、拉动、调整、游说直至最终与非任意的、模态丰富的、对语境敏感的生物学上的基本编码形式配合协作。[1]

3.3 塑造注意力

结构化的语言是支架行动的工具，这点已经在众多文献中被探究，从维果斯基（Vygotskyian）式的发展心理学到认知人类学（Berk 1994；Hutchins 1995；Donald 2001）都有所显示。这类支架的例子非常丰富，从如记忆系鞋带的方法，到过马路时脑海里不停重复的提示语，如"看左边，看右边，再看一下右边，如果没有车，就可以小心过马路"（这是对于英国式的靠左行车的道路来说的，大家可不要在美国这样做）。在这些例子里，使用语言的自主体可以（一旦记住了指令或在一旦书写的情况下可以看见）参与到一种简单的行动自我支架中，用一些语音或是空间顺序排列的符号编码来充当行动的时间顺序代理。频繁的练习可以让自主体掌握真正的专业技能而无需重复那些有帮助作用的提示语。

然而，比这些更有趣的是反复演练语言在熟练表现本身中的角色。我在之前的论著中（Clark 1996）讨论过一些方法，通

---

[1] 这一描述非常符合巴萨卢（Barsalou）对于公共符号和"感知符号系统"关系的解释。参见 Barsalou（2003）；关于感知符号系统的完整叙述，参见 Barsalou（1999）。对这些问题的精彩讨论和他们与"延展心灵"主张的关系（参见第 4 章），参见 Logan（2007）。

过这些方法，反复演练语言形式使得专家能够临时转变其自身的注意力焦点，从而微调输入模式，这些输入模式将会被快速、流畅、高度训练的子人资源所加工处理。我认为，这里的专家是双重专家。他们既擅长做手头的工作，也擅长利用精心选取的语言提示和提醒，以保持面对困境时不慌乱。有时候，内心的演练在此起到了明显的情感作用，因为专家鼓励自己以最佳的状态表现。[1]但除了内心对话重要的认知情感作用之外，在有些案例中也可能会有口头演练通过控制注意力的倾向帮助视觉重构（一个合适的例子，可参见关于俄罗斯方块游戏高手语言预演的讨论，Kirsh and Maglio 1992）。关键论点又再一次是语言工具能够帮助我们有意识地、系统地塑造和调整我们选择性注意的过程。就这方面而言，萨顿（2007）详细描述了"指导语言"（小串单词，简单的提示语）的价值，他认为，专家比起新手能更好地利用它们来调整和协调具身表现的高水平学习形式。[2]

---

[1] 这里，正如约翰·普罗维（John Protevi）（私人通信）提醒我的一样，这种影响并不总是积极的。我们可以通过明确反思自身缺陷来轻易地使我们自己的表现脱轨。

[2] 萨顿探讨了两个案例，其中一个涉及板球运动员的击球建议，另一个涉及钢琴演奏方面的指导语言。关于后者，他写道：
社会学家和爵士乐钢琴家大卫·萨德诺（David Sudnow 2001）描述了随着他即兴爵士乐钢琴演奏技巧的提高，明确的口头句和提示语如何变得更加有用……萨德诺解释了他（最初）对老师压缩话语的"沮丧"，比如"边弹边唱""选择爵士乐""让时间进入手指"，或者尤其是"爵士乐的手"。当新手钢琴家太过注意他对自己的演奏有一种具身化的毫无把握的感觉时，这些压缩话语还没有任何意义。但是……对于新手来说，看似含糊的话语现在已经变成非常详细的实用对话，即一个用于调音和重塑正确惯例的"看管实践"的速记纲要。（Sutton 2007）

3　物质符号

语法形式编码带来的直接认知益处也在赫米-巴斯克斯（Hermer-Vazquez）、斯佩克（Spelke）和卡茨内尔松（Katsnelsonl 1999）的书中有所提及。在这个研究中，研究者给前语言时期的婴儿看房间里玩具和食物的位置，然后使婴儿转身或失去方向，再让他们寻找指定的物品。放物品的地点只能通过记住墙体颜色和几何形状（例如，玩具可能被藏在较长的墙和较短的蓝色墙间的角落）的提示来判断。房间的设计特点是：独立的几何或颜色线索是不足以帮助判断的，只有把这些线索都结合起来才能产生清晰明确的结果。尽管前语言时期的婴儿完全能够察觉到和利用这两类线索，但研究者只让他们利用几何信息分别在这两个几何上不易区分的地点任意搜寻。成年人和年纪稍大的孩子很容易就能通过结合几何和非几何的两类线索来解决问题。重要的是，对能成功结合两种线索的预测并不是通过测量孩子的智商或发展阶段来实现的，而是通过孩子的语言使用能力。只有那些在说话中会自发结合空间和颜色词语的孩子才能解决问题。赫米-巴斯克斯、斯佩克和卡茨内尔松（1999）随后深入研究了这个任务中语言的角色，他们要求受试者在完成其他两个任务时必须整合几何信息和非几何信息来解决问题。其中第一个任务涉及像影子一样跟读（重复）耳机里播放的话语，另一个任务涉及像影子一样重复（用手）耳机里播放的节奏。第二个任务中对运行记忆的需求至少和第一个任务中的占同样分量。但是，受试者在第一个任务中无法解决要求结合线索的问题，而在第二个任务中受试者没受影响。研究者总结，自主体的语言能力实际上是积极地包含在他们整合几何和非几何信息来解决问题的能力中的。

这种语言学上涉及的明确本质仍然是备受争议的。赫米—巴斯克斯、斯佩克、卡茨内尔松（1999）和随后的卡拉瑟斯（Carruthers 2002）将结果解释为：公共语言为跨模块信息整合提供了（或者说更好点，产生了）一个独一无二的内在表征载体。[1] 根据卡拉瑟斯的观点，这种经过编码的句子的语言形式模板所提供的特别的表征工具使得来自原本密封的资源的信息能够相互作用。这是个非常吸引人和具有挑战性的理论，且我无法自称在此给予了其公正、公平的处理。但是它假定了一种特定的（而且十分有争议的，参见 Fodor 2001）心灵观，认为大规模的（不仅仅是外围的）模块化的心灵需要语言形式模板给自主体丰富的交流联系带来多种多样的知识。

假设我们抛弃这种大规模模块化的假定呢？我们可能依然可以解释，或我这样认为，语言在解决复杂的多线索问题时所起到的作用，它是通过将语言结构描绘为场景的复杂（在这种情况下就是颜色-几何结合的）方面分配选择性注意的必要支架来解决这样的问题的。根据另一种解释，语言资源可以让我们更好地控制选择性注意力在更复杂特征合并上的分配。[2] 我

---

[1] 这些公式还不够精确，但我请求读者给予耐心。弄清楚公共语言按理被说成是形成或改变思维和理性的方式才是本章的主题。

[2] 在部分支持这一观点的情况下，请注意有很好的证据表明，儿童显示出对他们正在学习的（或已经学过的）语言敏感的注意偏见——参见 Bowerman 和 Choi（2001）、Lucy 和 Gaskins（2001）、Smith（2001）。史密斯（Smith 2001, 113）明确指出，学过的语言环境会起到"自动控制注意力的提示线索"的作用。

3　物质符号

认为，对复杂地结合起来的线索的注意力需要（或许是无意识的）对至少相关词汇的检索，这就解释了影子重复的结果。这个观点与之前对标签实验中的认知影响的解释非常契合，只要语言学活动（在这种情况下，更结构化的活动）再次使得我们将自己的注意力资源瞄准复杂的、可结合的或者原本难懂的所遇场景的各元素。语言通过给旧的（如并非专门是语言学的）注意过程提供新的对象，使选择性注意力有了新的形式。对这一观点，我们即将通过算术思维和推理的案例进行进一步的说明。

3.4　混合的思维？

当你认为 98 比 97 大 1 的时候，你究竟发生了什么？根据一个熟悉的模式，你可以成功地（如果你能设法想到这个办法）把英语句子转化为其他的东西。这些其他的东西可以是心理语句（如，Fodor 1987），或是某个异域空间里的一点（Churchland 1989）。

但是考虑到斯坦尼斯拉斯·德阿纳（Stanislas Dehaene）及其同事（Dehaene 1997；Dehaene et al.1999）最近的一些评论解释，德阿纳把这种明确的数学思维描述为产生于三类不同认知贡献的成果交集。第一类包含一种基本的生物能力来个体化小量：1-状态，2-状态，3-状态，以及更多-状态，以此使得它们成为一个标准组。第二类包含另一种生物能力，近似推理有关大小的东西（比如说，将 8 个点的阵列与 16 个点的阵列而非更接近匹配的阵列相区别）。第三类并非生物学上的基本能力，而是可转变的一种习得的用一种语言的特定数字词汇来最终鉴别并命名不同数量的能力。注意这与鉴别至少在某一个重要意义上数量是什么是不一样的。大多数人不能形成对于例如98-状态（比如说，而非2-状态）的清晰的图像。但尽管如此，我们能够鉴别98这个数字词的命名的是在97和99之间的一个独一无二的数量。

德阿纳提出，当我们将数字词的使用加入更基本的生物连结时，我们获得了一种进化上的新颖独特的能力，思考确数的无限集。[1]我们获得这个能力，并不是因为我们现在有了如同我们对2-状态编码的98-状态的思维编码，而是新思维直接地而非彻底地依赖于我们将数字表达本身标记为我们自己的公共语言的符号串。这个模式的实际数字思维经由这种标记（一种规定语言的符号串）和之前提到的更多生物性基础资源适当激活的整合而发生。

在德阿纳等人（1999）的著述中有一些证据可以支持这个观点。首先，对俄语和英语双语者的研究结果证明了这个观点。在研究中，对俄英双语者进行12种状况的强化训练，这12种状况包含用俄语和英语的词汇来表述同一对数字相加后得到的两位数总数的精确的和大概的条件。例如，用英语，受

---

[1] 戈登（Gordon 2004）提出了汇总证据，亚马孙河流域的一个部落只使用表示1、2或多的字词。这个部落的数字认知明显受到影响，这样一来，"数量大于3的表现显著贫乏，但是显示出一个常数变异系数，这暗示了模拟估计过程"（496）。感谢基思·奥特利（Keith Oatley）提请我注意。

3 物质符号

试者要解决 4+5 的问题,并要求他们在 9 和 7 之间选择答案,这叫作精确条件。因为这两个数字很接近,所以需要准确推理。与之相反,针对 4+5 的问题,若要在 8 和 3 之间选择答案,这就属于近似条件,因为这两个数字相差太大,只需近似的计算。

在进行大量训练后,研究者用相同的数组对受试者进行原始语言或另一种(没有训练过的)语言的测试。经过训练后,在近似条件下的实验没有受到语言转换的影响,然而精确条件下的实验显示出不对称的结果,如果测试语言与训练语言一致,则受试者反应会更迅速。关键的是,对于经过训练的近似数字之和,语言转换是无需任何成本的。因此,基于训练的反应加速对精确总数是不具有语言可切换性的,而对非精确总数是完全具有语言可切换性的。德阿纳等(1999)得出结论,认为这些研究提供了

> 证据,说明经过解决精确问题的训练所获取的算术知识是储存在一个语言特定的格式中的……相比之下,对近似数字相加,在两种语言情景下受试者的表现是相同的,这里提供的证据说明知识是储存在一个语言独立的形式中的。(973)

第二组证据利用了机能障碍的相关研究,其中(列举一个例子)一个患有严重的左半脑损伤的病人无法确定 2+2 是等于 3 还是 4,但还是只在 3 和 4 之间进行选择而没有选择 9,这说

明可以不考虑近似系统。

最后，德阿纳等（1999）提供了受试者所参与的精确和近似数字任务中所获得的神经影像数据。精确任务下的实验显示大脑左额叶的语言相关区域很活跃，近似任务则需要大脑顶骨叶两侧涉及视觉空间推理的区域加入。这些结果证明了"准确的计算是依赖于语言的，而近似推算依赖于非语言的视觉空间大脑网络系统"（970），以及"即使是在基础算术的小领域，不同的任务也需要使用多样的心理表征"（973）。

德阿纳（1997）还提出不少精辟的观点，即需要以某种方式在语言标签和我们对简单数量的先天意识之间建立联系的需要。起初，似乎孩子学习基于语言的数字事实时没有意识到这一点。根据德阿纳（1997）的观点，"一整年的时间里，孩子意识到词语'3'是一个数字，但是并不知道它代表的准确数值"（107），但是一旦将标签附加到这个简单的先天数字线中，就容易明白所有数字都指代确定的数量，即使当我们缺乏对数量是什么的直觉感知时（例如，我自己对53-状态的直觉感知与对52-状态的直觉感知并非不同，尽管所有这样的结果都会根据主体的数学专业知识水平的不同而发生变化）。

所有这些研究结果都表明，人类典型的数学能力似乎可以被看作是一种混合体，它包含的元素有：

一、图案或是特定语言下的实际词汇编码，

二、明白每一个不同的数字代表着一个特定和不同的数量这一事实，并且

三、大致明白数量是在近似的模拟数字线中的哪个位置

3 物质符号

（例如，98 在比 1 到 200 间的一半还略少的位置）。

如果这是正确的，那么我们许多的数学思维就是依赖于各种不同资源的协调作用。依据这个观点，数字形式、词语形式、语音和其他资源（如模拟数字线）都有（至少）内在的表征，这些通过某些相关位置的感知（通过学习）被大概确定下来。对当前目的非常重要的是，除了这个协调的混合体，也许我们没有必要假定（为一般的自主体①）任何进一步与内容匹配的内在表征，比如说对 98 - 状态的内在表征。相反，公共编码（以及对十分公共化的物件的内在表征）中实际数字词语的出现本身就是这个协调的表征性混合体的一部分，这个混合体包含了多种算术知识。

想象一下，桌上有 98 个玩具。依据标准模型，你能想到桌上有 98 个玩具这个想法，那么你就一定已经把这个英文句子翻译成了能充分表达其内容的其他东西。这个其他东西可能是一个原子或是心理语言（福多），或是异域空间的一个点（丘奇兰德）。相比之下，依据这个激进的替换观点，桌上有 98 个玩具的想法（对我们绝大多数人而言）依赖于混合表征载体。正如人们的预期，这个载体包含多种与内容相关的内在表征（我们假设是在神经语言或心理语言中）的激活。它还包含一个共同选择的适合的部分，即一个与各种其他资源（例如，模拟数字

---

① 当然，那些有更深入数字经验的人可能会有更丰富的 98 - 状态的心理表征。但即使对这些自主体来说，也存在对（也许是更大数字）更深层的理解失败的想法，而且由于公共数字系统本身的组织，他们只在提到一个独特的数字时才算成功。

线上的某个大概位置）合理连接的传统公众语言编码的（"98"）象征。①

3.5 从翻译到协调

这些不同的实例所暗示的语言普遍模型和它与思维的关系到底是什么呢？我们最好是从语言的概念开始说起，语言是许多神经处理基本形式的补充部分（有关我对这个主题的探究，请参见 Clark 1996, 1998b, 2000b, 2000c, 2006）。按照这个概念，语言不是（或不仅仅是）靠翻译成神经语言或思维语言的恰当表达来实现其作用的，而是靠协调动力学来发挥作用的。词汇和结构化语言编码的经历能够起到固定和约束思维与推理的内在流动性和语境敏感性模式的作用。

这个固定作用的概念按照记忆、储存和加工处理的连接机制神经网络或是人工神经网络模型可以得到最好的理解（相关基本概述请见 Clark 1989；更近期的相关研究请见 O'Reilly and Munakata 2000）。对当前目的非常重要的是，这些模型假设了一个在根本上具有流动性的系统，在这个系统中，近期语境色彩

---

① 鲁珀特（私人通信）认为，福多式的解释也有可以解释我们讨论过的结果模式的资源。根据鲁珀特的说法，福多式的解释只需声称，当不同语言的数字词汇被单个主体学习时，这些数字词汇会得到不同的心理语言"翻译"版本，而正是这些相关心理术语中的差异解释了主体反应和表现的差异。这样的观点虽然明显没有被排除，但是对我来说还没有以下这个替代选择有吸引力，即认为自然语言条目本身［也许以巴萨卢（Barsalou 2003）和普林茨（Prinz 2004）的方式］的浅层意象内在编码发挥着关键性的认知作用。

3 物质符号

的精微细节可以通过基本的方式得到回顾和表现。对于这样的系统，稳定变成一个迫切的问题。一方面，这是这些系统具有的优点，它使得新信息能自动影响到之前已经"储存"的相似物件，而且针对这些信息的检索对环境是高度敏感的。另一方面，高级思维和推理似真地需要一些方式去可靠地追踪表征空间里的轨迹，并可靠地引导其他经过某些轨迹。所有这些需要约束我们自身和他人的心理空间的方式，此方式可以制服（尽管不能永远根除）那些在生物学上更"自然"的合并和改变。词汇和语言串是我们用来约束和稳定推理和回忆过程的最强有力的基本工具。因此，这个转变就是从把词汇和句子看作是只适用于翻译为内部编码的物件到把他们看作是驱动、雕刻和约束内在表征体系的输入（无论是外在地还是内在地生成）。

埃尔曼（2004）建议：

> 与其把词语知识进行被动地储存（这样，能够"获取""检索""整合"知识的机制就成为需要），不如认为人们可以通过想到其他的感知刺激物一样的方式想到语词：他们都直接作用于大脑的心理状态。(301)

埃尔曼争论道："语词是没有意义的，它们是意义的线索。"（306）[1] 在这个模型中，语言输入真的就是一个系统性的神经

---

[1] 埃尔曼（Elman）引用了戴夫·鲁梅哈特（Dave Rumelhart）的话，既是为了这里的措辞，也是为了作为意义提示线索语词的指导概念。

操控模式，在人类个体之间和个体的内部以相似的方式运行。语词和句子就像是人工输入的信号，通常（在自我引导的说话中）完全是自我生成的，它们沿着稳定有用的轨迹推进流畅的自然编码和表征系统。展现出的这种令人瞩目的人工自控力使得负载语言的思维能够塑造和指导他们自己的学习过程以及回忆、表征和选择性注意的过程（有关此重要主题的内容，请参见 Barsalou 2003）。这样，（广泛构建的）象征性环境可以通过以下方式影响思维和学习，即有选择性地激活其他内在表征资源（通常的怀疑对象）和让物质符号本身或是其表层的图像式内在表征来形成注意力、记忆和控制的附加支点。在最强有力的时候，这些表层的符号对象甚至可以在表征混合思维中以构成要素的形式出现。

在很多年里，我一直认为这是一个非常激进的想法，思维语言假说的支持者（举一个最极端的例子）一定会立即否定它。我相信，他们的想法是语词之所以表达它们所表达的意义是凭借其与心理语言在表达上的平行片段进行配对来实现的，且思考的行为通过心理语言完成。当我在福多（1998）一篇评论卡拉瑟斯的论述中发现这个藏身其中的片段时，可以想象我有多么惊讶。

> 对于所有思维都是以心理语言来表达的这一理论，我认为并没有决定性的论证。事实上，我甚至不认为这个想法是对的，在任何细节上……我都不会感到丝毫惊讶。例如，如果结果证明一些算术思维是通过执行预先记忆的被

3 物质符号

公共语言数字符号定义的算法而得以实现的("现在计算'2'"等)。心理语言很可能通过各种方式吸纳自然语言的小部分,也很有可能关于以上过程如何进行的描述在心理学家完成对它的叙述时就已经变得非常复杂了。(72,原文中所强调的重点)

在我看来,福多在此示意了一种认知扩展的非常有效的机制。非常明显,尽管福多自己并不强调这种让步,但他很快补充道:"对于我们所有的哲学目的(例如,理解思想内容为何、什么是概念掌握等)而言,如果你假设所有思维都是以心理语言形式展开的,那么思维就不会丧失任何本质的东西(72,着重强调)。"

与之相反,我更倾向于认为这种表征混合性的潜力对于理解特殊人类认知的本质和能力是非常重要的。我认为,福多和我对于情况的评估区别于以下两个方面。

第一,福多已经有了思维语言(LOT, Language of Thought)的先念,所以在他看来,基本的生物机已经经历了支持结构、普遍性和语意合成性的革新,并整装待发。

但是,如果你对这个基本生物机的看法并没有与句式特点和命题态度相呼应呢?如果,比方说它更接近于丘奇兰德的那种复杂但是彻底的联结主义策略,或者更接近于巴萨卢(1999)的"知觉符号系统"理论呢?如果,简而言之,你没有丹尼特曾经称之为"行走的百科全书"似的关于基本内部结构的观点呢?在这种情况下,一点点混合性和协作性的潜在认知影响可能比福多承认的还要多。这也许对于这样一种系统考虑各种各样的包含着一些内部行为的想法能力是不可或缺的，其真正的组成元素包含一些类似图像或者公共语言符号（语词）本身的痕迹。在这种观点看来，语词与句子是强有力的真实世界的结构（物质符号），它们的特点和属性（任意的非模态本质、极其紧密和抽象、组合结构等）无需完全复制就能对基本生物认知的作用起到补充。在这种情况下，将这种观点看作是思维和概念理解的边缘的协作策略是否正确，对我而言还是不清楚的。

第二，福多所坚持的对混合选择的紧缩式理解的许多观点直接源于其（不）著名的概念学习观点。考虑到这些观点，混合表征形式的意义只有学习者已经具备利用更多生物基本（实际上是先天的）资源来表征语意的能力时才可以被学到。[①]这还不是合适的时机和地点来进行那么重要的讨论。但是应该注意到，福多的怀疑主义依赖于（正如他自己第一个承认的。参见，例如，Fodor 2004）将我们关于意义（如意义的组成）的观念同所有与行动和使用的本质联系相分离。我所相信的观点（Prinz and Clark 2004）与此十分不同，即将意义的把握理解为通过编码（基本上仅仅是句法结构）使我们以平衡状态在这个世界上活动（这种活动包含着思考和推理的行为但没有被此耗尽）的方式范围的功能。在这种观点（是一个在大量认知科学中未被注意的规范）中，即使在福多自己看来，假设真正（激

[①] 参见 Fodor（1981）。在意大利斯特雷萨举办的 2005 年认知科学大会的一个特别会议上，福多大力重申了这一观点。相反意见，参见 Cowie（1999）。对该领域的精彩回顾，参见 Samuels（2004）。

3 物质符号

进的、扩展的)概念学习的不可能性是没有必要的。很明显,这一观点为混合表征模式预留了空间,使其形成系统并以新的方式运行从而形成对全新事物的理解。前面演述过的数学理解似乎是一个合适的例子。

这一通过利用混合表征模式的心灵扩张观点明显与丹尼特(1991a, 1996)的观点非常接近。但是丹尼特将学习语言描述成在人类神经系统中通过影响"大脑可塑性中无数的微观设置(microsettings)"来安装一个新的虚拟串行机器(1992a, 219)。因此,他将他的赌注大都放在我们遇到语言时的根本的内部转化能力上,并以一个似乎是比真正的混合性更具有发展性的故事而结束。与此相反,在人工模型上,语词和句子仍然是主要(尽管这明显太过粗糙)模式完成的大脑所遇到和使用的强大的现实世界结构。无可否认,划分这些界限是一项很精细的任务(Densmore and Dennett 1999)。正是由于这个原因,大脑有时表征这些结构,这样,无数的微观设置就必须改变。但是也许大脑表征这些有力的现实世界中事物的方式与它表征其他东西的方式一样。如果那样的话(Churchland 1995;见第 10 章),语言就不需要以任何可能发生的更深层次或深刻的方式来重组神经编码程序,例如当我们第一次学游泳或打排球时。

惠勒(2004, a 版)争论道,排球的例子和语言的例子并未能形成类比。因为我们学会表征排球的结构,但我们并不能由此就学会了表征句法结构域。惠勒声称,表征语言结构就是建立全新的表征和加工模式:也就是建立至少一种虚拟句法机。我并不认为这是正确的,因为如同我在克拉克(2004)中提出的，在没有使用依照句法结构表征的情况下去表征拥有句法结构的语言一定是具有可能性的（就像在不使用绿的表征情况下去表征绿色物体一样是可能的）。但是惠勒的真正要点是（Wheeler, a）语言表现出的是一种特殊域，并且相对于其他域的经验而言，语言的经验将具有更加深远的影响（从认知的观点来看）。对此我表示同意。尽管它并不赞同关于语言的经验需要建立加工处理和编码的全新形式的观点，更何况（惠勒将对此表示赞同）那些编码和加工处理的形式实际上将相当于关于思维语言的实现。因此，惠勒和我都同意，像我们这样的心灵都是被物质符号和认识工具的网络所改造。但是这种改造，按我更倾向的版本来看，既不需要也不会导致全新的内部表征形式的建立。相反，在外部形式（以及其内部图像）本身的巧妙使用中还有很多未得到充分开发的价值。这些形式将有助于塑造和修改选择性注意的进程并充当混合表征整体的基础。

这一观点的一个直接好处就是对令人烦恼的进化认知连续性（evolutionary cognitive continuity）问题有了更加细致入微的态度。杰西·普林茨（2004）论证得非常到位：

> 那些假定我们用非模态符号（amodal symbols）进行思考的研究者们面临着一个两难的困境。如果他们论证非人类的动物缺乏这种非模态符号，他们就必须假定在进化论中存在一个根本性的跨越。如果他们认为动物可以进行非模态思考，他们就必须解释为什么人类的思想更为强大。经验主义（普林茨的最爱，尽管以现在的语境来看并不是

必须的)一旦与我们能用公共语言进行思考这一假设相结合，就能解释在认知能力上的差异，而不需要假定进化论中不连贯性的存在。(427)

更不用说，这一激进的叙述留下了太多悬而未决的问题。注意力是语言支架进行调整的重要变量，清楚地了解这种注意力究竟是什么将会大有益处。内化的语言可能以多种不同的方式增强思维，拥有更多这些不同方式所利用的真正的、可作为工具使用的、完全机械的模型也将会大有益处。对人类大脑和/或人类历史中究竟是什么能够使结构化的公共语言的理解和把握，像我们这样的心灵进行理解，这也是大有益处的。但是撇开其不足之处，我希望至少将牢固的物质符号模型带入更为清晰的视野中，并且表明为什么它对于任何一个认为语言对于人类思维和理性做出了深刻贡献的人具有如此大的吸引力。

3.6 二阶认知动力学

带有语言形式资源的生物学大脑的扩增也阐明了一些我们表现二阶认知动力学的能力（Clark 1998a；更进一步的讨论，参见 Bermudez 2003）。说到二阶认知动力学，我是指一组包含着反思我们自己的思维和思维进程的强大能力。近来有人提出，例如我们对他人信念的灵活推理直接依赖于使用嵌入式补充的语法结构信念的语言外化能力（de Villiers and de Villiers 2003）。考虑到这一组强大能力包含着训练我们技巧、修复我们错误的系统性尝试，以及会引起批判式反思的实践。更进一步的案例包括承认在我们的计划和论证中存在着瑕疵，并致力于通过进一步的认知努力来修复它，或者在某些特定类型的情况下反思我们最初判断的不可靠性，于是再特别小心谨慎地继续进行。进入到元层面，考虑当我们以最好的状态进行思考并且试图去引发这类思考的行为状况，这个列表可以继续，但模式必须是清楚的。在所有这些情况下，我们都在有效地思考我们自己的认知轮廓或思考特定的想法。

而令人惊讶的是，我们是这样一种动物，即我们能够思考我们自己思维的任何方面，并因此设计出旨在修改、变更或者控制我们自己心理的诸方面的认知策略（这些策略或多或少会是间接的和复杂的）。

所有这些"对思维的思考"有望成为人类一种与众不同的能力，并且其独立存在、依赖于语言。因为（复述在 Clark 1998a 中进行过详细探究的一句话）一旦当我们用语言或在纸上规划出一个想法时，它就变成了一个既是我们的也是他人的对象。作为对象，就是一种我们能够思考的东西。在创建对象时，我们需要对思考本身毫无察觉，一旦察觉发生，它就立即得到机会成为一个独立的对象。语言规划的过程因此创造了后续思考可以附着的、稳定的、可信赖的结构。正是这样一个关于句子的内心预演的潜在作用的观点出现在杰肯道夫（Jackendoff 1996）的论述中，他认为句子的心理预演是我们的思想能够成为进一步注意和反思对象的主要手段。

语言形式推论，如果这是正确的，不只是初学者的一个工具（例如，Dreyfus and Dreyfus 2000）。相反，它作为一个关键的认知工具出现，使我们能够具体化、反思并因此能熟悉地结合我们自己的思想、推论的思路以及认知和个性。这将语言定位为一种认知的超生态位：认知的生态位，其最大的优点之一就是允许我们去建造（"用恶意的预谋"，如福多1994年的优雅解释）一个新认知生态位的开放序列。这些可能包括人们能够进行思考、推理和执行的专门设计的环境与特殊训练的物理条件，用以适应（并且使之成为习惯）这种环境所要求的复杂技能。

3.7 自造的心灵

要掌握我们自身特殊的认知本质就要求我们认真思考语言的物质实际：它作为一种附加的、被主动创造的和竭力保持的结构存在于我们内部和外部环境中。从空气中的声音到打印纸上的文字，语言的物质结构既反映着也系统地改变着我们关于这个世界的思考和推理。因此，我们与自己的语词和语言（既包括个体的，也包括类的）的认知关系使任何内部与外部相对抗的简单逻辑成为不可能。我们初遇语言的形式与结构仅仅是把它们作为我们世界中的对象（附加的结构）。但是它们随后形成了一层强有力的覆盖面，这一覆盖面有效地、反复地重构生物理性的和自我控制的空间。

此处累积的复杂性确实相当惊人。我们不仅自我设计建造一个可以进行思考的更好的世界，还自我设计建造我们自身以在所处世界中更好地进行思考和行动。我们自我设计建造世界，在这些世界中我们可以建造一个可以更好地进行思考的世界。我们建造更好的思考工具并使用这些工具去发现更好的思考工具。我们通过建立教育实践训练我们自己更好地使用我们最佳的认知工具来调整我们使用这些工具的方式。我们甚至还可以通过设计能帮助建立教育我们使用自己的认知工具的更好的环境，来调整我们使用认知工具的方式（例如，专门针对教师教育和培训的环境）。我们成熟的心理惯例不仅仅是自我建造：它们是以大规模的、具有压制性的、几乎是无法想象的方式进行自我建造。环绕着我们并被我们所创造的语言支架既是凭借自身实力的认知增强，同时也帮助提供工具，我们使用这种工具去发现和建立无数的其他后盾和支架，其累积效应就是从生物流中锻压出我们这样的心灵。

4 合为一体的世界

4.1 认知的生态位建构

根据莱兰（Laland）等人的定义，生态位建构指的是：

> 有机体通过活动、选择、新陈代谢等过程来定义、选择、调整和部分地创造自身的生态位。例如，有机体在不同程度上选择自己的栖息地、伴侣和资源，并且建构所处局部环境中的重要组成部分，如巢、孔、洞、路、网、坝和化学环境。(2000, 131)

生态位建构在本质上是一种无处不在的力量，但却仍被广泛低估。所有动物都作用于它们所处的环境，并且以此通过有时改变自身适应度景观的方式来改变那些环境。一个经典的例子是蜘蛛网。[1] 蜘蛛网的存在调整了蜘蛛选择性生态位内部

---

[1] 其他有关的一些例子，请参见 Laland 等人（2000）、Odling-Smee、Laland 和 Feldman（2003）。另参见 Dawkins（1982）、Lewontin（1983）、Odling-Smee（1988）和 Turner（2000）。

的自然选择来源，实现了诸如随后基于蜘蛛网形式的伪装与通信。

当有机体共同建构能够延续并超越其寿命的结构时，便引出了进一步的复杂性。一个熟知的例子就是共同建造的海狸大坝，其物理存在随之改变了海狸及其继承大坝的后代和已经产生的河流流向改变的选择压力。类似的结果也能在很多黄蜂和白蚁的筑巢活动中看到，即巢穴的存在造成了进行例如通过在夜间封闭巢穴洞口来调节巢穴温度这类行为时的选择压力（Frisch 1975）。

知识与实践的文化传播产生于个人的终身学习过程，当其与人工制品的物理持久性相结合时，就会产生另一个可能具有选择影响性的反馈。这里的一个经典例子（Feldman and Cavalli-Sforza 1989）就是家畜驯养和乳制品业的实践，这一实践在（而且只在）从事这类活动的人的成人乳糖耐量的选择上为其铺平了道路。

如莱兰等人（2000）所强调的，在所有这些情况下，最终最为重要的是生态位建构活动引起的新反馈循环的方式。在标准情况下，这些反馈循环穿越进化发展的时间。动物通过改变生物进化的选择性景观的方式来改变世界。然而，对我们的目的来说非常重要的是，这整个过程在终身学习中形成了直接的模拟。在这里，反馈循环改变并转化了个体和文化的推理与学习的进程。例如，教育实践与人类建构的结构（人工制品）通过显著改变个体终身学习的适应度景观的方式得以代代相传。改编一个我曾经在别处也用过的例子（Clark 2001a）。一个新手

4 合为一体的世界

酒保继承了一系列不同形状的玻璃器皿、鸡尾酒器皿和用不同的杯子调制不同饮品的手艺。结果，老练的酒保（Beach 1988）学会以与饮用的时间顺序对应的空间顺序来排列不同形状的杯子。作为在预先建构的生态位中学习的结果，记住下一个该准备的是哪一种饮品的问题就转变成了对不同形状的感知和将每种形状与一种饮品相关联的问题。酒保通过创建饮品顺序的持续空间顺序排列的替代物，来主动构建局部环境以从视觉提示的基本行动模式中锻压出更多效用。这样，对身体情况的开发利用让相对轻量级的认知策略获得了大的回报。

以上是对"认知的生态位建构"作用的简单说明，它被定义为动物通过帮助（或有时是阻碍）关于某个或多个目标域思考和推理的方式来建构转化问题空间的物理结构的过程。[1]这些物理结构与适当的文化传播实践相结合，以此促进问题解决和使全新的思维和推理形式在最戏剧性的情况下也成为可能。

4.2 世界中的认知：配角

伊丽莎白一世和詹姆斯一世时期的剧场实践为精心打造的环境认知潜力提供了一个意料之外的说明。早期现代演艺公司被要求演出"数量惊人的戏剧：一周演出六场不同的戏剧，

---

[1] 认知的生态位建构这一观点在认知科学中已常见：理查德·格雷戈里（Richard Gregory 1981）所说的"认知放大器"，唐·诺曼（Don Norman 1993a, 1993b）所说的"让我们更聪明的东西"，基尔希和马利奥（Kirsh and Maglio 1994）所说的"认知行为"，丹尼特（Daniel Dennett 1996）中的"思维工具"。

并很少重复，且有额外要求，即大约每两周推出一部新戏"（Tribble 2005, 135-136）。

演员们如何记住属于自己的部分？一个标准的解释就是将每位演员所属的部分描述为遵循一类角色（在"一条线上"）。同时，再加上因为演出突然开始走下坡路而带来的一些繁重的死记硬背和最后一刻的强记，这些都旨在解释如此让人精疲力竭的日程安排的（纯粹的）可行性。但是，这些都难以解释有记载的早期现代剧院的稳健和成功。在一篇刊载于《莎士比亚季刊》的颇具开创性的文章中，特里布尔（2005）指出，只有当我们跳出个体演员的头部，并认识到演员回忆和专业设计空间以及早期现代剧院的社会实践之间相互作用的复杂性时，真正的解释才会显现。

首先，考虑剧场自身的物理空间。不同场地的空间差异会很大，但是有两个特点是不变的，即表演的舞台和作为出入口的舞台后门的多样性。就舞台后门而言，特里布尔认为，"对于它在构造、组织、简化演艺公司的复杂活动中的重要性很难给出一个过高的评价"（2005, 11）。同时，引用大卫·布拉德利（David Bradley）关于门的可爱描述："随着舞台本身从填充到清空，从填充再到清空，伊丽莎白舞台伟大心脏的跳动也随之收缩和舒张着。"（29）

舞台门所扮演的角色可以从关键的表演手稿剧本中推出，这些手稿是为每出戏剧而创作的情节。它在外形上是非常壮观的，写在大约 12×16 英寸的大张纸上，在其上方常有一个洞以便将其悬挂在墙上。剧本情节将最大程度的注意力放在人物

4 合为一体的世界

特征、角色分配、入场、出场、声音、音乐提示等方面。单看这些，剧本情节对于决定舞台剧的效果来说显得太过单薄和不足。但是对于演员来说，剧本情节提供了全剧唯一的高阶示意图。特里布尔提出，理解他们演出的关键是他们的尺度和布局。这些剧本的设计使得未曾一睹全文的演员能够很快地领会大体的结构、内容和流程。每位演员还得到了最小化的个人化剧本：一个"须知"文档，其中只包含他们自己的台词、入场、出场等信息。单看这些资源，它们对演出工作还显得并不充足。但是一起工作起来，在剧场的物理空间使用多种多样的物理提示，并在当天过度练习和惯例的指导下，它们提供了所需的最小限度支架。根据当时的情境，这一使人迷惑的、单薄的剧本从而可以被理解为是"一种戏剧的二维图式，用以嫁接于剧场的三维空间并与各部分相协同"（Tribble 2005, 146）。

对于早期现代剧场之谜的解决，看起来是关于分布式、情景式认知的力量与范围的对象经验：[1]

> 简易部分的生产性约束降低了从噪声（所有他人的角色）中过滤信号（自己的角色）的需求；剧本情节在整体上提供了一份戏剧模型的示意图以补充角色、剧场的物理空间和它所支持的运动惯例，使剧本和角色的二维图示过

---

[1] 在本文中，特里布尔明确引用了哈钦斯（1995）的从人工工件和社会实践的复杂相互作用中涌现出来的船舶航行探究，作为她方法的主要灵感来源。

115

渡到舞台上的三维具身。戏剧公司的结构与规章将其实践传递给新成员。(Tribble 2005, 155)

过去那些惊人的演出是通过参照他们非凡的戏剧生态位的特点被部分加以解释的。

4.3 思考的空间

大量的当代人类认知生态位建构同样也包括了对空间的主动利用。大卫·基尔希在他的经典论述《空间的智能利用》(1995b)中将这些利用划分为宽泛且交叠的三个类别。一是"简化选择的空间安排",如按照所需顺序放置排列烹饪原料或者将你的食物放在你的包里,我的食物放在我的包里。二是"简化感知的空间安排",如将洗过的蘑菇放在砧板的右边,没有洗过的放在左边,或者将绿色为主的七巧板拼块放在一堆,红色为主的放在另一堆。三是"简化内在运算的空间动力学",如不断重复排序拼字游戏的拼块以促使对候选单词相关的信息进行更快的回忆,或使用计算尺这样的工具将算术运算转换成感知校准活动。

基尔希的详细分析只是关注成人把对空间的熟练使用当作解决问题的资源。但值得追问的是,儿童是如何并何时开始以这种方式使用主动空间重组的?作为人类,我们只是由于自然的倾向要去这样做,还是我们必须经过学习才能这样做呢?一个机器自主体,尽管能够充分作用于它的世界,但却不能根据

4 合为一体的世界

事实本身知道如何将空间的使用作为此类认知生态位建构的方法！的确，在我看来，这个星球上没有其他任何动物能与我们一样擅长空间的智能运用：没有其他任何动物将空间作为一种开放式的认知资源来使用，并针对每日产生的新问题发展空间卸载。

正如基尔希在他自己的长篇论述的结尾所提出的，大部分这些空间的排列策略都是通过减少对环境的描述复杂性来产生作用的，这一点非常值得注意。空间常常被用作一种资源来为不同目的将物件分成等价类（例如，洗过的蘑菇，红色的七巧板拼块，我的杂货，等等）。一旦描述复杂性因此被减少，选择注意的过程和控制行动的过程就能够作用于场景元素，这些元素以前太"未被注意"以致无法用其定义这种作用。人类语言本身就是显著的，既是由于它开放式的表达力，也是由于它有减少对环境的描述复杂性的能力。描述复杂性的减少，不论以怎样的方式实现，都能使新的组群被运用到思维和行动中。这样，空间的智能运用和语言的智能运用构成了相互增强的一对，执行共同的认知议程。

发展性调查研究为这样一个假说提供了一些实质内容。仅举一个例子，纳米（Namy）、史密斯和格什科夫－斯托（Gershkoff-Stowe 1997）进行了一系列涉及儿童对空间使用的实验来说明类似的问题。简单地说，实验告诉我们游戏对象（例如，把所有的球放在这儿，把所有的箱子放在那儿）的空间群组不只是对完全实现了的类别成员的把握在空间上表达出的反思，同时也是学习关于分类和发现空间作为一种表征类别成员的途径这一过程的一小块或一部分。调查者记录了这个过程。从丰富的微观发生的细节上来说，这个过程是一种自展的过程，它始于儿童早期对一种游戏对象感兴趣的玩耍经验，并因此结束于（作为一种副作用）在空间上将那些对象集合的行为。这类自我创造的组群行为帮助儿童发现空间分类自身的可能性和价值。对这一发现至关重要的是，儿童参与到有喜好倾向的玩耍活动中，其中儿童会更喜欢一种类型的对象。经历相对较短的发展时期，这类玩耍活动会导致真正的、详尽的分类行为的产生，其中空间组织起着类别成员的符号指示作用。

这整个过程是一种增量式认知自我刺激。这些感知上可获得的（分组的）儿童自己活动的产品形成了新的输入，使其更倾向于学习详尽分类，以及同时学习作为一种类别成员表征手段的空间使用。这种发展性的自展所帮助创建的自发空间分类能力之后可能会进一步支撑学习名称和标签的过程，而对新名称和标签的习得反过来又会促进对新的、更复杂的空间组群的探究。发展性调查研究因而强烈建议，空间、分类和语言都是专为彼此而生的，各式各样的空间索引（Gasser 2005；见第 3 章第 2 节）在语言学习中扮演主要角色，并且语言本身（就像我们稍后看到的那样）扮演着和空间相似的认知角色。

4.4　认知工程师

根据斯特瑞尼（Sterelny 2003）的观点，领会认知生态位建构在人类认知的演化发展过程中所能实际发挥的巨大力量将

4 合为一体的世界

帮助引出下游累积认知工程学（cumulative downstream epistemic engineering）这样一个概念。斯特瑞尼对生物学、人类学和灵长类心灵的研究工作进行了丰富细致的综合，提出了一种关于人类的唯一特性的观点，将我们作为"生态工程师"的非凡能力放在首位。也就是说，作为我们自己的认知生态位的主动建构者。斯特瑞尼已经在之前论证了群体选择是人类进化过程中的关键力量，之后他指出，人类组群建立了自己的栖息地并且将这些栖息地传递给了下一代，下一代又更进一步调整改变这些栖息地。重要的是，这样的一些调整改变是针对认知环境的，并影响信息结构和提供给未来每一代人的机会。斯特瑞尼论证道，尽管其他一些动物也确实参与了生态位构建，我们只在人类物种中看到了认知工程这种有效的、累积的、失控（自我加剧）的过程。

生态位建构被斯特瑞尼描述为一种与遗传性继承相互合作且相互作用的附加继承机制。相互作用中的一点是关于表型可塑性的。由于生态位构建的蔓延产生了选择性环境的快速演替，并因此倾向于表型可塑性的生物进化。斯特瑞尼认为，原始人的心灵并不是为了适应更新世（如一些进化心理学类型所认为的那样；Tooby and Cosmides 1990）的"统计复合体"，而是为了适应环境的可变性和这种可变性自身的传播。为了应对这种可变性，据说我们逐渐进化形成了强有力的发育可塑性形式。这使得早期学习能以深入、深刻的方式引发神经重组的持续稳固的形式，从而影响我们自主能力的范围、情感反应和普遍重组人类认知。这结果与许多近期的进化心理学推测形成了直接的对立，其结果的具体内容是，"在我们的当代世界中，我们并不具有本质上的更新世的心灵"（Sterelny 2003, 166）。相反，"发展性资源的相同初始设置能够分化成十分不同的最终认知产品"（166）。通过这种方式"转化原始人的发展环境就改变了原始人的大脑本身。随着原始人再造他们自己的世界，他们同时也间接地再造着他们自己"（173）。

我们看到这一解释性模板在，例如，斯特瑞尼对于我们所具有的将他人解释为倾向性的自主体能力的解释中起到了作用。斯特瑞尼提供了一种基于生态位构建的解释，而非一种以针对"读心"的特定域的适应形式表现的先天"民间心理学"模块。根据他基于生态位构建的描述：

> 对解释技能的选择可能会导致一种不同的进化轨迹：为支撑解释能力的发展，对父母进行选择（通过将此群体作为整体进行群体选择）。这种选择重建认知环境以支撑那些能力的发展。（2003, 221）

因此，基本的知觉适应（如对注视情况的监控等）应该通过强烈的社会支持的可预测影响而自我启动，并成为一种成熟的读心能力：儿童被"读心"示例所包围，被例如使用简化叙述这样的文化发明所推动，并通过父母预演她自己的意向而被提示，从而被给予了丰富的诸如有关心理状态的语词这样的语言工具。根据斯特瑞尼的观点，这种"增量式环境工程"（incremental environmental engineering）提供了反对天赋假说的"大量的刺激"论证（223）。根据这一论证，我们关于心灵的

4 合为一体的世界

理论并非是在出生时就安排好了的,而是通过丰富的发展性沉浸(developmental immersion)获得。这种沉浸本身可能就会有"架构上的后果"(architectural consequences)(225),但这是结果,而不是学习的先决条件。因此,这个解释策略将人类认知中最与众不同的大多数地方描绘为根植于设计精良的、累积建构的认知生态位沉浸所具有的、针对发育可塑性大脑的可靠作用。

因此,斯特瑞尼的重点依赖于在文化上人为地支撑着的训练机制的直接神经后果,这种机制适用于年轻人的心灵。然而,尽管这种结果肯定是极为重要的,但是它们还没有穷尽物质人工制品和文化的认知转化作用。因为很多新的认知机制是由我们最佳的增值认知工程学所支持的,这些机制似乎在抵制完全的内在化。就像埃德·哈钦斯(私人通信)所指出的那样,当你要计算一个对数或余弦时,试图想象一个计算尺。这是无用的!然而,可塑的人类大脑可能会学习把这种外部道具和人工制品的操作与信息承受的角色作为因素深刻地计入到他们自己的问题解决惯例中,并创建混合的认知循环。这种认知循环本身就是潜在于特定问题解决活动中的物理机制。因此,我们得出可以说是当代对非生物道具、辅助和结构的潜在认知作用的最激进的看法,在某些情况下这种道具和结构可能会被视为延展认知过程中的合理组成部分。

4.5 开发性表征与宽计算

让我们再回想一次"积木复制"试验(Ballard et al. 1997;

第 1 章第 2 节）。这个研究工作似乎要向我们展示大脑是通过不断重复的视觉固定点来将目标位置与一种类型的信息（目标积木的颜色或位置）连接起来的，以在使用时及时检索这部分信息。这是一个通过具身性行为让内部世界作为一种稳定的、低成本的记忆存储空间的范例。该范例也是我们称之为"分布式功能分解"的第一个例子，其中，神经状态和身体行为共同构成了某种计算性或表征性运作的实施方式。

带着以上这些内容，让我们来设想一下，有一位名叫艾达（Ada）的会计师，她非常善于处理长报表中的数字。通过多年的训练，她学会了如何解决特定类型的会计账目问题的方法，比如快速浏览数据条目，将部分数字抄写在便签纸上，然后对便签上的数字进行分析，并把这些（便签纸上精心排列的）数据返回到报表上的数据等。目前这些能力已成了艾达的第二本能，她能飞速草写数字并部署使用各种"最小记忆策略"（Ballard et al. 1997；第 1 章第 3 节）。她没有试图把多重复杂的数字量和依赖关系置入生物的短期记忆，而是依靠每次获得一个中间结果时自己创建的内部踪迹、通过她草写的数字来创建和领会其中的踪迹和规律。这些草写数字痕迹被反复即时地按需查看，并将特定信息条目暂时分流进和分流出短期生物记忆，其方式与串行计算机在实施运算过程中从中央寄存器中存入和取出信息的方式一样。这种延展性过程可能用一些熟知的系列问题解决状态转换来更好地进行分析，这种状态转换的执行恰巧包含了生物记忆、感知运动活动、外部符号存储和适时的感知通道的分布式结合。

4 合为一体的世界

罗伯特·威尔逊的"开发性表征"(exploitative representation)和"宽计算"(1994;2004)的概念抓住了这种延展性方法的关键特征。当一个子系统不需要明确编码和部署某些信息,而是通过其自身所具备的追踪那些信息的能力能够维持时,开发性表征就会发生。威尔逊给出了记录汽车里程数的里程表的例子。里程表在记录汽车里程数时,并不是通过先计算车轮的转数,然后假定车轮每一转等于 x 米,再将其与转数相乘得出里程数,而是将里程表就设计制造成这样,车轮每转一转时就记录 x 米的距离:"在第一种情况下,里程表对一个表征性假定进行了编码,并用它来计算其输出。第二种情况下没有包括这种编码过程,而是利用了里程表自身的结构和世界结构之间固有的关系"。(2004, 163)

威尔逊的描述和核心例子使得开发性表征看似完全不需要表征就能取得成功,至少是不需要强表征就能取得成功,但这是不需要如此的。另一组相关案例中,子系统自身中并不包含对某些事物的持续编码,相反,它是把那些信息留给世界或把对那些信息的编码留给它能够进入的其他某个子系统来完成。因此,艾达的生物大脑没有创建和维持每一个她在纸上写上和涂去的数字,尽管大脑可能很好地创建和维持一些其他关键特征的持续编码(比如,某种用来检测重大错误的连续近似法)。与巴拉德的积木难题一样,艾达的生物大脑可能因此通过可用的具身性行为所具有的关键桥接能力来使其自身的内部表征和内部计算策略适应外部的纸-笔缓冲区的可靠存在。因此,具有强健表征性的内部行为也可以被当作是开发性的,只要它们仅仅是构成更大的、具有平衡性的、使用累积转换状态解决问题的过程的一个部分。通过这种方式,"认知者环境中的显性符号结构……与其头脑内的显性符号结构一起,(可能)组成[①]了与完成给定任务相关的认知系统"(Wilson 2004, 184)。

对于各种不同形式的开发性表征的使用迅速导致了一种被威尔逊称之为"宽计算主义"的观点。根据这种观点,"至少部分计算系统会推动认知超越有机体界限的限制"(165)。宽计算主义强调跨越身体、大脑和世界之间的交互过程,它本质上也是有利于动力学的。很多被唤起的内在表征状态,将会转瞬即逝、即刻生成,并会被微妙地、暂时地调节以充分利用其他紧密耦合的内部和外部资源。延展性系统可能将耦合的感知运动行为作为加工处理的设备包含在内(见第6章第7节),而且还将更多的静态环境结构作为更长期的存储和编码设备包含在内。身体的因素和世界的因素可能会因此作为延展的认知王国中的真实部分出现,并也适用于正式描述动力学和信息处理的过程。因此,威尔逊坚持,由此组成的更大的系统都是统一的整体,这样,"由此产生的心灵-世界的计算系统本身,而不只是内在于大脑中的那部分,具有了真正的认知性"(2004, 167)。

因此,延展系统理论家[②]驳斥心灵是一种输入-输出式的、

[①] 然而,这里起作用的构造并不是强意义上的"概念上交织在一起",而是弱(尽管仍然有趣并重要)意义上的"因为它会成为实现装置的一部分"。

[②] 例子包括 Wilson(2004)、Clark(1997a)、Hurley(1998)、Clark 和 Chalmers(1998)、Dennet(1996)、Donald(1991)、Hutchins(1995)、Menary(2007)、Wheeler(2005)、Sutton(2002a)和 Rowlands(2006)。另参见 Rockwell(2005b)。

4 合为一体的世界

将认知夹在中间的三明治形象（此图片和更多的反驳与辩论，参见 Hurley 1998；也可参见 Clark 1997）。相反，我们将直面人类认知的局部机制的形象，毫不夸张地说，这种局部机制是迸发地进入身体和世界的。

4.6 俄罗斯方块：更新

基尔希和马利奥（Kirsh and Maglio 1994）的经典论述给认知科学世界提出了"认知行为"这一有用的概念。我想要说的是，在身体活动产生瞬态的但认知上至关重要的延展功能组织的各种方式中，认知行为是最为重要的。[①]

认知行为和实际行为形成对照。后者是旨在使人们在物理层面上更接近目标的行动。走向冰箱取出一瓶啤酒就是一个实际行为。认知行为可能会也可能不会产生这样的物理进展。相反，它们旨在提取或者发现信息。查看冰箱里面有什么材料可用作今天的晚餐，这就是一种温和的认知行为。因此，认知行为是：

> 旨在改变对自主体信息加工系统的输入行为。它们是自主体所具有的改造内部环境以在最需要信息时提供信息关键部分的方式。（Kirsh and Maglio 1994, 38）

又或者是：

[①] 然而，我将重点关注认知行动的一个子类。该子类在运行时间处理过程中，通过使用多个嵌入式调用来"主动契合"世界。

认知行为——让心理计算更容易、更快或者更可靠的身体行动——是自主体执行转换其自身计算状态的外部行为。（Kirsh and Maglio 1994, 3）

也有人认为（1994, 4），通过减少对内部记忆的要求、减少生物机所需的步骤数量、减少计算中的错误概率，或者通过结合其中任意一项，认知行为可能会带来一些效益。

基尔希和马利奥（1994）断言，认知行为是无处不在的，它们的重要性被心灵科学所低估了。对电子游戏俄罗斯方块的专业表现进行延展讨论可以使原文内容更形象化。在俄罗斯方块游戏中，不同形状的"游动方块"从屏幕的上方如雨一般下落，它们必须被连接成排地整齐放置在底部，被完全填充的一排则会消失。完成填充的技术越差，就有越多不能被填满的排列堆积起来，堵塞屏幕，玩家也就越接近失败的终点，此时新的方块也不能下落了。随着战场失守，方块下降的速度也越来越快，这就加速了失败的命运。在方块下落的过程中，玩家可以使用一个按钮来 90°转动下落的形状以将它放到待填充的位置。玩家也可以左右移动它。

因此，俄罗斯方块是一款快速的感知 - 行动 - 循环主导的游戏，在游戏中玩家可以很好地预期所有物理方块的转动和左右移动的行为都是朝向填充某一排这一实际目标的。显而易见，基尔希和马利奥展现的并非如此。在许多情况下，玩家将转动作为帮助确定一个方块形状的方法，玩家也可能将一个方块一路推到屏幕的侧壁，以此更好地确保在现在已标准化的回

4　合为一体的世界

程中下落方块的正确放置（例如，准确确认目标列）。后者是一个尤为明显的认知行为案例，因为移动到侧壁的行为起初使方块离目的落点更远，而不是更近。当玩家即将从一个比平常更高的地方使方块下落时，它们通常会采用这个行为，这可能可以解释对认知安全检查的需要（Kirsh and Maglio 1994, 37）。随后的研究工作（Maglio et al.1999；Neth and Payne 2002）显示了关于认知行为的更进一步的证明，其中详细分析了例如拼字游戏和汉诺塔难题等领域。

　　一种思考认知行为的自然方式就是依据生态集合原则（第1章第3节）。在问题解决的混杂中增加非实际行为所带来的（时间的或者能量的）成本已经不及其所带来的效益。在更近期的基于俄罗斯方块的研究工作中，马利奥和他的同事使用一系列巧妙的措施和实验来试图表明真实状况的确如此。他们的目标就是通过将额外转动时间成本对峙于"玩家的心理能力的提高"（Maglio, Wenger, and Copeland 2003, 1）的方式来量化使用认知行为的净效益。这里的第一数值计算起来并不难。只需两次按键就能引发屏幕上的行动，然后将它撤销，这里每一位玩家的时间成本都得到计算。第二数值显然更加难以捉摸，但是汤森（Townsend）和阿什比（Ashby）在1978年的研究，汤森和野泽（Nozawa）在1995年的研究以及韦格纳（Wenger）和汤森在2000年的研究工作中，为在解决问题的过程中反应时间分布的所谓风险函数的测量标准提供了一个颇有前景的工具。通俗地说，这是完成下一步行动进程的瞬时概率的测量标准。在工程学中，这也被称之为强度函数。当测量标准高时，在下一个瞬间完成的条件概率就会比低标准运行过程的条件概率要更高。在此技术层面上，目标进程被认为是在高强度水平上运作。因此，风险或强度函数是一个条件概率函数，它表示即将完成的状态以尚未完成的状态为条件的可能性（Maglio, Wenger, and Copeland 2003）。

为了将这变成是由于采取了认知行为而带来的"心理能力增加"的似乎可靠的测量标准，马利奥、韦格纳和科普兰比较了两种情况下的风险函数值。一种情况中，玩家使用额外的转动来提供附加的方块确认信息（用作者的术语就是"预演"）；另一种情况下，玩家没有使用额外的转动。[①] 最终的测量遵循一些单纯的数据操作，我在此不会讨论，这些数据操作显示出与预演有效性相关的风险函数的百分比变化（自身就是反应时间分布的反映）。

研究显示出，预演带来了心理能力的明显增加，是由风险函数的数值变化来衡量的，而且当记忆负载最大时，这些效益随之增加（也就是说，预演和做决策间的延迟时间会越长）。研究发现这种增加大大超过了额外转动所添加的时间成本，随着延迟时间的增加，效益成本比也会随之增加。总之，近期的研究工作为任务绩效中认知行为的积极作用提供了有用的定量测度。

俄罗斯方块故事也阐明了我称之为"主动楔合"（active

---

① 实验使用的是限制版本的俄罗斯方块，其中是一次呈现一个方块；参见 Maglio 和 Wenger（2000, 2002）。

4 合为一体的世界

dovetailing)的重要性。原文中,在呈现一个专业玩家的详细过程模型之后,基尔希和马利奥(1994)发表评论说:"其主要的新颖之处在于使得自主体内部的个体功能部件与外部世界处在一个闭环互动中。"(38)他们这样说的意思是,对各种"认知行为"的调用,可以通过个体内部程序或组件被直接激发,并在世界中产生改变,这些改变会强劲地(即时)生成特有子程序所需的信息。这意味着,这个解决问题的活动将无法正常分解为一个内部实现的计算整齐的范围,这里内部实现的计算是被调用世界的良性氛围所包围着的。要替代这样一个整齐的"内-外"边界清晰的循环,我们面对着(这和第2章第6节中介绍的适合认知整合模型相符)一堆展开的内部过程,它们中每一个过程在不同的时间尺度中向其他内部进程和外循环的认知行为直接发出调用要求,这些内部进程和认知行为会导致认知上至关重要的闭环交互的发生。就如基尔希最近所说的那样:

> 我们设想环境自主体的关系是具有动态性的,在这种关系中,自主体可以以不同时间频率与他们所处的环境进行因果性耦合。同时,自主体具有或多或少的有关其主动感知参与本质的意识知觉。一旦我们有了这样的设想,我们就在朝着一个方向行进,即把自主体视为他们交互的管理者和被锁在行为反应系统中的协调者,而不是将其视为纯粹的采取行动和等待结果的自主体。(2004,7)

那么，在最有趣的一类案例中，一个紧凑却混杂的时间契合在多重时间尺度和加工处理与组织水平上，将内部和外部捆绑在一起。这引导我们从一个延展功能组织的角度来进行理解，在该功能组织中，内－外边界既在分析上无帮助，在计算上也远不及前理论假定的有意义。

4.7 组织的旋涡

让我们再考虑一下这样一个问题：如果分布式问题解决集合体中的内部和外部要素要构成一个充分整合的认知主体，那么这些要素是如何进行交互的呢（见第 2 章第 6 节）？直观地说，并非每种交互形式都具备产生延展性或分布式认知线路的条件，甚至当其交互的对象是一个对智能地解决问题的部分环节产生实在作用的工具、媒介或设备等时也如此。例如，设想你正在尽力使用某种新的软件去解决一个问题。从现象学角度看，我们在这种情况下的经验根本就没有提供任何诸如基于工具的认知延展。[1] 相反，你可能还会感觉与讨论中的工具很疏远。这种软件包作为你所面对的局部问题空间占支配地位，而不是作为一种使你能够通过它面对一个更加广阔世界的透明工具。[2]

---

[1] 当然，经验不过是一条线索。在这里或其他地方，我的意思并不是要提出有关"在我们看来，我们似乎有／没有认知延展；因此，我们有／没有认知延展"形式的任何论点！

[2] 当然，我们对自己的生物性装备有这样的感觉，无论是自身受伤的腿或出故障的生物性记忆。在这种情况下，更像是我们醒来时发现一些难以使用的软件包永久性地与我们大脑接界了一样！

4 合为一体的世界

与此相反，哪种信息流会具有流畅、协调演变的特征呢？其中一个关键特征（首次讨论是在第 2 章第 6 节）是关于多重参与要素和进程（包括，例如对产生对内外部信息存储的自动的、通过子人式的方式调解的调用）的精微时间整合。在第 1 章介绍的积木复制任务中，这种精微的调节通过快速眼动，表现特定种类的环境性存储信息的可用性特征。在俄罗斯方块游戏中，通过熟练的玩家对方块的转动操作，这种综合也强烈表现出认知效用的特征。在这些案例中，大脑并没有被明确要求从任何给定的内部或外部位置来体现此类有效性和此类信息的有效性。相反，它仅仅是调用了问题解决的例行程序，这些路径的精细结构已经经过了选择（通过学习和实践），以此来通过此种表现和此种粗略的感觉运动行为，来从（例如）此和此种视觉位置中假定此种简单的有效性与此种信息的简单有效性。人们可能会将此处的情形与标准的认知科学家的观察进行比较。在他们的观察中，一个解决某个问题的成功算法可能会产生对该问题域本身的多重假定。在我们所展示出的案例中，区别也仅仅在于，我们将这种假定置入了整个的感知-行动循环中。这些循环继而又从此与此位置或通过此与此行为来有效假定此类的有效性和此类信息的有效性。[1]

思考此类资源结构的有效方式是从我将称之为隐式元认知承诺（implicit metacognitive commitments）[2]的方面进行的。当我

---

[1] 感谢米歇尔·惠勒帮忙澄清这个问题。
[2] 基尔希（2004）提供了元认知可能跨神经和神经外资源传播的许多实用方法的补充讨论。

们的大脑察觉到突然的闪光、我们的眼睛自动快速地转到这个方向时，该感知运动常规路径就具现了一种硬连线的隐式元认知承诺。意思就是，我们或许可以通过这种快速眼动获得有用的、可能还是能救命的信息。这一事实，即有用信息的可能有效性，并不需要在大脑的任何地方呈现出来。这完全是隐藏在进化形成的一种基本的感知－运动的常规路径方式中。同样，我认为，延展的解决问题的实践作用可能常常会是设置一种感觉运动信息来协调，如此使得对认知性行为的重复调用被置入我们很多的日常认知常规路径的中心。这种调用并不依赖于（有意识地或无意识地）表征这样一个事实，即此与此信息通过此与此感觉运动行为而具有有效性的事实。不如说，这一事实只是隐性的，例如，它在学到的俄罗斯方块游戏中某种游戏定位与此种启动与此种认知行为之间关联中是隐性的。游戏者对于自己问题解决过程中的这些重要的信息创建行为起作用，既不需要有意识的知识，也不需要无意识的知识。我怀疑，当我们用不为我们所知的、积极促成我们思考的方式说话、涂写、打手势时，以上同样也是真实的（我们将在第 6 章中详细讨论一个范例）。

深度综合的、逐渐自动化的认知行为在复杂技能的层级结构中表现得尤为突出。就像唐纳德（Donald）极其恰当地论证的那样，我们人类是最能自我集合复杂技能的自主体。①

---

① 唐纳德主张不是说仅仅只有人类才这样做。不如说，这种能力在其他灵长类动物身上（至少）是存在的，只是在人类中最明显。这些差异仅仅是量上的，而非质上的（Donald 2001, 146）。

4 合为一体的世界

人类基于技能而建构技能，创造出复杂多变的层级系统。就像在驾车和钢琴演奏中，司机必须学会一整套驾驶所需的、多少具有独立性的行为，比如启动、转弯、倒车、驾驶、加速、刹车、查看后视镜、换挡、监控交通状况、注意路标、保持车速、保持行车方向、记录街道名称等。这些子技能的行为都是在一定的整体指导下自我学习、自我操练并自我评估的。行为的结果是一个具有惊人复杂性的、习惯系统或坏习惯组成的链条，其中每一个习惯都有其自身的执行需求，它们最终都必须被综合到一个能够协调所有个别习惯的巨大的元系统中……没有任何其他灵长类动物能够集合具有如此复杂性的等级系统。(146)

也许有人会说，人类自主体是自然界中学习成为专家方面的专家。这座被人刻意创造并维持的惊人的技能高峰中常常包含了各种各样的认知行为。这类行为是嵌入的习惯系统的深刻因素，这些习惯系统使得具身内嵌的自主体能够在与各种道具、工具和人工制品积极交涉的旋涡中成功完成甚至最具认知挑战性的任务。

4.8 延展心灵

前述所谈的高效的加工处理（第1章）、组织的可塑性（第2章）、物质符号在混合组织中的潜在作用（第3章）、认知支架和分布式功能性分解（第 1 章第 4 节和第 4 章第 5 节），都和接下来要谈的"延展心灵"有关系（Clark and Chalmers 1998）。[1] 拥护"延展心灵"的学者主张，即使是最普通的人类心理状态（例如，相信这是如此和诸如此类的状态），可以部分由"外置于人类头部的结构和过程"来实现。这样的主张已远远超越了人类认知完全倚重不同形式的外部支架和支持的断言，这种断言虽重要但挑战性远不及前者。相反，在人类可达到的条件下，他们将心灵本身（或更好地说，能够实现我们某些认知过程和心理状态的身体机制）描绘为延展超越皮肤和颅骨的限制。如果这是正确的，那么，心灵的机制不仅仅是包在旧皮囊中的生物机制。在这一章节，我会简要回顾主要的论断，在接下来的章节中再进行批判性的探讨和辩护。完整的原始论文（Clark and Chalmers 1998）已作为此处的附录。不熟悉此方法的读者可以参考这个附录和此章节中的概括性版本，这会对你们很有帮助。

在考虑这些问题时，要重视载体和内容之间的区别。也许在一些历史性的和 / 或者环境性的情境中，拥有一种内容充实的心理状态似乎是整个活跃系统中非常合理的一种属性。在那个系统中，某些持久的物质性质可能会起到促进系统（偶然性

---

[1] 除了"延展心灵"之外，目前还有其他几个名称可用在以下的一般主张上，即心灵和构成心灵的认知过程扩展到个体自主体的体肤之外。其中包括"区位外在主义"（Wilson 2004）、"环境保护主义"（Rowlands 1999）、"工具外在主义"（Hurley 1998）。萨顿（2002a, 2002b）在他的《多孔记忆》（porous memory）一文中探讨过类似的观点。"延展心灵"一词也是由罗伯特·洛根（Robert Logan）同时并独立创造的。他的研究对象是人类认知发展、语言与文化之间的联系（Logan 2000, 2007）。

4 合为一体的世界

地或有倾向性地）拥有一个给定心理状态的特殊作用。这些物理性质就是内容的载体。"延展心灵"假说实际就是一种关于延展载体的假说——这些载体是分布在大脑、身体和世界中的。就像丹尼特（1991）和赫尔利（1998）所强调的一样，我们把载体和内容作为哲学和科学危机合二为一。

克拉克和查默斯（1998）的目标是，如果有适当的附加环境，外部的痕迹（铅笔在笔记本上的记号）可能就容易被感知为存在于特定倾向性信念的物理载体之中。如果这些痕迹能够随时准备着使用与内部记忆痕迹大概（这个"大概"非常重要，我们随后再做解释）相同的方式来控制行为，为自主体的一些倾向性（即真实的但不是意识性偶然的）信念产生出一种延展的随附性基础，那么，本段第一句话中的情况就会发生。难以想象的是，这里的论断并不是说外部的消极编码的行为表现可能在一定程度上和内部生物记忆流畅的自动反应的资源一样。不如说，在某些情境下，那些外部编码能够与推理和回忆的在线策略深度融合，从而外部编码只能人为地与认知和自身的特有部分区别开来。

有两个例子能让原始论文更加生动形象。第一个例子涉及一个玩（对，又是那个游戏）俄罗斯方块这个电子游戏的人类自主体。回忆一下，那个人类玩家尝试确认下落方块的可选方式有：(1) 通过心理转动，或 (2) 通过采用认知行为，其中屏幕上的按键可以使下落中的方块转动。然后，我们要求一位读者想象 (3) 不久将来的人类自主体拥有标准的想象转动能力和能够按要求快速转动图像的视网膜显示，就像使用转动按钮一样。读者也想象为了启动后面的行为,未来人类直接从运动皮质发出一个思维指令(此外,这种技术已经被使用在很多所谓的思维控制实验中;见第2章)。

我们认为,案例(1)看起来是一个心理转动的简单例子。案例(2)看起来是一个非心理(仅仅是外部)转动的简单例子。然而,案例(3)现在看起来很难分类。依据假设,其涉及的主要计算运行(在接下来的步骤运动指令将快速转动的效果反馈到低层级的感知系统)与案例(2)一样。然而,我们的直觉似乎还远不够清晰。但现在我们来思考一下火星人玩家(案例4),其天然的认知装备包括(出于隐晦的生态原因)在案例(3)中想象的那种生物技术快速转动的机制。在这种火星人的案例中,我们在将机载快速转动环路归类为火星人心理进程的一个要素时肯定就不会有任何犹豫了。

以这个思维实验作为跳板,我们根据经验提出了一个对等原则,即:

> 对等原则。当我们面对某个任务时,如果世界的一部分作为一个进入头部的过程起作用,我们将毫不迟疑地把它作为认知过程的一部分接受,然后,世界的那一部分(当时)就是认知过程的一部分。(Clark and Chalmers 1998, 8)

换句话说,为了确认认知状态和过程的物质载体,我们应该(规范地讲)忽略皮肤和颅骨的陈旧的新陈代谢边界,并致力于问题解决整体的计算性和功能性组织。对等原则从而提供

4 合为一体的世界

了一个"无知的面纱"式的测试,用以帮助避免生物沙文主义的偏见。应用于手头的案例,它引导我们,或我们这样认为,标准的玩家对外部转动按钮的认知使用、不久将来自主体使用网络朋克植入和火星玩家对天赋能力的使用,这些在认知层面上都是享有同等地位的。

当然,以上案例之间也有差别。最明显的差别是在案例(2)中,快速转动的环路是位于头部之外的,结果是被知觉读入的。而在案例(3)和案例(4)中,该环路是被皮肤和颅骨所限制的,结果是被内省读出的。我在后面再回到这些问题。尽管如此,我们认为这里至少有一个表面的案例来说明一种公平处理的方式,这种方式是基于明显共性的,而不是基于对皮肤和颅骨、内部和外部的简单偏见。我们觉得,最重要的区别并不涉及皮肤和颅骨之间的任意障碍,或感知和反省之间微妙(并且诉诸问题)调用的任意障碍,而是涉及可移植性和一般可用性问题的更为基础的功能性问题。标准的玩家对快速转动按钮的使用会受到俄罗斯方块游戏控制台可用性的限制,而网络朋克和火星玩家利用的资源,是他们面对世界时所使用的通用设备的一部分。

进一步考虑这个说法,我们想到另一个例子,此例旨在解决可移植性问题并将处理方式延展到自主体对世界的信念中更核心的部分。这是现在名声并不好的奥托和因加案例。因加听说纽约现代艺术博物馆有一个有趣的展览。她想了想,回忆起地点在第53街,然后动身出发。奥托患有轻度的老年痴呆症,因此他总是随身携带一个厚厚的笔记本。当奥托学习有用的新信息时，他总是记在笔记本上。奥托听说在纽约现代艺术博物馆有这个展览，从他可靠的笔记本中检索到了地址信息，然后就出发了。我们断言，就像因加一样，奥托会步行到第53街。因为他想去博物馆，并相信（甚至在参考笔记本之前）它是位于第53街的。在每一个案例中，存储信息的功能平衡性都是足够相似的，从而保证了处理方式的相似性。奥托的长期信念并非全都在他的头脑中。

在文章中，我们显示了（细节内容见附录）为什么这一切与更熟知的普特南-伯奇（Putnam-Burge）式的外在主义处于正交关系中。这里的关键点是这种传统形式的外在主义（Putnam 1975a, 1975b; Burge 1979, 1986）关注的是所谓远离中心的和历史的特点，从而来影响信念的内容而没有必要影响可能被认作是局部物理载体的东西。因此，在有关水和孪生地球水信念的经典案例中，信念的不同起源于当前具有明显因果滞后性的特征，比如说安迪和安迪的孪生兄弟。如果我现在碰巧被XYZ包围（在输入这句话时，我突然被心灵运输到孪生地球上），我的信念仍然有关标准的水，这一信念是由我的历史所提供的。在这些案例中，重要的外部特征带有明显的消极性，并且当下没有在驱动认知过程方面发挥任何作用。正相反的是，在克拉克和查默斯所描绘的案例中，相关的外部特征是积极的。它们是在行为产生中发挥因果作用的局部设备的部分。没有笔记本编码，奥托就不去第53街。将此替换为一个错误指示第56街的编码，奥托最后反而就到了那儿。在这里，所产生的目标行为的、具有因果积极性的物理组织似乎被生物有机体和

4 合为一体的世界

这个世界所破坏。我们认为，这种积极的外在主义与任何形式的消极的、基于指称的外在主义是完全不同的。

最后，我们认可（至少就我们自己的论点而言）有意识的心理状态可能会只随附于头脑中的局部进程。但只要心理的范围超越了有意识的、正在发生的内容（包括，例如，长期倾向性信念以及众多正在进行中但无意识的活动）的范围，就没有理由将这种无意识的心理状态的物理载体局限于大脑状态或者中枢神经系统中。

为了回应有关可用性和可移植性的问题，我们随后提供了一套粗略但可用的附加标准，那些想要被纳入个体认知系统中的非生物候选对象需要符合这些标准。这些标准是：

一、其资源是可靠可用的，而且通常能被调用（奥托总是随身携带笔记本，而且在他参考笔记本以前他是不会回答说"不知道"的）。

二、由此检索得到的任何信息或多或少地会被自动认可。它不应常常受到反思（例如，不同于其他人的意见）的支配。而应该被认为是可信赖的，如同从生物记忆中清晰检索出的信息一样可靠。

三、资源中包含的信息应该能根据需要或在需要时被轻易获取。

四、笔记本中的信息在过去某个时间点已被有意识地认可，而且这个认可行为的确带来了后果。

在原始的处理方式中显示，作为信念标准之一的第四个特征的状态是不确定的。也许一个人可以通过潜意识感知或通过记忆干预来获得信念。如果是这样，那"过去有意识的认可"这一标准看起来就太强势了。另一方面，放弃这一要求会打开闸门，使得潜在的倾向性信念爆发，这种状况并不受人待见（我们将在后续章节中回到这个问题）。

我们认为，运用第四个标准会产生假定个体认知延展的一系列适度的直觉性结果。我家里图书馆的书不能算在内。网络朋克植入或许可以算在内。移动访问谷歌不能算在内（它不符合标准二和标准四）。奥托的笔记本可以算在内。其他人通常不能算在内（但在极少数情况下可以），等等。

在文章里我们考虑过的诸多回应中，我只选择在此重复其中的一个，只是因为它是对我们的叙述最常见的一种回应。我把它称为奥托两步骤，具体是这样的："奥托实际完全（提前）相信的是地址在笔记本上。就是这个信念（步骤一）导致他查看笔记本（步骤二）进而导致了（新的）关于现实街道地址的信念。"

除了其最初的真实可靠性，我们并不认为（过去不，现在也不）这可以实现。假设我们现在问为什么我们不用类似项来描绘因加。我们为什么不说因加的唯一前提信念是信息存储在她的记忆里，并且把她的检索过程描绘为因加两步骤？直观地看，原因似乎是在考虑因加的案例时，两步骤的模型增加了伪复杂性："因加想到博物馆，她相信她的记忆中保留了地址，她在记忆中取得了第53街的位置。"而且，似乎有可能在事件进

4　合为一体的世界

行的正常过程中，因加并不像这样依赖于关于她记忆的任何信念。她只是透明地使用它本身。但是对奥托而言（我们可以假设）同上：奥托已经非常习惯于使用笔记本，以致当生物记忆失效时他就会自动去查阅笔记本。对笔记本的调用已经以子人式的方式深度融入他解决问题的常规惯例中，就像俄罗斯方块的专业玩家调用外部转动一样。笔记本已经成为了奥托的透明设备，正如生物记忆是因加的透明设备一样。在每一种情况中，它难道不会添加多余的、在心理上不真实的复杂性，以将有关笔记本或生物记忆的附加信念引入解释性方程式吗？

总的来说，我们的论断是，因加的生物记忆系统合作运转，以信念特有的方式支配她的行为，并且奥托被抹除的生物技术基质（有机体和笔记本）用相同种类的办法支配着他的行为。因此，这种心理状态归因的解释装置对每一个案例的把握是平等的。那些起初看上去像奥托行动（查看笔记本）的东西会作为奥托的思维部分出现。如果这是正确的，那么认知行为的深度融合的调用和真正的认知延展之间的区别，就会变得微乎其微，直至消失（在第 5 章至第 9 章，我们将会广泛地探讨。不论这是否正确，如果是正确的，这对心灵科学来说意味着什么）。

4.9　"颅内观"对阵"延展观"：到目前为止的情况

在第一章到第四章里，我们已经突出强调一些有关身体与世界是如何通过生物大脑来共同分担解决问题的负荷的关键方式，这些方式包括：

·形态学、控制和"生态控制系统"价值之间的复杂的相互作用。其中，目标的达成并非通过对预期行动或反应的微观管理，而是通过充分利用控制者身体的或世界的环境中相关指令的有力可靠的来源（见第1章第1节）。

·运用"指针"和主动感知惯例，及时从世界的来源检索信息以解决问题（见第1章第2节）。在建构现象经验时，全部感觉运动循环可能扮演的角色（见第1章第3、4节）。

·运用开放的感知通道，将其作为稳定持续有机体－环境之间关系的一种手段，而不是将其作为外部情境得到内部再现的转换器（见第1章第2节）。

·我们倾向将身体延展与基于工具的延展相结合（见第2章第3节），并把感觉策略深度置换（见第2章第4节）纳入到我们解决问题的惯例中。

·运用物质符号，通过将问题简化策略添加到我们的外部和内部环境来提高我们的心理能力（见第3章第3、4节）。

·在线问题解决中，重复并嵌入式地使用空间（见第4章第3节）、环境建构（见第4章第2、8节）和认知行为（见第4章第7节）。

·作为支持自主体倾向性信念的非生物媒介的潜在作用（见第4章第9节）。

这些方法和策略都与生态集合原则相一致（见第1章第3节）。据此，精明的认知者经常即刻征用任何混合的解决问题资

4　合为一体的世界

源，以最小的力气引起可以接受的结果。[①] 这一征用过程看起来对相关资源的本质和位置表现出系统性的不敏感，其中可能包含了对所有神经资源（包括生物记忆）、外部资源（包括外部编码）与真实世界行动和运转调用的混合。这类在时间和空间中积极契合的异质混合共同构成了（我大概主张）人类认知中最为典型的诸多案例的物理基础。

这种反思开始给我们称之为"延展"的心灵观提供充分的理由（回到引言中）。然而，"颅内观"将我们所有人的心理机制牢牢地定位在头脑和中枢神经系统中，而"延展"使得至少人类认知的某些方面是被身体和/或者有机体外的环境正在进行的活动来实现。如果这是正确的，心灵的物理机制就不都是在头脑中的。

这一结论暂且还是一种假设。因为也许还有一些我们尚未细查的、强有力的原因，这些原因通过"约束于颅内的"属性（或者它的近亲"机体约束"）所提倡的方式来限制真实认知的范围。在剩下的章节中，我旨在阐明什么还处在争论中和对这样一种主张进行辩护，这种主张就是：认知和心理（有时）的确最好是要通过更具适应性的"延展"的视角来看待分析。

[①] 这个"征用"的说法虽然有用，但需要小心处理。因为这绝不意味着一个深思熟虑的自主体蓄意收集资源。事实上，这正是我们必须避免的问题。相反，这个想法是，新的解决问题组织与某个成本函数（或多个函数）相一致，其作用是有利于包含某些资源（如神经、身体或生物外在的）和排斥其他资源。这个成本函数对于资源的定位和性质来说是中性的（第6章第5节），除非在这种情况下有一些功能上的差异——除非它们容易影响一种组装对另一种组装的相对成本。这些函数如何被计算的问题将在第6章第5节和第9章第8节中处理，尽管处理方式是相当初步的。

第二部分

边界争论

5 心灵重新分界?

5.1 延展的焦虑

延展观提出,心灵的物理机制绝不都在头脑之中。这是正确的吗?提出这个问题并不一定就是怀疑神经要素、身体要素和环境要素对大部分人解决问题行为的支持,也不是要怀疑理解这种联合对理解人类思维和理性的重要性。例如,理解和学习怎样去分析俄罗斯方块游戏中认知行为的作用、指针在视觉问题解决中的作用,甚至奥托的笔记本对其起决定作用一定是具有重要性的。然而,我们必须真地将这些贯穿非生物结构的行为和循环算作延展认知过程的真实性质吗?在这一章我会思考一系列的问题,其起点是有关大脑能实现的和在此类问题解决矩阵中其他要素所能提供的这二者之间真实的或明显的区别。

5.2 铅笔自我

在一系列近期即将发表的文稿中(2001,in press-a, in press-b),

亚当斯和相泽试图去反驳延展观的支持者或可能仅仅是想让这些支持者感到最终的难堪。其中一篇文章以如下说明开头：

问题：为什么铅笔认为2+2=4？

克拉克答道：因为它耦合于那个数学家（Adams and Aizawa in press-a, 1）。

作者继续说："那大概总结了克拉克延展心灵假说的问题所在。"他们认为，上述铅笔的例子只是一个谬误的极端版本，据说这个版本已遍布分布式认知和延展心灵的著述文献。他们通常把这个谬误称之为"耦合结构性谬误"。以不同的程度和方式，此谬误要归因于范·盖尔德和波特（1995）、克拉克和查默斯（1998）、豪格兰（1998）、丹尼特（2000）、克拉克（2001）、吉布斯（Gibbs 2001）和威尔逊（2002）。[①] 它将从某个对象或过程的因果性耦合，到某个认知自主体，再到一个结论，即这个对象或过程是这个认知自主体的一部分或是这个自主体认知进程的一部分（Adams and Aizawa in press-a, 2）。[②]

延展心灵和与此相关的支持者据说是部分倾向于这一谬误的，因为他们要么忽略了，要么无法恰当地理解"认知标记"（the mark of the cognitive）的重要性——即，"是什么让事物成为了认知自主体"这一叙述的重要性（Adams and Aizawa in

---

[①] 这些归因是明确的，但分布在亚当斯和相泽的三篇论文中（2001, in press-a, in press-b）。

[②] 对某种"非琐碎条款"的需求（借用鲁珀特在b版中的一段话）实际上是在延展心灵的文献中得到了广泛认可。如果不是这样，那么延展心灵的论据甚至可能会非常简短！例如，在惠勒和克拉克（1999, 110）中有明确的要求。

5　心灵重新分界？

press-a）。亚当斯和相泽评论的积极部分随之以一种断言综合的形式出现，即这个"认知标记"[1]包含着一种观念，这个观念就是"认知是通过包含非衍生内容的某种因果性进程所构成的"（in press-a, 3），而且这种因果性进程看上去又具有心理学法则的特征，这些心理学法则已被运用于很多的内部行为，但是它目前还没有（作为可能的经验事实）被运用于任何发生在非生物性工具和人工制品的进程中。让我们来依次思考这些问题。

5.3　奇怪的耦合

思考一下这段交流，笼统模仿于亚当斯和相泽所尝试的归谬方法：

问：为什么V4神经元认为在刺激体中存在一个螺旋模式？

答：因为它耦合于猴子。

很明显现在此处存在一些问题，但是荒谬之处并不明显在于将回答诉诸耦合，而是在于这样一个观念，即一个V4神经元（或是一组V4神经元，或甚至是一整个顶骨叶）的本身可能就是思维活动的某种独立发生地。[2]认为V4神经元可以思考

---

[1]　塞缪尔斯（私人通信）有效地指出，我们在其他科学领域没有遇到任何像亚当斯和相泽那样的对"认知标记"的需求。物理学家不用担心物理学的标志，地质学家也不用担心地质学的标志。认知科学家通常对某种通用认知标志的需求感到困惑。

[2]　感谢威尔逊的单神经元比较。

的确是一件很疯狂的事，同样，（正如亚当斯和相泽所暗示的）认为一支铅笔可以思考也是一件很疯狂的事。然而，亚当斯和相泽的强烈言辞大多是为了将注意力移到认知在假定部分的缺席，将此作为一种方式来证明耦合（即使是被恰当理解，见后）不能起到其在支持认知延展的标准论证中所起的作用。因此，我们读到："当克拉克在物体被连接到一个认知自主体并使得这个物体具有认知性时，他就犯了耦合结构性谬误（Adams and Aizawa in press-a, 2，特别强调）。"

但是，当把这个关于物体具有或者无法具有认知性的对话运用到一个认知自主体或一个认知系统的某个假定部分或方面时，这个对话几乎难以被理解。铅笔或者神经元就如同它们原本一样，具有原始事实式的"感知性"，这对于二者来说又意味着什么呢？我并不认为这仅仅是亚当斯和相泽纯粹在格式上的不恰当，因为同样的问题多次出现在有关奥托和其笔记本的恼人案例的私人交流中。① 现在，这个问题又再一次出现在他们最近的有关"认知标记"难题的诸多部分中，我们之后将会看到。

我们首先来弄清楚，在认知延展的争论中诉诸耦合有什么明确的作用。因为将回答诉诸耦合并不是为了让任何外部对象变得具有认知性（在此说法是合理的范围内）。相反，它是为了

---

① 因此，经过长时间的交流后，相泽问道："所以，你真的同意我们的观点——笔记本是非认知的？"他暗示肯定的回答必然与延展心灵论点不符。然而，在甚至可以理解这个问题的情况下，我的确会承认，单独考虑笔记本的话，笔记本是"非认知的"，就像一个或一组神经元。

5 心灵重新分界？

使某个对象成为某个认知例程中的合理部分，这个对象就其本身而言并不被有效地（可能甚至是不能理解地）认作具有认知性或不具有认知性。也就是说，它是为了确保假定部分已被准备好去发挥如下作用，即其自身确保其作为自主体的认知例程部分的地位。现在，不争的事实是（我认为这是亚当斯和相泽论述能够吸引读者注意力的地方），不是任何旧形式的耦合都能实现这个结果。但是，就我所知，还没有人在文献中提出过相反的主张。在此尤为重要的不仅仅是耦合的出现，还有耦合的作用——其准备好（或无法准备好）的信息以将其使用在一个特定类型问题解决例程中的方式。

然后需要处理的问题是，某个物理对象或进程什么时候能充当一种更大的认知例程部分呢？这并不是一个更加晦涩难懂（可能难以理解）的问题，什么时候我们应该说某个这样的候选部分，例如一个神经元或者一个笔记本，就它自身而言是具有认知性的？在奥托的案例中，克拉克和查默斯选择由一系列直觉来指导自己，这些直觉源于反思对非偶然发生的倾向性信念讨论的普通"常识"性的使用。从本质上来说，我们接受这些直觉并且系统性地展示了粗粒式的（coarse-grained）功能性准备的种类（准备好去引导各种行为形式和意识状态），这种准备状态与奥托的这种倾向性信念相关联，即这种信念可能有时被高度非标准的物理实现所部分支持，在这种物理实现中，一个平凡的、没有魔法的笔记本起着长期存储物理媒介的作用。

克拉克和查默斯因此提出了一个论断（大家可能接受或者反对；当然，也是另外一回事），是关于把识别作为一个认知性系统里物理基质部分的条件（不是具有认知性的条件）。关键问题只是间接地涉及耦合；重要的是已实现的存储信息的功能性准备。从争论形式的角度看，这个与耦合结构性谬误的成立还差得远。我们最好把它视为一个简单的论证性的延展，至少是布拉登-米切尔（Braddon-Mitchell）和杰克逊（Jackson 2007）所描述的冠名的有关心理状态的"常识功能主义"（commonsense functionalism）的一个子集（见接下来的讨论）。根据这样的观点，普通人类自主体已经掌握了粗粒式功能性角色的丰富（虽然大部分是隐式的）理论，其异于我们熟知的各种不同的心理状态，如"相信纽约现代艺术博物馆在第53街上"。关于此种角色的知识包含了"有关情境、行为反应和心理状态的复杂详细叙述的基本内容"（Braddon-Mitchell and Jackson 2007, 63）。我们要把这个与"经验功能主义"（empirical functionalism）的各种形式相区分（Braddon-Mitchell and Jackson 2007；第5章）。这种功能主义只将民间心理学知识作为一种补给站来使用，继续将心理状态与更进一步的功能性角色的属性等同，而这些属性是通过科学实践确定的[1]（请注意，克拉克和查默斯的论证只涉及民间确定的心理状态的一个子集，因为它只要求一种有关无意识的、倾向性状态的常识功能主义。[2] 照此，这个论证并没

---

[1] 最后，尽管这一争论并不是当前研究工作的一部分，但是经验功能主义看起来不像是关于心理状态自身的描述。因为它剥夺了我们起初认可功能主义的主要原因——为同样心理状态的其他替代实现留下空间（Braddon-Mitchell and Jackson 2007；第5章）。我们将在第9章回到其中的一些问题。

[2] 尽管允许（那些状态）意识状态在功能角色本身内发生。

5 心灵重新分界？

有向我们做出任何形式的有关有意识的心理状态的承诺[1]）。

因此，延展观包含了一种对于功能性角色或系统性角色的双重诉求。第一，是诉诸被人类自主体以内隐的方式把握的常识性的角色或粗粒性的角色：一个灵活的、信息敏感的系统行为的宽模式，该模式使得某个心理状态或认知活动（奥托案例中的倾向性信念）的归属成为可能。第二，我们可能继续去寻找一个对自身实现粗粒式功能作用的物理阵列（可能是延展的）的加工处理和表征流程更详细的描述。正是这个有关此模型粗粒的或常识功能性的角色（与经验功能主义的不同）显示了上述心理状态的本质性东西。通过对比，从第1章第4节中所介绍的意义来说，"分布式的功能性分解"关注的是第二个计划——即描述特定系统是如何（或许延展跨越大脑、身体和世界）实现常识功能性角色的。在这个更精确的（和具有认知科学兴趣的）层面上列举细节，我们仅展示了一个特定物理系统成功实现上述心理状态或心理活动的特殊方式。

5.4 认知参与者

我现在所要说的就是，亚当斯和相泽似乎是要表明，一些对象或者进程由于它们自身的本质，至少成为包含在认知进程中的候选部分。他们认为其他对象或者进程也是由于它们自身的本质，甚至都成不了候选部分。或者，我认为，当问到实现

---

[1] 这是幸运的，因为我们中有人（Clark）被这样的叙述所吸引，而还有人（Chalmers）没被吸引。

153

装置的某个假定组成部分时，这就是最好的方式来解释所提出的"某个 X 是具有认知性的吗"这个令人困惑的问题。因此，他们问道，"如果一个对象或进程 X 被耦合于一个认知自主体的事实并不必然包括 X 是这个认知自主体的认知工具这一结论，那么，什么样的事实会必然包括这样的结论呢？答案当然是 X 的本质。人们需要一个有关什么使得一个进程变成认知进程的理论。人们需要一个"认知标记"的理论（Adams and Aizawa in press-a, 3，着重强调）。

认知标记是什么？这个问题很重要，如亚当斯和相泽（从某种程度上来说勉强地）所承认的，无论是在认知科学还是在心灵哲学那里都尚无现成的答案。尽管如此，他们将其影响描述为"一个有关认知本质的非常正统的理论"（Adams and Aizawa 2001, 52）。根据这个理论，"认知包含特殊类型的认知进程，这些进程中还包含着非衍生的（non-derived）表征"（53）。这也是亚当斯和相泽所追问的一句话（in press-a and in press-b），它包含着两个相区别的要素——即诉诸"非衍生的表征"和"特殊类型的认知进程"。

尽管这在亚当斯和相泽的描述中具有显著地位，但他们几乎没有说关于这些（非衍生的表征）东西起初可能会是什么样子。我们知道它们是表征，其内容从某种意义上来说是内在的（2001, 48）。我们知道这个将要与以下形成对比，例如，一个公共语言符号通过"常规关系"（conventional association）获得其内容的方式（48）。他们还告诉我们，在同样的位置上，德雷特斯克、福多、米利肯（Millikan）等有时也在找寻此种内容的充

5 心灵重新分界？

分理论，并且思维语言与某种因果－历史性描述的结合对于此种描述而言也是炙手可热的竞争者。

当然，我们并没有被要求须将奥托的笔记本想成是在反驳某些有关内在内容的看似合理的叙述。一个看似合理的回应是要论述是什么使得任何符号或者表征（内部的或外部的）意味着它所发生的行为，这仅仅是一些关于它在某个更大系统中行为支持的角色（或许是它的因果历史）。随后我们可能认定，当对于那个角色（或许和它的历史）有了充分的理解，我们将看见奥托笔记本里的编码实际上与其生物性记忆是对等的。换句话说，我们不需要仅仅因为笔记本里的符号恰好看似是英文单词，而且在检索和使用这些符号时还需要一定程度的解释性活动，而排除这样一种可能，即由于这些符号在一个更大系统里的角色，它们也会满足对于存在于各种不同形式的内在内容的物理载体之中的要求。[1]

回想亚当斯和相泽所坚持的"非衍生表征的所有原因似乎都只能在大脑中找到一席之地"（2001, 63）。我并不确定这是对的。它似乎具有一定的可能性，例如，将表征内容以不明显具有传统性或衍生性的方式，归因于人工进化的生物状态和进程（Pfeifer and Scheier 1999；见第8章）。或者，如果简单的人工生

---

[1] 罗兰兹（2006）认为，我们一些涉及世界的身体行为（他称之为"行为"）最好其自身被看成非衍生内容的载体。这意味着，它们不会"从其他的、先前逻辑上的表征状态获得它们的表征状态"（94）。如果这是对的，那么某些行为的表征状态不是简单地寄生于神经表征，并且表征的载体"一般而言，不应停留在体肤上"（17）。

物没有打动你，那就再看看被视为（通过亚当斯和相泽选择的任何非乞题式的标准）某个内在内容 X 的载体的任何内部神经结构。我们难道不能想象用一个功能性对等的硅胶部分去替代那个机构的部分或者全部吗？（事实上，这种替代方案已经被实践过了，尽管只是一个在加州多刺龙虾一组 14 个生物神经元中成功地发挥着功能的人工神经元；Szucs et al. 2000。）除非我们乞题式地断定，只有神经性的物质可以成为内在内容的承载者，然后，我们理所当然地应该认为那个硅胶载体，或至少是目前包含它的混合回路，能和它的生物性前身一样支持内在内容。对于这类的理由，我不相信存在任何非乞题式的内在内容的概念能以任何简洁有效的方式挑选出所有且仅仅神经性的东西。

但是，既然亚当斯和相泽强调，他们只是正在维护着一个偶发的、当前组成的人类的认知内在主义形式，我怀疑他们将会毫无争论地承认这个很平常的观点。亚当斯和相泽的担忧并不在于对神经的和认识的任何简单的（毫无疑问是天真的）识别。相反，真正的担忧在于奥托笔记本里的内容（不同之处在于，比如说，加州多刺龙虾口胃神经节中振荡节律控制基础的混合神经和硅基活动不同）具有彻头彻尾的传统性。他们是消极的表征，其意义寄生于协调使用的公共实践。

笔记本编码绝对的传统性和衍生性的观点存在着强制性，这是我们的共识。同样，达成共识的还有，至少出于讨论的目的，任何真正具有认知性系统的某些部分需要去开展并不具有传统性和衍生性的表征活动。然而，要接受所有这些并不是要放弃有关奥托的延展心灵的主张，除非这个人也接受（在我看

5 心灵重新分界？

来似乎是一个独立的而且远不足以令人信任的断言）这样的主张，即在一个合理的认知系统中，没有一个合理部分可以在任何时候去单独开展传统性的表征活动。

在克拉克（2005b）的书里，我提出了一个思维实验，旨在揭示这个附加需求太强了，应该被摈弃。这个思维实验涉及的是被赋予了一个额外生物例程的火星人，这个惯例让他们能存储成进入视觉范围内文本的重要组块的位图图像（bitmapped images）。然后，他们可以随意获取（和解释）这个存储文本。当然，我认为我们将会毫不迟疑地把那种位图储存作为火星人认知装备的必要部分所接受，甚至是在检索行为发生之前。但是，被存储的仅仅是一个外部表征完整的传统形式的位图图像。一经检索，那个图像也将需要被解释以产出有效的结果。如果由于我们的常识心理直觉，我们将火星人记忆的这一方面接受为认知性组织，那么当然只有基于体肤-颅骨的偏见阻止了我们将同样的理由延展到奥托的案例中。这样做就是为了履行对等原则，因为原先就打算要调用这一原则。因此，即使我们要求在所有认知进程中都要涉及至少一些以内在的方式承载其内容的对象，我们应该怎么跨越时间和空间去分配这种需求还是非常不清晰的。此时，火星人的编码被准备好去参与唤起内在内容的进程。那些在奥托笔记本里的编码也是这样。因为起重要作用的大概是这个准备状态，至少在涉及倾向性信念的地方，所以看上去任何包含内在内容需求的合理可靠的形式只要伴随着一点想象，就可以被满足。从需求上来说，如果这是一种需求，即每个真正的认知自主体都在承载内在内容的状态中交换，那么就不能得出自主体认知系统的每一个合理部分，都必须在这样的内容中交换（并且独自交换）的结论了。

5.5 认知标记

现在我们来考虑亚当斯和相泽挑战中的另一个主要部分。回忆他们关于"认知标记"的提法，即"认知包含的特定种类的进程中是包含着非衍生表征的"（Adams and Aizawa 2001, 53）。我认为，有关对非衍生表征的诉诸这方面的内容，我们刚刚已经说了所有该说的了。但那逻辑的另一部分呢，即对包含这种表征的"特定种类进程"的诉诸呢？就是在这个时候，一种新的思考形式开始砰然而动，这涉及由艰辛的实证调查所发现的一系列颇具特性的因果进程，这种进程遍及人类认知结构中内部的、由生物结构支持的方面。作者声称，这些标志性因果进程的运行产生了很多法则和规律，这些法则和规律似乎只适用于这些已知的认知进程而不适用于其他地方（例如，奥托的笔记本）。鉴于此，亚当斯和相泽问道，难道我们不应该判定笔记本落在了认知范畴之外吗？他们主张我们的确应该这样做，因为"我们必须基于潜在的因果进程对认知进行区别"（Adams and Aizawa 2001, 52）。

作者在此所考虑的那些法则和规律包括组块（chunking）效应、启动（priming）效应、近因（recency）效应等人类生物性记忆系统中的普遍性（Adams and Aizawa 2001, 61），以及在各种心理物理学法则的人类感知系统的普遍性（例如，根据韦伯

5 心灵重新分界？

定律，刺激物的"恰好显见的"改变是原始刺激物的一个恒定比率）。鉴于科学已经揭示了这些不可否认的重要且有趣的规律，这个对于认知的本质又暗示着什么呢？亚当斯和相泽的争论似乎是这样展开的。实证调查已经找到了很多特征（例如，有关记忆案例中的启动效应），这些特征反映了大脑内部进程的精致细节的运行情况。因为这些明显地与一些我们地球上的认知范式案例相关，所以我们应该（以去可行性的方式）相信这类因果进程对于神经行为的"认知"地位（因为第5章第3节中提到过的原因，所以使用这个概念对我而言是极为不适的）是至关重要的。

但是，这些是我们必须要否认的。亚当斯和相泽真的相信某个目标进程的认知地位需要那个进程去展现地球上的神经行为的所有异质特征吗？坚持某种外星存储和检索模式不具有认知性，仅仅是因为它无法展现诸如近因、启动、串扰等特征，这种坚持也同时将人类中心主义和神经中心主义上升到一个新高度，将某个限于大脑内部认知进程的人类神经实现者的各种属性，膨胀扩充为那种必须在任何进程中被合理地视为具有认知性之前就要达到的要求。这种膨胀扩充在它自身中既不被期待，又在延展心灵的争论背景下具有乞题性。

正如我们所知，人们也可能反映出因果角色的精密细节，比方说，储存的信念因人而异或（在一个人中）因时而异。[①]

[①] 关于这类问题的一些有益讨论，请参见丹尼特（1991b）的思维实验。在这个实验中，左利手的人与右利手的人有非常不同的内部组织。

这一点不过是被那些完全不同的存在所戏剧化了，这些存在的回忆过程并不受近因效应、串扰或错误的管制。这样的不同会产生影响吗？回忆慢一点或快一点，或更少倾向于损失和破坏的突变的人类，是不是也将要被从真正的信念者和记忆者的行列排除呢？对精细的因果角色提出同一性的要求，这当然会把认知的门槛抬得太高，而且也把认知局限在地球家园里了。

5.6 种类与心灵

亚当斯和相泽在2001年的论文中也提出了一种不同的（虽然是相关联的）疑虑，即有关严肃对待所谓的超颅内主义（transcranialism）所暗示的科学事业的本质和可行性。这种疑虑从其最简单的形式上来说就是"科学试图从各个关节处将自然切分开"（51）。但是，他们认为，被超颅内主义者一概而论为具有认知性的各种不同的神经内和神经外行为，通过潜在于因果进程的方式，几乎不具有任何共同点。

为了使之更具体，我们需要再一次思考俄罗斯方块游戏中用物理方式转动屏幕上方块的过程（见第4章第8节）。他们明确地指出，这个过程与任何神经进程都不同。它涉及向一根阴极射线管发射电子！操作按钮需要肌肉活动。同样，"奥托的延展'记忆回忆'包含着认知运动的加工处理，这在因加的'记忆回忆'里没有被发现"（Adams and Aizawa 2001, 55）。更加概括地说，他们认为，看一下扩增人类记忆技术的广度（相册、名片架、掌中宝、记事本等）："有多大的可能性在这里会存在

5 心灵重新分界？

有意思的规律，且这些规律能覆盖人类与所有这些种类的东西交互的情况呢？我们推测，这可能性几乎为零。"（61）

相比之下，正如前面所提到的，生物性记忆系统据说"展现出了很多类似法则性质的规律，包括启动效应、近因效应、组块效应及其他"（61）。与生物性记忆的进程不同，颅内（延展的）进程不太可能去引发那些有意思的科学规律，也不存在任何涵盖高于颅内（内部的）人类认知法则和物理工具法则的法则（61）。

对所有这些作出回应，首先要说的是，只是通过空想去判断在任何领域发现"有意思的科学规律"的可能性或许是不明智的，不论它是否具有极其表面的多样性。思考一下，例如，最近复杂性理论（complexity theory）在发掘可以适用于大量不同规模的、不同物理类型的和不同时间性的统一原理上取得了成功。幂次法则（power laws）在现在看来简洁地解释了从蚂蚁群落到万维网的突现行为系统的各个方面。用一个相似的脉络解释，很有可能除了在奥托的笔记本里面记载和读取信息以及在奥托的生物性记忆中记载和读取信息的这种最低阶进程的物理多样性，还存在着一个对这种系统的一个阶层的描述，这种描述将其视为在一个单独的统一框架中（例如，一个信息储存、转换和检索的框架如何？）。亚当斯和相泽只能找到一种系统性描述，其中潜在进程看上去非常不同，这个事实着实对综合性的科学解决方法的最终发展前景没有太大的意义。不如说它更像是心理进程的规则和符号模型的对手，要将大脑和冯·诺依曼电脑之间的深层物理性区别，引述为一种证据来证明不可能有可以将发生在每个媒介里面的进程，以一种统一的方式去处理对待这样合理的科学。或者列举另一种案例说明，就像一个人要从化学和地理使用不同的专业词汇和技术的事实中得出结论，认为新兴的地球化学一开始就注定要失败。但是我相信，亚当斯和相泽并不期望会认可这两种结论中的任何一种。

因此，最根本的问题在于这种赤裸裸的断定，即"必须基于潜在的因果进程区分认知性"（Adams and Aizawa 2001, 52）。因为特殊科学工作的一部分就是要建立一种框架，将表面上各种不同的现象囊括到一个统一的解释框架中。仅仅只是引述一些低阶物理叙述中激进的区别根本不能表明这是无法完成的，而且可接受的统一形式需要所有系统要素依据相同的法则活动，这一点不具有任何明确性。只要存在着明了的集合领域，就可能存在着所涉及的诸多不同类型的子规律。想一想，例如，那些有兴趣创造更好的家用音响系统的人所研究的多重类型的要素和作用。即使"家用音响"并不被接受为一种统一的科学，但是它当然可以成为一个合理一致的研究主题。同样，有关心灵的研究需要去接纳各种不同的解释范例，其汇合点存在于智能行为的产生中。

此外，亚当斯和相泽认为内在行为自身具有范例式的认知性，就细节的因果机制而言，这些内在行为似乎很可能成为一个混杂体，且不具有任何家族相似性（在实际机制的层面上），从而能将它们聚集在一起。值得争辩的是，例如，有意识的用眼看和无意识的使用视觉输入以引导精细活动的过程，涉及了完全不同形式的计算过程和表征形式（Milner and Goodale 1995; Goodale and Milner 2004）。相反，亚当斯和相泽则认为，一些

5 心灵重新分界?

类型的心理预演(例如,观看体育比赛或想象输入一个句子)的确看似再次引发了不同的运动要素,但是其他的(例如,想象一个湖)并不会(Decety and Grezes 1999)。生物性视觉惯例的一些方面甚至可能使用了查表法的一种形式(Churchland and Sejnowski 1992)。另外,心灵的内部机制似乎既包含了有意识的、受控的、缓慢的进程,又包含了快速自动的、不受控的进程,而这两类进程都各自显现出其自身独有的一系列规律(Shiffrin and Schneider 1977;更多近期讨论见 Wegner 2005; Bargh and Chartrand 1999)。在这些规律中,我们可能会有这样的发现,即受控进程易于在认知负荷下快速降级,但自动进程不会;受控进程倾向于进行有意识的中断,但自动进程不会;受控进程缓慢,而自动进程则相对较快,如此等等。在有关心灵的此类发现中,利维(Levy)(印刷中)得出结论:"如果因果规律会筛选出自然类型这一论述是真实的,那么心灵则不是一种自然类型,它是一个至少包含着两种(且可能多种)自然类型的复合实体。"

鉴于此,我个人怀疑,外部循环(假定具有认知性的)进程和纯内部进程之间的差异并不比内部进程自身之间的差异更大。但是,只要他们都是构成能够推理、感觉和体验世界的灵活的、信息敏感的控制系统的部分(如果你愿意的话,也可以称其为一个"有知觉性的信息消费者"),在此范围内各个机制的混合体就有一些重要的共同点。它可能比我们对任何自然类型或科学类型所要求的要少很多,但这又怎样呢?

由科学类型所引起的争论因此具有了双重缺陷,缺陷是由于它对于什么构成合理的科学或解释性事业的概念非常局限,其缺陷还在于它不管有机械学上的相异点而对某种形式的更高阶的统一潜力做出评估。总的来说，关于是否会存在一门关于延展心灵的成熟科学，这是一个基于经验所发现的事实，而非空想式的推测。

也许还值得注意的是，此类科学的初期形式已经存在了一段时间。人机交互领域（HCI, human-computer interaction）和它的同宗领域人本计算（HCC, human-centered computing）以及人本科技（HCT, human-centered technologies）领域都正在尝试着去发现统一的科学框架，在这类框架中处理发生在生物性和非生物性信息加工处理媒介里面及其之间的活动过程（Scaife and Rogers 1996; Norman 1999; Dourish 2001）。

亚当斯和相泽接下来尝试着去利用构想不当的对科学类型的诉诸进入了一种两难的困境。要么，争论的是克拉克和查默斯对因果事实犯了严重错误，要么，更可能的是，克拉克和查默斯是空想的行为主义者。一方面，如果我们主张"延展至环境中活跃的因果进程就正如与在颅内发现的进程一样"（Adams and Aizawa 2001, 56），那么我们显然就犯了错误。另一方面，如果我们不在乎那些且只主张"因加和奥托使用不同系列的能力以产生相似的行为"（56），那么我们就是行为主义者。

这显然是一个错误的两难困境。再重复一遍，我们所主张的不是说从细节执行情况的方面来看，在奥托和因加中发生的进程是一模一样的或甚至是相似的。而只是说就长期编码在引导当前回应中的作用而言，两个存储模式可以被视为是支持倾向性信念的。能起作用的是信息被准备以引导推理和行为的方

5 心灵重新分界？

式（例如，尽管有意识的推断不会导致任何显性行为）。这不是行为主义而是（延展的）常识功能主义。真正起作用的是粗系统性角色，而不是公共行为里的原始相似性（尽管二者当然是相关联的）。或许亚当斯和相泽相信常识功能主义仅仅是行为主义的一个种类。然而，这似乎是错误的，因为常识功能主义与成为一个认知者是有内部约束条件的这种断定是相兼容的。因此，布拉登－米切尔和杰克逊（2007，第5章和第7章）认为，一个所有行动都产生于查表法的生物是不能算作思维者的，即使按照常识功能主义的标准来看也不能。他们相信，这种粗结构性的要求是来源于有关心灵和理性的普通直觉的。因此，常识功能主义和经验功能主义之间的问题并不是成为一个思维者是否存在任何的内部约束条件，而是"让我们处理世界分派的信息问题的特殊方式来决定什么能被算作拥有心灵，这是否正确"（94）。对于这个问题，他们和常识功能主义者给出了一个坚决否定的回应。

特里·邓特拉尔（Terry Dartnall）提出了一个相关的问题（私人通信）。他担忧奥托剧情的合理性依赖于一个陈旧的生物性记忆的图像自身，生物性记忆的图像作为一种静态信息储存库等待着去被检索和使用。邓特拉尔宣称，这个图像不能公平解释真正记忆的积极的本质。他还认为，鉴于当前作者长时期感兴趣并支持用联结主义替换神经加工处理的经典（基于文本的和基于规则的）模型，他居然（尤其）屈从于这个诱惑，这从某种程度上来说是具有讽刺意味的。邓特拉尔通过实例说明（尽管这种实例说明也可能会引出其他问题，就如同我们将要看到的），并且提出如下例证：假设我的大脑里有一个芯片，这个芯片可以让我获取有关核物理的论文。那并没有使我了解核物理这个境况成为真的。事实上，文本可能会以一种我不懂的语言显现。邓特拉尔得出结论，"枯燥的文本"不能支持认知（合理的理解）。在某种意义上，这种主张又再一次成了基于文本的信息存储与生物性记忆是如此的不同以致任何主张角色对等的主张都必然失败。

这条反对路线很有趣，但它最终还是因为与第5章第2节中有关内在内容讨论的原因而失败。当然，生物性记忆是一个活跃的进程。从更大的程度上来说，检索活动是具有重构性的而不是完全按照原文本的，我们所回忆的东西是受到我们现时情绪和目标以及通过原始经验所积累的各种信息的影响的。事实上，生物性记忆可能就是如此积极主动的过程，以致模糊了记忆系统和推理系统之间的界限。所有这些我都会欣然接受，但是，要重申的是，在其余的奥托信息加工处理进程系统这个特殊背景下，笔记本被吸纳去扮演一个真正认知性的角色。对此非正式测验就只是假设如果某个内部系统提供了奥托从笔记本的可靠存在中所获取的功能性，我们还会犹豫将那个内部系统归结为奥托认知器官的一部分吗？

读者在这里必须依靠他们的直觉，但是根据克拉克和查默斯的观点是不会有这样的犹豫的。为了加强直觉，我们再次回忆一下（见第5章第2节）拥有额外位图记忆（bitmapped memories）的火星人或者拥有着近乎过目不忘的记忆能力的人类，或者思考一下机械学习这种熟悉的行为。当我们机械地学习一个长文

5　心灵重新分界?

本时,我们创造了一个记忆对象,这个对象在很多方面都与标准案例不同。例如,去回想文本第六行,我们可能不得不首先去回想其他与之相关的内容。此外,我们可以机械地学习那些我们甚至都不理解的文本(例如,一个拉丁文文本)。假设我们将机械学习算作某种知识的习得(即使是在拉丁文的案例中),我们似乎不应该被邓特拉尔所挖掘出的后果所烦扰。基于笔记本的信息存储和生物性记忆的标准案例之间存在的真正差异并没有多大影响,因为我们在一开始就不是一种同一性的主张。

因此,更深层次的问题是怎样去平衡对等原则(其没有提出过任何有关进程层面同一性的主张)和在某种程度上更强势的"充分功能相似性"(sufficient functional similarity)主张,这一主张支持将奥托的笔记本看成其倾向性信念长时期存储的贡献者。一旦我们关注到检索信息将要在指导现时行为中扮演的角色时,部分答案就会浮现。就是在那个时刻(当然,在那里所有种类积极的、偶然发生的进程都开始起作用),常识功能相似性变得明晰。的确,在奥托笔记本里被储存的东西不会变更和转化,它也不会参与正在进行中的地下重组、补充和创造性的归并中,这些都是生物性记忆的特征。但一旦被调用,它会立即对奥托的行为做出贡献,这仍然符合被储存信念的要求。从笔记本里检索出的信息将会指导奥托的推理和行为,就如同从生物性记忆中获得的信息一样。被检索到的东西可能不同,而这一事实于此并不重要。因此,如果奥托将有关车祸中车的颜色的信息存储在生物性记忆中,某一个聪明的实验者就可以操控奥托进入一个虚假记忆环境里。而笔记本存储是明显不同的，它能免疫于那个操控过程（尽管其他的有这个可能）。但是，被回想起的信息（在某个案例中是真实的，但在另一案例中则不然）将会以完全一样的方式来指导奥托的行为（他回答问题和形成进一步信念的方式）。或者，这只是简单地反映出，"以文本和规则为基础"的人类认知的图像在很多年里都被广泛地接受。在那段时间，（据我所知）没有人认为这里面暗示着人类不是认知者这样的观点！最后的结果可能是，我们所有的记忆系统就如同丰富的储存库那样运行着，并且那些虚假记忆案例和诸如此类的例子都是检索过程中的人工制品。这又一次表明，任何有关欠活跃的存储形式直觉上的非认知性存在是没有的。

对粗粒式功能角色相似性的强调会使我们致力于弥补性地使用非生物道具和帮助吗？也就是说，它会使我们致力于使用仅仅可以代替（如在奥托的案例中）那些通常可以由完全的内部方式提供的非生物性结构吗？很多在前几章里所谈到的例子都不认为是这样的。相反，我们应该觉得了不起的是我们能够用以形成延展的、密集整合系统的非凡能力，这些系统将各种不同的贡献都纳入其中，这些贡献中的一些没有明晰的内部类似物（一个简单的例子就是，一名建筑师的熟练度部分取决于一个高端软件包的运行状况）。[①] 我想说，考虑到有足够的互补

[①] 在我看来（见第2章第6节和第3章第8节），实现密集整合最关键的特征是精细的时间整合和子人式交织（这些主题将会在第6章中重现）。对"认知整合"概念的延伸处理和辩护，参见 Menary（2007）和 Rowlands 的讨论（1999；第7章）。关于整合主义观点的早期陈述，参见 Rumelhart 等（1986）和 Clark（1989；第7章）。

5 心灵重新分界?

性和整合性,我们有时可能会遇到展现出新颖认知要求的混合系统,其随附的对象不仅仅只是生物性的组件。①

一些人对非病理案例中的互补性保持着警觉。因此,迈克尔·惠勒(私人通信)建议,所有对于延展心灵观来说,真正具有说服力的论证取决于向标准的内部案例展现粗粒式生物功能的相似性(例如,奥托案例中长期固定的信念)。此类案例扮演着论证的关键性角色,但是它们不应该认为其勾勒了延展认知循环的空间,而是它们提供了关键性的初始方法。通过这些方法,我们开始打破载体-内在论者有关认知的直觉的束缚。在人类可能性世界里,一旦载体外在主义因此被建立(可以说,一旦体肤和颅骨的霸权最终被推翻),那么我们就有自由认识到所有种类的没有完全生物模拟的进程,就如同具有真正的认知性和被人类自主体所拥有的那样。②

5.7 感知和发展

另一个普遍的问题,至少是有关奥托这个相当具体的试验

---

① 甚至可能是这样的情况(见第3章第2节和第4节),在我们人体内进行的大量内部生物进程(尽管不在其他动物中),包括对各种诸如标记、标签和象征符号等外部公共物品的浅显意象性的演绎。如果是这样的话,那么这种功能互补(根据延展理论)解释了内部和外部资源集成系统的力量,也解释了纯粹内在人类认知的明显独特力量。参见 Clark(2004,2006)。

② 这样一来,我们就可以将对"认知王国"的隐式把握运用到自己(延展)的情况中,就像我们可以将其运用到对外星物种上一样。在后面一种情况,我们不会一味地坚持认为只有那些与我们自身生物进程相似的外星进程的方方面面才算是外星认知的方面。

案例（尽管类似的考虑也将适用于实际的心灵扩张媒介和工具的所有方式），就是感知在从笔记本那里"读取"信息时所扮演的角色标记了一个充分的非类似物，不把笔记本算作奥托认知性工具的一部分。我们在原始论文中对这个问题做了些简短的评论，注意到读取信息是否被算作具有真正的感知性或反省性，在很大程度上取决于如何对整体案例进行归类。从我们的角度看，系统的行为比起那种感知性的行为更像一个自省的行为。因此，在这里的每一个方面都面临着乞题的危险。

因此，基思·巴特勒（Keith Butler）抱怨道：

> 在涉及世界的案例之中，主体必须以一种需要他们去觉知他们环境的方式去行动，（但是因加仅仅是进行反省）……结果是以如此相异的方式而得到的，这一事实说明了对于一个案例的解释应与对于另一个案例的解释完全不同，
> 而且
> 奥托不得不看他的笔记本，而因加什么也不用看。
> （Butler 1998, 211）

但是，从一种延展的视角看，奥托的内在进程和笔记本构成了一个单独的认知系统。相对于这个系统，信息流是完全内部的，且在功能性上与反省类似（更多相关内容，见第 5 章第 8 节）。

一种试图推进论证的方式就是为感知性找寻一个独立的标

5 心灵重新分界?

准。带着这种想法,马丁·戴维斯(Martin Davies)(私人通信)已经表明,有启发性的地方是奥托可能会误读他自己的笔记本。戴维斯认为,这个产生错误的机会可能使得笔记本看上去更像一个外部世界里被感知的部分,而不是自主体的一个方面。但是,对等性依然占有优势:因加错记了一个事件,并不是因为她记忆存储中的错误,而是因为在检索行为中出现的一些干扰。恰当地说,产生错误的机会还没有确立错误是具有感知性的,它只是确立了错误发生在检索的过程中。

戴维斯再次表明,一个细微的变数就是感知(与自省不同)以一个潜在的公共领域为目标。笔记本和数据库是其他自主体原则上可以获取的东西。但是,担忧仍在继续,我的信念本质上应该是我能通过特殊方式渠道获取而其他人不能同样获取的信念。

首先要注意到,无论如何,奥托与笔记本中信息之间的关系有特别之处。因为我们在原始论文中做过评论,奥托或多或少自动地认可了笔记本里的内容。其他人,取决于他们对奥托的观点,是不太可能分享这个看法的。但是,相对一种特殊的认知关系而言,这不是一种特殊的获取方式。但是,为什么随后要假定获取的独特性不过是有关标准的生物性回忆的偶然性事实呢?如果未来科学发明了一种能让你偶尔接进我的储存记忆中的方法,那这会使这些记忆更少地属于我或不属于我认知工具的一部分吗?为此想象一下,一种多重人格混乱(MPD, multiple personality disorder)形式,其中两种人格同样都能获取一些童年记忆。在这里,我们有至少是一个具有争论性的案例，两个不同的人分享着获取同一记忆的通道。当然，人们可能会对多重人格混乱的总体合理概念化方式怀有各种正当的怀疑。但是，重点仅仅是我和我个人具有某种通往我自己的生物性存储记忆和信念这一事实是具有偶然性的。

在离开这个话题之前，我想简单地提下由罗恩·克里斯利（Ron Chrisley）所提出的一个非常有趣的疑虑（私人通信）。克里斯利说道，作为小孩我们不是把经验作为任何形式的对象或资源的生物性记忆而开始的，这是因为我们不会以感知的方式与我们自己的记忆相遇。相反，它只是工具的一部分，我们通过它联系和体验着世界。有可能是这个特殊的发展性角色决定着什么能被算作自主体的一部分和更广阔世界的一部分吗？

当然，奥托首先体验的是笔记本，甚至可以说是作为他世界中对象的特殊的笔记本。但是，我很怀疑，这个非类比的真正的点是否可以承受克里斯利的论断所要求的巨大重量。首先，思考一下孩子自己的身体部分。在我看来，这些很有可能是作为孩子世界里的对象被最初经验的（或者至少是同时被经验的）。孩子能看见自己的手，它可能甚至想抓住一个玩具却无法很好地控制自己的手去完成这个动作。这里的联系看上去是相对"外部性的"，但手是（从一开始就是）孩子身体一个合理的组成部分。

你可能怀疑是否会有那么一刻，孩子自己的手会被真正经验为孩子的一个对象，或者至少被概念化为一个对象。但是在那个案例中，我们可以确定地去想象未来的非生物性（纯认知性的）资源被发展性的并以同样的方式整合。这种资源也会很早被提供以致它们并没有被首先概念化为对象（也许对我们有些人来说，眼镜就是像这样的情况）。相反，就如克里斯利他自己帮助性地指出的，我们可以想象这样的存在，他们从小就被教会将他们自身内部认知官能经验为对象，这得益于接通生物反馈控制器与被训练去监控和控制他们的阿尔法节律（alpha rhythms）的作用。

发展性的问题尽管有趣，却因此并不具有概念上的关键性，它仅仅指向了有关人类认知的一系列复杂的事实。最终具有重要意义的还是目前资源在指导推理和行为中所扮演的角色，而不是它在发展性神经元里的历史地位。

5.8 欺骗和被争夺的空间

在针对延展心灵论文的一篇十分有趣并具有建设性意义的评论文章中，金·斯特瑞尼（2004）担心克拉克和查默斯淡化了一个重要事实，即我们的"认知工件"（我们的日记、备忘记事本、指南针和六分仪）是在一个"普通且被争夺"的空间里运转的。他所指的是一个适合其他自主体进行破坏和欺骗活动的共享空间。结果，当我们在这个空间存储信息和检索信息时，我们经常性地部署策略，旨在防止这些欺骗和破坏。更为普遍的是，因为这个原因，感知系统的发展和功能性准备与生物性内部信息流路线的发展和功能性准备迥异，感知行动对于奥托信息检索路线的侵入引发了一系列新的关注点，证明了我们没有把笔记本（或诸如此类的东西）当成奥托认知结构真正的组成部分这一行为是正当合理的。

斯特瑞尼并不是想要否定各种认知工件（如他所称呼的，见第4章第4节）在涡轮增压的人类思维和理性中的重要性。确实，他提供了一种新颖而具吸引力的共同进化的论述，认为我们利用这些工件的能力不仅依靠于并且进一步驱动着我们内部表征能力渐进式的改进。通过这种方式，我们对于认知工件的使用解释了在我们的世系里心理表征的复杂性，而这种复杂性反过来又解释了我们使用认知工件的能力（Sterelny 2004, 239）。

然而，他想否认的是，使用这些工件会减轻裸脑所承载的负荷，且大脑和工件是可以合并为一个单独的认知系统的。相反，他看到的却是负荷增加和生物整合系统与在公共空间中悬置的一系列道具、工具和存储设备之间严格的界限。我倾向于对两种说法持不同的意见，但是在这里，我要把本人的评论限定在关于自主体和公共空间之间的界限这一点上。

在生物性的外壳里，斯特瑞尼认为，信息流发生在"从属于可靠性选择的共同运转、共同适应的部分所组成的共同体"之中。经历进化和发展时期之后，外壳内的信号应该变得更加清晰，杂音更少，对于可靠性和真实性不断审阅的需求也越来越低。然而，一旦你接近外壳的边缘，事情就会发生戏剧性的转变。感知系统可能会因为其工作任务而被高度优化。但是，情况仍旧如此，即他们所发出信号的来源是在一个部分由生物有机体所充斥的公共空间里，这些生物有机体在压力下隐藏它们的存在，显现虚假的外表，或者是另外欺骗和操纵那些粗心

5 心灵重新分界?

的人,以其他人的代价来增加他们自身的适合性。与内部监控不同,斯特瑞尼(2004, 239)说,"感知能力在一个活跃的、其他自主体进行破坏的环境中运转(且)经常发出嘈杂的、有点不可靠的和功能性模糊的信号"。

所有这些的一个结果就是我们被迫去设法以防止这种欺骗和操纵的发生。猫在草坪上小心翼翼地走着,它可能停下来,仔细审视之后才会相信通往对面的通道是安全的这样一个清晰的表象。然而,在一个目前更高的层面,我们依然也会运用我们的民间逻辑和一致性检查的工具(此处,斯特瑞尼引用了 Sperber 2001)。

自主体面对恶意操纵具有脆弱性的观点言之有理。正是由于那个原因,感知性输入的很多形式实质上是受制于大量审核和双重检查的。然而,我并不认为,我们是以这种高度谨慎的方式处理我们所有的感知性输入的。此外,一旦我们不这样做了,有关延展认知系统的争论话题似乎由此打开(见下)。因此,我倾向于认为斯特瑞尼的确触碰到了某些重要的东西,但是这些东西可能最终会对延展学说的论述产生帮助而非产生危害。

这项有名的研究工作呈现出魔术技巧和所谓的变化盲视(change blindness)(回顾请参见 Simons and Rensink 2005,进一步讨论见第 7 章第 3 节)。在这项研究工作中的一个典型例子里,有人可能给你展示一个电影短片的片段。当你在关注其他事情时,短片里的场景发生了主要的变更。通常情况下,这种变更会被简单地忽略。然而,一旦它们引起了你的注意,你就

175

会吃惊当时怎么会没有注意到它们。人们常常评论说，舞台魔术师的艺术就是精确地依靠这样的操纵。我们看上去似乎在欺骗的某种特定形式上显得万分脆弱。但是，对于这一点，我想建议，可能是延展心灵这台磨粉机磨出的谷粉。每天，这种间谍行为（espionage）所出现的机率是足够低的，它们可能会被用来抵消将某些信息遗留在世界上并依靠及时获取所带来的效率增益（出于一些认知性目的）。在某种环境中，我们可能将环境中涉及感知的一个循环处理为如同一个内部的、相对安全和没有噪音的通道，从而允许我们（具备某种重要条件；见第7章第3节）将世界作为一种"外部记忆"的形式来使用（O'Regan 1992; O'Regan and Noë 2001）。

在有关奥托的故事中有一点很重要，即他也将笔记本当成了一个典型的安全可靠的存储设备。他一定没有感到是被迫去检查和双重检查被检索的信息。如果这会改变（也许有人的确开始干扰他的内部存储的知识基础）并且奥托会注意到其变化而变得很小心，那么在那个时刻，就不再存在笔记本被毫无疑义地算作他个体认知结构的合理组成部分这种情况了。当然，奥托可能会因此产生错误的怀疑。这种情况与一个人开始怀疑外星人将要把思想植入他或她的大脑里面这个案例相似。在后面这些案例中，我们开始以一种谨慎的、（某些）感知特有的方式处理生物性内部信息流。从这些涉及间谍行为和警觉的考虑中所显现的，并不因此就是一种反对将延展心灵观作为进一步证实我们主张的方式的论述，我们的主张即在某些语境下，针对通过感知系统选择路径发送信号的处理方式更具有内部通道

5 心灵重新分界？

的典型性（在畏惧思想插入的案例中反之亦然）。要在任何给定情况下决定通道是更像一种感知还是更像一种内部的信息流在活动，我们必须看到有意识的警觉和对欺骗积极防御的更大的功能经济体。警觉和防御越低，我们就更为靠近典型的内部流的功能。

斯特瑞尼可能的回复方式就是，通过将重点从自主体防御欺骗和操纵的程度转移到事实上自主体面对欺骗和操纵的脆弱程度上。因此，我们对于魔术师技艺所显示出的脆弱性这个事实可能比我们因为脆弱性将感知性路径处理为（正如我曾经试图探讨过）准内部路径这个事实更具有重要性。但是这看上去毫无原则，原因是假定一个恰当的"魔术师"（比如说，一个能够直接影响我的神经元突触之间能量流的外星人），那所有的路径看上去都是同样脆弱的。也来回忆一下，错误的信念能够（如前面所提）通过非常简单的心理操纵在生物性记忆里产生。或者，想一想生物性记忆和理性可以被系统性地损害的诸多方式（例如，记忆就如同他们正在进行中的经历一样展现出半侧空间忽略的病人；Bisiach and Luzzatti 1978；Cooney and Gazzaniga 2003）。看上去值得注意的并不是像这样的脆弱性，而是一些如我们脆弱的"生态正常"水平的东西。我认为，我们实际的防御和审查行为是对此非常好的指导。如果奥托不担心骗子模仿他的书写并添加一些错误的条目，可能那就是因为这个通道就如所需要的那样安全。

放大心灵

5.9 民间直觉与认知延展

思考一下针对目前正在研究中叙述的如下质疑：

> 你引发了我们将心灵的常识模型隐式地理解为以下案例的一部分，即认为（潜在于物理机制的一些）心理状态和过程可以延展到世界中。但是，后者展示的图像本身是明显反对普通常识所相信的，以致与前提不符。我们对于心灵概念的直觉性前理论把握如何能够产生这样反直觉性的结果呢？

首先要注意的一点是所有的争论所需的只是一种对于与某个心理状态相联系的粗（也就是，非科学的明显性）角色的某个概念的诉求。假定对于心灵如此多的把握，那么争论将会继续，并使我们看到（就如在奥托的案例中）生物外部性的东西可能有时会有助于那种角色的实现。如果那会让人吃惊，那它绝不会破坏争论的形式。

然而，我也倾向于（尽管现如今的处理方式都不依赖于此）去对这个观点进行辩论，即延展心灵模型的运作方式与常识大相径庭。在我看来，只有在我们已经把握了理论上加载完毕的神经中心主义时，才会有这种反直觉性。如果我们去掉加载完毕的神经中心直觉，那么对于心灵常识性理解，是否有任何涉及心灵机制位置的固定观念上一点都不明晰。的确，在人们能

5　心灵重新分界？

识别任何倾向的情况下，这些倾向甚至可能包含延展模型的痕迹。比如，有关彼此计划和意图的普通对话似乎已经允许那个外部媒介（通常也包括其他自主体）扮演不同内容的物理载体的角色。就像霍顿（Houghton 1997）所明确表示的那样，它与思考的标准方式保持着完美的一致性，比如说我对于一周假期的计划有着我从来没掌握过的细节内容，这是立刻出现在我大脑里的，更不用说是在意识审核之前了。同样地，建筑师可能被合理地说成拥有复杂的固定意图，这些意图承载于绘图和草稿中，是有关一座建筑物的形状和结构，即使她可能从来没有在她的大脑里或者意识审核之前掌握或已经掌握过所有特征的全序列及组合（这些特征一起组成了那些意图的内容）。坚持说建筑师的真实意图比之更好（可能仅仅是建造出她的计划草稿碰巧描绘的任何东西），这一定对她是不公平的。在我看来，当所有都是关于机制、位置和建筑时，对于心灵的和心理状态的民间理解是具有令人惊讶的自由性的。

5.10　不对称性和不平衡性

亚当斯和相泽的论述明显缺失了这种自由性。他们论证的基本形式有一种可以作为结论的主张，我们现在也许可以称之为内在不适宜性教条（Dogma of Intrinsic Unsuitability）。内容是这样的：

内在不适宜性教条

某种类型的编码或加工处理从本质上是不适宜于作为任何真实认知状态或者进程的计算基质的部分去发挥作用的。

在亚当斯和相泽那里（2001），此教条以主张某种人类神经状态的形式出现，没有额外的神经行为显现着"内在的意向性"，并结合这样的断言，即没有任何一个真正具有认知性进程的合理部分可以单独地在缺乏这样的内在内容中进行交易（例如，奥托笔记本中以传统方式表达的编码）。此教条在他们之后的观点中也发挥着作用，即认知心理学发现了内部生物性记忆和认知系统的普遍特征，并正在揭示着所有可能的认知形式都需要的种种因果进程中的关键特征。

然而，内在不适宜性教条也只是一个教条。况且，它最终与认知科学里的普通观点处于紧张的关系之中，这个普通观点可以被称为计算混乱原则（Tenet of Computational Promiscuity）——几乎任何类型的加工处理或编码过程都能组成以信息为基础的系统并做出灵活适宜的反应，只要它是被合理地定位在某个更大的、正在进行中的活动网络里。当计算混乱性遇到内在不适宜性时，其中一定有东西要让步。我认为需要让步的毫无疑问就是内在不适宜性的概念。

在这里，问题的一部分是内在不适宜性教条在表面上相似于一个非常不同然而似乎更合理的主张：

内在适宜性主张（Claim of Intrinsic Suitability）

5 心灵重新分界?

> 某种类型的加工处理和编码在本质上适宜于去作为一种计算基质起作用,这种计算基质是对智能生物有机体的行为至关重要的,也是其流畅的、模式敏感的各种参与特征。

这样的主张很可能是真的。譬如说,它可能是这样的情况,即某种内插式统计海绵(statistical sponge)的行为(比如,一个联结主义式的联想学习设备)提供了唯一一种计算可行的方式来支持一些我们与其他地球动物共享的认知和学习的基本技能。这个技能组合的核心就是精细模式识别的丰富能力,很多其他的动物也同样拥有这些能力,这些能力也使我们能够通过接触不断重复的例子去了解环境中重要的规律性。结合情感和动力系统,这种有效且缓慢的、以模式为基础的学习使得很多动物包括我们自己能够以一种非常微妙且有效的方式去学习处理具有高度复杂性的情形。因为这些特征对于我们所要求智能生物所作出的种种流畅的、适应性的和真实世界的回应具有似真的关键性,所以结果可能是(纯粹作为一种经验事实)认知系统经常会吸收一些,笼统说来,联结主义类型的计算基础。

然而,即使这是真的,由此也并不能看出,一旦此种核心系统就位,其他类型的表征资源和计算资源可能就不会作为一个更复杂的、混合的、分布式的、认知性整体的合理部分起作用,不管是暂时的还是永远的。在此种案例中,这些用来交换表征和加工处理模式的额外要素与认知核心的额外要素不同,正是这一事实使得这个混合组织具有价值。追索和理解如此深度的互补性当然是情境认知科学所面对的最重要的任务。我们可以认同这样一个认知核心的观点，那我们就能欣然接受。比如，没有任何真正的认知系统会最终完全由延展认知拥护者最典型性地引发的外部资源的种类所组成。然而，这对于以下主张是完全具有兼容性的，即新近整合的和真正认知整体的形成，是得益于这些更基础的甚至可能是认知上不可缺少的系列技能和能力的。

很多反对延展观的理论和那些明显使其不安的观点引发了甚至是最敏感的批评者，这些反对声可能是源于一种错误的担忧，即宣告这种新的、混合型的延展系统可能会使我们忽略关键的认知核心。[①] 也就是担心接受混合型的认知形式会让我们忽略核心系统说独有的重要性，这种延展形式的可能性就是依赖于核心系统的成功运转。但这种担忧是毫无根据的。延展观并没有打算去抹杀各种内部性和外部性贡献之间的不同或是去贬低或低估认知核心潜在的、独一无二的贡献。的确，分布式认知的实际研究计划是致力于首先将各种不同的生物性和非生物性资源与在它们之间有效的多层次交互活动所做出的不同贡献进行绘图制表。这种计划因此并不是一个否定性的而是一个纯粹肯定性的：去理解更大的系统性网络，其围绕诸多其他动物所共享的普通核心周围运转，有助于赋予人类认知所独有的力量、特性和魅力。

---

① 这种担忧在鲁珀特的著作（2004, in press-b）中似乎也起着一定的作用。

5 心灵重新分界？

让我们通过局部类推的方式思考一个更为普通的事实，即在星球上明显独一无二的人类动物展示着（除了普通核心之外）另外完全不同的技能组合。这些都是显性的、审慎的、"受语言感染的"理性和计划的技能（Dennett 1996；第3章中有更多的讨论）。在其共同运转的过程中，这两种不同的技能使我们成为强有力的认知机（cognitive engines）。然而，如果我们揣度一下这两种类型的认知资源，从某种重要意义上看，最根本的是基本图式认知技能、学习技能、情感调谐回应的技能，这似乎是令人信服的。通过这个我仅旨在说明如果没有这些，我们可能将没有能力产生思想，根据事实本身也会没有能力产生受语言学感染的思想。同样的模型（描绘一个经验上必需的核心并带上一些使心灵困惑的强有力的附属物）可能通过延展心灵的同类而被引发。而在这个文献里所描述的延展认知系统的很多部分完全有可能在相同的意义上具有更弱的根本性。它们的根本性更弱是因为没有任何真正的认知系统可以完全包含目前扩增普通核心的外部性资源最为典型的类型（被动的笔记本等）。在那种意义上说，其贡献具有非对称性（Collins 印刷中）或者说是具有不平衡性（Rupert in press-a）。我认为这是潜在于亚当斯和相泽关于衍生内容、传统编码、笔记本的"非认知性"状态等讨论下的一条重要真理。然而，这一条真理对于延展心灵观的损害并不比其对受语言感染的心灵观的损害大。在每个案例中，强有力的新认知整体的形成是由于某些更为基础的甚至可能是认知上必需的技能和能力。在每个案例中，由此产生的新的整合系统自身最好是被视为认知系统。它们的确是认知系统，其流畅的运转可以解释很多独一无二的和最具特色的人类心灵的成果。

最后需要注意的是，对于此种全新的和更大的系统整体的关注绝不妨碍对于各种组成部分、各方面和各种成分的合理调查研究。与朝着系统层面的神经科学进行比较研究是有帮助的。[①] 对于其历史的大部分来说，大多严肃的神经科学研究涉及的是单细胞的各种行为和反应。之后，随着记录、干预和调查的新技术的出现，注意力开始被投入到对细胞总体的神经动力学和不同的总体解剖学要素特有的加工处理方式的理解中（例如，海马体和新大脑皮质）。在更新的影像和分析技术的帮助下，通过使用愈发具有生物逼真性的神经网络模拟，同时期的神经科学已开始在理解一些更大规模的神经系统的关键特征和属性方面取得进展。整个加工处理循环涉及横跨各个大脑区域的、多重总体的神经元活动，这些活动随时间演化并具有高度的可再入性。真正系统层面的神经科学的到来并没有（也不应该）暗示那些针对不同细胞类型、总体数量或神经区域的特别属性和特征的调查研究具有不恰当性。它仅仅是给这些调查研究增添一种新的价值敏感度，这种价值是通过加工处理包含多重互补运转的循环所创造的。它在各种不同的时间尺度里执行任务，并利用不同种类的神经资源，其整体性行为肩负着对个体人类智能的大部分能力和范围的责任。因此，同样地，根

---

① 一个有帮助的调查研究，请参见 Mundale（2001），更多讨论参见 Mundale（2002）。

5　心灵重新分界？

据延展理论,脑-身-世界的整体系统有时候可以成为延展进程循环的轨迹,其整体性行为肩负着我们所认定为心灵和智能的大部分东西的责任。

5.11　海马体世界

想象一个怪异的世界——把它称为海马体世界——在这个世界的长达半个世纪里,所有神经科学的关注点都集中在海马体,其被认为(让我们假设是出于某个路径相关的历史原因)是人类认知活动的独有而明显的轨迹。海马体加工处理进程和编码的详细特征被发现并公布。某一天,一些研究者将他们的注意力转向了大脑其余的部分。他们发现了很多新的和有趣的特征并开始探讨更大的加工处理循环。例如,连接海马体和新皮质进程以及似乎依赖于组成成分之间复杂的交互活动的某种人类记忆现象。但是,这里存在一个问题。海马体世界中的一些哲学家相信,在探索发现海马体运转的具有特征性的因果进程的过程中,他们也正在发现认知本身的科学实质。现在他们坚持,将海马体所做的看成是具有认知性的,将大脑其余部分看成一种仅向那个"真正的认知部分"传送输入或从其中接受输出的部分更为合适。他们认为,只有海马体展示出了"认知标记"。而其他的部分终究不做海马体所做的事情。因此,为什么要认为它们所做的是具有认知性的呢?其他人则提出异议,因为他们所看到的大多作为完全的智慧人类的行为结果,同样地依靠其他部分的特殊特征和属性以及海马体本身(重要但有限）的贡献。相对于那些可能参与了海马体世界人对朝向一个包含范围更广泛的认知神经科学的最初试探，对于延展心灵的研究并没有呈现出更多理论性和实践性的困难。① 况且，这是用几乎同样的方式证实了的或者我相信是这样的。在每个案例中，我们面临着通过异质元素的大杂烩被定义的更大规模的组织，其整体性的运转使得我们成为我们本身那样尤为成功的认知自主体。

---

① 这并不完全正确。在大多数情况下，系统神经科学能够帮助它自身实现个体的、完全统一的认知者的想法。延展心灵理论家却不能。相反，将非生物资源融入到个体的认知过程中，需要生物和非生物资源之间存在某种可靠（足够）的耦合。当然，在缺乏这种可靠的相互耦合的情况下，即使是内在生物学上的行为（我们假设充满了所有当前可用的认知标记），也不会算作是该自主体认知活动的一部分。因此，可能存在完全并永久孤立的神经事件，而这些事件原则上却绝不能算作我认知活动的一部分。正是由于这个原因（正如我们更早在第5章第3节中看到的），可靠耦合的考量在延展心灵的争论中发挥着一定的作用（尽管不是亚当斯和相泽所设想的那种）。

6 治疗认知小病痛的良方（嵌入式认知假说、延展认知假说、嵌入式认知假说……）

6.1 鲁珀特的挑战

延展观主张人类认知进程有时可能会循环联结进入围绕有机体的环境中。此种观点可以与一个相近而更为保守的观点对照起来。根据这个保守观点，某些认知进程相当依赖于环境结构和支架，但其本身并不因此而包含那些结构和支架。这个更为保守的观点在一系列鲁珀特（Rupert 2004, 2006, in press-a, in press-b）所写的论文中当仁不让地占据着主流地位，其可能会被认为捕获了此种案例中所有可能被哲学或者科学感兴趣的东西，并且避免了讨价还价中一些明显的方法论上的危险。人们可能会问，对于延展视角的采纳究竟会有什么积极的意义呢？而欣然接受这样的（通常是暂态的）更大整体，难道不会有危险丢失我们对于那个我们希望能更好理解的心灵——经历着时间考验的、或多或少具有稳定性的个体自主体心灵的实践性和理论性的把握吗？

相比之下,我认为(在相关情况下),正是这个保守观点的威胁会模糊许多有价值的东西,而且会模糊认知延展的强大概念,并由此获得它作为活跃的具身心灵新兴画面的一部分地位的事实。为了说明这种情况,我首先草拟了一些针对激发那个更保守观点担忧的普遍性回应,然后我提出了一些新的例子和论据,旨在充实回应的框架和进一步阐明认知延展自身的本质和重要性。

6.2 延展认知假说对阵嵌入式认知假说

鲁珀特(2004)区分了两个方案,他认为这两个方案是理解情境认知的相互竞争的提议。第一个方案就是我们一直称之为延展观的方案,它将人类认知进程描述得非常字面化,包括有机体外(extraorganismic)环境所支持的运转操作和提供的能力。鲁珀特将其取名为"延展认知假说"并对其进行了这样的说明:

> 根据这个观点……人类认知进程的确延展进入了围绕有机体的环境中,并且人类认知状态的确包含了——就像作为整体的合理部分那样——那个环境中的要素。(2004, 393)

鲁珀特将延展认知假说描述为一种激进的假说(如果是对的),它会改造认知科学理论与实践并影响我们对自主体群体与

6　治疗认知小病痛的良方（嵌入式认知假说、延展认知假说、嵌入式认知假说……）

个人的概念理解。但鲁珀特认为这也需要与一个更为保守的竞争者视角并肩进行评估，他将这个竞争视角取名为"嵌入式认知假说"。根据这个视角，

> 认知进程以迄今为止意料之外的方式极大地依赖于有机体外部的道具和设备以及认知发生的外部环境的结构。（2004, 393）

鲁珀特（2004, 2006, in press-a, in press-b）提出了一连串论据，旨在说明嵌入式认知假说比延展认知假说更好。这些论据始于简单的对常识的诉求。鲁珀特提出，常识是反对延展认知视角的，所以我们需要可靠的理论依据去认可它。[①] 相反，嵌入式认知假说被认为与常识更为兼容。随后，针对延展认知假说，有两个主要疑虑被提出。

第一个疑虑与亚当斯和相泽所提出的相似（见第5章），其涉及似乎能区分内部和外部贡献的深刻差异。因此，例如，我们读到"延展'记忆'状态（进程）的外部部分与内部记忆（想起的过程）的差异如此之大，二者应该被视为属于不同的类型"（Rupert 2004, 407）。鉴于这些差异，不必立即觉得要从同样的字眼去构思内部和外部贡献。但更糟的是（据称）现在已付出了显著的代价。

[①] 虽然我并没有在这里与此主张展开争论，但常识本身要么是在头脑中，要么是在生物体的认知中，这一点绝不是显而易见的（第5章第9节）。不错的讨论，请参见 Houghton（1997）。

此后，第二个疑虑简略地出现在鲁珀特的论述中（2004，2006），并在他后期的研究工作中得到更详细的论述（in press-a, in press-b）。这涉及所有被大规模认可了的延展认知假说所带来的明显的科学代价。因为延展视野所具有的更广泛的适用性（也就是说，这种适用性超越了那些多少经过设计的案例，如始终存在的奥托的笔记本）要求我们开放地对待更多暂态的外部道具和帮助，假定它们至少在某个问题解决的情境中可作为人类认知进程的方面被一般性地使用。但鲁珀特害怕这会夺走我们心理和认知科学理论化的传统目标——整合的、持续的、基于有机体的一系列能力[①]（它们隶属于持续存在的生物个体）。在各种相异的环境中，这些能力所作出的回应能够被、在历史上也一直在被探索着，也一直使用着各种输入。甚至在发展理论化的案例中，存在争议的与其说是稳定性还不如说是变化，在这里我们仍需要去找到某个持续的但仍在发展中的核心。在其表面看来，延展认知假说似乎是，

> 例如，给发展心理学家提供对我们通常会与两岁到六岁之间的萨莉关联起来的系列时间分段感兴趣的理由，并不比其提供的对两岁的萨莉连同一个她在某个特殊日子里拍玩的球、五岁的约翰尼连同他在某个特殊的下午阅读的一本书和七岁的特里再加上一个实验者展示给他的一个刺激物感兴趣的理由更多。（Rupert in press-a, 15）

[①] 我从鲁珀特那里借用了这一措辞（私人通信）。

6　治疗认知小病痛的良方（嵌入式认知假说、延展认知假说、嵌入式认知假说……）

从而，心灵科学看似就是无法承担将人类认知进程等同于各种包括神经、身体和世界的要素的短暂耦合系统的活动这样的任务。[①]鲁珀特的结论是，采纳延展认知假说必定要么花费太高的代价（不会比损失认知心理学目前因此所取得的进展这样的代价低），要么结果会牵涉某种专门的策略，使我们仍然从辞令上认可延展认知假说的同时保留出于实验目的的系统性识别的传统方法。

6.3　再论对等性和认知类型

这些都是重要的挑战和困难。然而，鲁珀特担心错地方了，对此有两个非常深层的原因。第一个原因是，正如我们在第5章已详细讨论过的，有关延展认知的任何论据都没有开启或在其他方面要求内部和外部贡献的细粒式的（fine-grained）功能相似性。第二个原因是，延展认知假说不需要且在实践中不会累积鲁珀特所害怕的过高的代价。

就内部和外部贡献缺乏相似性这一点而言，问题的部分源自对克拉克和查默斯（1998）[②]最初提出的对等主张（见第4章和第5章）的持续误读。这个主张就是当我们面临某个任务时，如果世界一部分作为一个进程起作用，假设这个进程是在头部

[①] 这显然是一个松散但常见的用法。"身体的"在这里意味着"身体总体上的"（即外神经系的），而"世界的"意思是"身体外的"。

[②] 作为附录转载。

进行，那我们将毫不迟疑去接受其为认知进程的部分，继而接受那个世界的部分（在那个时候）作为认知进程的部分。但是，当我们继续回顾第 5 章时，对等主张远不需要任何内部和外部进程之间的深层相似性，而特别旨在破坏任何这样的倾向，即认为现今的人类内部进程的形状设定了某种针对究竟什么应该被算作真正认知进程部分的障碍（例如，亚当斯和相泽所提出的）。因此，对于对等的探索原先是旨在充当遮挡对代谢的无知的面纱，诱导我们去问：如果当前外部存储和转换方式与生物学中发现的假想事实相反，那我们的态度将会是什么样子的呢？因此，我们必须明白，对等主说的并不是外部贡献与特属人类内部的贡献表现一样。相反，它说的是机会的平等性：避免仅仅单独基于空间位置而仓促下判断。对等原则旨在让我们粗略地感觉参与到对我们直觉上可能判断属于认知领域的东西的过程中——而非，比如说，粗略感觉参与消化过程——在不受体肤-颅骨的普遍干扰下这样做。

这个观点得到了惠勒（in press-b）的认可，他认为评估贡献对等性的错误途径就是"通过识别由（比如说）大脑制造的因果性贡献的所有细节，来确定有关什么可以被算作认知系统一个合理部分的规范，（然后通过观察）从而去看是否有任何外部要素符合那些规范"（3）。惠勒争论道，用那样的方式做事是给一种高度的沙文主义思想敞开了大门，即只有细粒式的因果性轮廓完全匹配大脑的这种因果性轮廓的系统，才能完全成为认知系统。然而，正如我们在第 5 章所看到的，我们不应该仅仅因为一些外星人的神经系统用各种方式都无法匹配我们自身的神经系统（也许是它们在回忆期间无法显示"生成效应"（generation effect），这个例子见 Rupert 2004），而被迫认为这种系统的行为活动不具有认知性。对等原则从而最好被视为一种要求，要求我们评估生物外在贡献时，应采用相同类型的、无偏见的视角，并且我们应该将这种视角运用在外星人的神经组织上。这完全被曲解为一种针对加工处理进程和存储的细粒式的相似性的要求。相反，这是对机会相同性的召唤，如此，即使生物外部要素的贡献相异于生物性大脑的贡献，其也可能成为认知机制的部分。

但是，哪怕只有一次我们消除了对于对等原则的错误理解（就如要求因果性贡献的细粒式的统一性一样），这仍然存留着一个重要且紧密相连的问题，它开启了有关自然性或解释性种类的问题。因此，鲁珀特对一个在克拉克和查默斯的原始处理方式中有所体现的观点提出了质疑，即，将有机体-笔记本系统当作一个随附基础，因为奥托的一些倾向性信念将要根据解释性的统一和影响力被推荐出来。鲁珀特的担忧随后被当作了这样一个观点的前提，即，如果一个类型被一个成功科学的定律或解释所关注，那么这个类型就具有自然性。生物记忆因此符合了要求，因为它从属于一个成功科学的定律和解释框架——更普遍地说，就像认知心理学或者认知科学。但是，争论仍在继续，"延展记忆"并不匹配成功科学所描述的记忆的因果性轮廓，因此完全不应该被归到"记忆"这个标题之下。

我们已经看到（见第 5 章第 6 节）可接受的统一形式不需要所有的系统性要求都依据同样的定律起作用。的确，设想他们必须这样做，只是要针对所有以真正的混合式系统为目标的科学来乞题（例如，一个部分联结主义的、部分经典计算主义的组织）。在这种情况下，人们当然可能希望去找到附加法则来支配更大的混合式组织自身。这时，应该知道对延展认知系统的研究才刚刚开始。毫无疑问，我们当下最统一化的理解仅仅以内部要素为目标。毕竟，这是科学目前为止放眼望之的地方。[1] 尽管如此，这是延展系统理论家在实质上通过经验确信的事，即更大的、包含生物性和非生物性要素的混合式整体也将（更多相关内容见后面和第9章）凭其自身成为可持续科学研究的合理对象。

防止延展认知假说被轻易同化为嵌入式认知假说的一个深入原因涉及内部和外部资源之间进行交互的本质。需要注意的是，这种交互可能是高度复杂的、嵌套式的和非线性的。因此，在一些情况下，可能不存在可行的手段以通过逐个分解和附加重组来理解延展认知集合体的行为和潜力。通过合并笔、纸、制图程序和训练有素的数学头脑去理解被创造的延展认知系统的整体运转。但是，试图去理解然后合并（！）笔、纸、制图程序和大脑的属性可能是不够的。鉴于同样的原因，在神经科学自身内部发展的这些原因对研究不仅各种主要的神经子结构及其性能，而且还有它们复杂的非线性交互及其参与的更大规模的活动来说可能也不足够。在后一个案例中，更大的解释目标是整个进程循环，其在软装配（soft-assembled）的神经

---

[1] 对于类似的观点，请参见 Rockwell（2005b, 18）。

资源联合中运行,产生于对某个特定问题解决的目的的回应。诸如此类的软装配的神经程序包包含着随时间演化、通常具有高度可再入性的多样神经元总体的活动,这个活动跨越了各种脑区。[①] 但是,之后为什么要认为这些与人类认知成就最为相关的软装配体随时随地都是被限于体肤和颅骨之内的呢?为什么我们不应该认识到,在我们特殊建构的和工件富足的世界里存在着一系列跨越大脑、身体与世界的相似的复杂混合集合体呢?

6.4 持续的核心

然而,这个被放大的视角所带来的所谓的高代价是什么呢?此处,应该要看到,认真对待延展认知并没有必要就要放弃我们对多少具有稳定性和持续性的生物包(biological bundle)的把握,这个生物包存在在认知软装配体的每一个环节中。在严格的和极少的状况下,我们偶尔可能会面临那个多少具有持续性的核心的真正延展,甚至是以一种可能永久的方式来扩增(就如奥托的案例)具有持续性和移动性的资源包这样的情况。在更多其他情况下,我们仅仅面临着信息进程资源的软装配的、暂时的混合,这混合中包含着神经活动与身体和环境扩

[①] 软装配的概念在发展心理学受动力学系统影响的研究工作中十分显著,它被用来表示为响应某些机会或问题而产生的资源(可能跨越大脑、身体和世界)的临时组合。请参见,例如,Thelen 和 Smith(1994, 86-88)与 Clark(1997a, 42-45)。

增密切配合的子集。但是，仅仅是此种回路具有临时性这个事实没有给出足够的理由去降低它们的认知重要程度。很多纯粹的内部信息进程集合体也同样是暂态性的创造物，为回应任务和文本的细节而立刻生成的。正如这样一个例子，思考一下范·埃森、安德森（Anderson）和奥尔斯豪森（Olshausen）（1994）的论述。根据此论述，很多的神经元和神经总体的作用不是对知识和信息进行直接编码，而是作为（无声的）中间管理者为大脑皮层各区域内部和之间的内部信息流选择路径以及进行交换。这些"控制神经元"的作用是去开合活动通道并允许创造一种即时的、对文本敏感的模块化皮质架构。控制神经元从而通过一种对文本、注意力效果等敏感的方式"即兴"编织功能性模块。① 正如杰里·福多所说的，在此种情况下，"有价值的东西是不稳定的即时的连通性"（1983, 118；另请参阅 Fodor 2001）。产生的软连线（soft-wired）集合体中，信息流动和被加工处理的方式是适合手头任务的，其重要性并不会仅因为它们是被"神经招募"的前浪所推动产生的暂态性的创造物而消失。

鲁珀特担心，认真对待认知延展在暂态案例特殊子类中的概念，其中新被招募的组织跨越大脑、身体和世界，这样我们就丢失了对通常作为研究对象的持续系统的把握。如鲁珀特（在 press-a, 15）指出的那样，的确是因为很多认识心理学和实

---

① 相关建议包括达马西奥等人的（Damasio, A. and Damasio, H. 1994）"融合区"的概念，它们是以同样方式发起和协调多个神经元组活动的神经元群体。

6　治疗认知小病痛的良方（嵌入式认知假说、延展认知假说、嵌入式认知假说……）

验心理学的研究工作都是通过假设主题为"持续的、限于有机体内的认知系统而继续的"。

首先，最值得注意的是，在延展观和持续的普通生物核心的概念之间不存在任何不相容性。现今的处理方式中也不存在任何缺陷，以致我们会丧失那个作为科学研究合理对象的普通核心。相反，我们被诱导去做的是让百花齐放[①]。如果我们公开宣布的目标是去发现神经器官的独立属性，那我们可能需要防止实验中受试者将其手指用作计算的缓冲区（counting buffers）。类似地，如果我们的目标是去理解持续性有机体单独可以做什么，那我们可能需要去限制使用任何非生物性道具及帮助。但是，如果我们的目标是去阐明经机械调整的能量信息流使得一个可辨认的自主体（某个萨莉、约翰尼或特里）去解决某类问题，那我们不应该简单地假设，每个被激发了生物积极性的表面或界限形成了一个认知上相关的界限，又或者从一个信息进程的视角看，构成了一个重要界面（Haugeland 1998；见第 2 章和第 7 章中的讨论）。在仍然尊重实验要求的同时可以做到这样，这在第 4 章中描述的俄罗斯方块的熟练玩法的细致调查和在接下来的章节要讨论的各种研究中都有展现。

还要注意，我们没有通过首先发现人类自主体的认知机制来发现他们或将他们个体化。相反，我们通过识别（粗略说来）一个可靠的、易于识别的感知和行为的物理连结来发现自主体，其明显地由一个持续的、适当整合的目标知识体所驱动。

[①]　我的意思是读者从表面上理解这个短语。

只有在这之后,我们才会问,使那个自主体所展现的某种特别的问题解决的行为表现成为可能的潜在机制是什么且在哪里?正是在那一刻,我们可能会惊奇地发现,目标行为表现所依靠的是一个比我们起初所想象的更为多样化的因素和力量。[①]这样做使我们保留了对于认知自主体的非常好的把握,这也是我们研究的首要对象。[②]

在这一点上,区别两个可能的解释性目标是会有帮助作用的。一个是去解释特定认知自主体的持续性,另外一个是去展示支持自主体当前的心理状态或解释某个特定的认知行为表现的活跃机制。因此,就如大卫·查默斯(私人通信)所说明的,视觉性皮质可能与我作为一个主体的持续性不相关(没有

---

① 因此,推理形式与将道金斯(1982)引导的把网的概念作为蜘蛛"延展表型"的部分,或特纳(J. Scott Turner 2000)把蝼蛄洞穴放大声音("唱")当作外部生理器官的形式是平行的(有关此案例的更多信息,请参见 Clark 2005b)。在每一种情况下,我们都实实在在感觉到一些基线概念(表型、器官)。然后,我们注意到,我们通常不会用那些术语处理的东西正在发挥着被认为属于该类合适的作用。这不是关于新东西就如旧东西一样工作运转。没有一个器官像洞穴一样,也没有动物躯体就像一个网一样。它也不需要相等的永久性:蜘蛛网出现与消失的方式与蜘蛛不同,而唱歌的洞穴不像内部器官可以在新的地方被建立、销毁和重建。

② 此外,与本章第2节结尾引用的鲁珀特的一段话相反,延展理论没有给发展心理学家任何理由对萨莉加球、约翰加书和特里加刺激物产生兴趣。正如查默斯(私人通信)指出,没有将这些联系在一起的发展路径(无论如何,所解决的任务截然不同)。然而,延展理论确实表明,在各种条件下审视比如说可能包括手指使用、算盘、计算器等在内的萨莉在数学认知方面的发展是具有潜在价值的。为了说明这一点,查默斯提出了以下这种非认知类比:我们可以研究弗雷德·阿斯泰尔(Fred Astaire)舞蹈的发展,尽管舞蹈本身就是通过各种耦合的系统(有时包括金格尔·罗杰斯,其他时候包括巴里·蔡斯等)进行实例化的。

它，我也会持续存在），但它仍然是我当前某些心理状态和行为表现的随附基础。就有关认知延展的主张而言，这里存在争论的仅仅是世界的哪些小块使得某些有关一个主体此时此地的心理状态或认知进程成为真实的（通过起到局部机械随附基础的作用）。

6.5 认知的公正性

让我们做个（当然不会引起争议的）假设，生物性大脑至少在当前是所有个体人类认知活动环节中的本质核心要素。之后我们可能会问一个问题：大脑会关心那些软装配起来的存储资源和加工处理进程的本质（生物性的或非生物性的）或者位置（有机体内或有机体外）以处理某个认知任务吗？

韦恩·格雷（Wayne Gray）和他的同事在一系列重要的实验里已极为详细地展示了，赋予在线装配的认知例程中操作的任何位置或者任何类型以特权是错误的。在此类实验（Gray and Fu 2004）的第一组中，受试者被要求去给一个录像机控制面板的屏幕仿真编程（图6.1）。此想法是去操纵获取所需信息以进行编程的时间成本（涉及通道、开始时间等）。这个信息呈现在一个位于控制面板下方的窗口里，并且它要么通过眼睛一瞥而持续可见（自由获取组），要么需要通过移动和点击鼠标以去掉上面覆盖的非透明盖子（灰盒子组）而被获取。还有一个记忆测试组（在自由获取和灰盒子两种条件下进行）与其他组不同，这组先前已经记住了所有所需的信息。

放大心灵

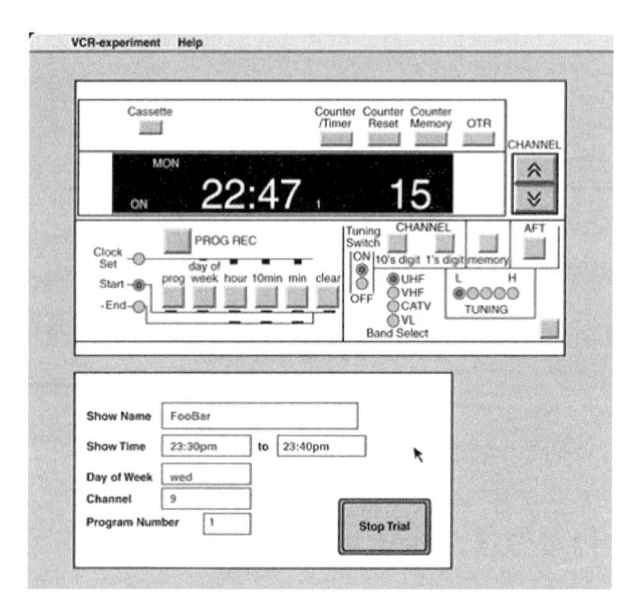

图 6.1 自由获取条件下录像机和信息展示窗口截图。注意信息展示窗口的区域始终都是开放的。在灰盒子和记忆测试的条件下，试验期间这些区域会被灰盒子盖上。(来自 Gray and Fu 2004，经许可使用。)

研究者发现的是，信息检索的时间成本以毫秒计量，似乎决定需要被招募来解决问题的精确的资源混合（生物记忆、运动行为、注意力转移）。也就是说，受试者会选定任何只要是能花（在编程的那个阶段）最少的成本（用时间测量）来检索信息的策略。资源以最快速度混合，这以牺牲世界上完美知识的代价来换取头脑中的非完美知识。事实上，受试者甚至在这个时候就做了上述选择。[1] 只有当可以用比获取存储在生物性记

---

[1] 在所有非记忆测试受试者的情况下都是如此。在实验过程中，他们不得不拾取信息碎片。

6 治疗认知小病痛的良方（嵌入式认知假说、延展认知假说、嵌入式认知假说……）

忆中的数据更少的力气（用时间测量）来获取存在于世界中的数据时，受试者才会招募采纳它并召唤将外部存储"构建入"支配策略之中。

　　格雷和福将他们的结果作为对一种观点的挑战，即人类认知策略主动偏爱使用世界中的信息而非头脑中的信息。他们害怕为了支持对外部认知支架依赖的观点，这钟摆可能已经摆得有点远了。他们反而争论道，他们的结果表明"从记忆中检索某信息所花的时间与在感知运动中花的时间分量是一样重的"，且"假定操作的任何位置或类型具有特权地位"因而是错误的（Gray and Fu 2004, 378, 380）。因此，他们认为需要在一个公平竞争的环境中来看待获取信息的时间成本，这在招募资源混合来作为某个认知例程部分的决定中扮演着关键的角色。[1] 也就是说，

---

[1] 鲁珀特（私人通信）表明，结果实际显示的是一种事实性偏倚，即依赖内部存储的信息。因为即使在访问时间（内部存储的东西）更快的时候，这也是以性能错误为代价的。根据 Rupert 的说法，与环境的相互作用通常在时间上比内部存储检索花费更高，因此，即使这种偏差来对严格的位置中立成本函数（访问时间）的应用，也会有使用内部存储信息的事实性偏倚。我们可以在回复中发现两点。第一，检索时间约束将系统性地青睐使用内部存储信息，但并不明显。例如，在最近（"第二代"）关于变化盲视的研究中，对改变了元素的完美内部表征可以被显示为存在，但不是在对标准探测器的响应中被检测到的（第7章第3节）。第二，在任何情况下，真正重要的是，鉴于严格的位置中立成本函数，内部和外部信息存储确实在招募过程本身方面是同等的。例如，如果应用该成本函数的实际结果通常选择生物内部资源，这就不会影响我们的论证。目前的问题是如何处理这些情况（无论是多是少），其结果反而是一种跨越大脑、身体和世界的问题解决装配。更普遍地来说，接受延展理论并不是否认在大脑，身体和世界，实际性质和劳动分配中存在许多重要的不对称性。我们将在第7章回答这个的问题。

交互行为的认知控制通过使用一个以最少气力（用时间测量）合并所有可用机制的方式将花费的气力最小化了。所有机制或子系统都公开摆在桌面上。我们没有理由认为一个机制或子系统在牵涉另一个机制或子系统时具有特权地位。（2004, 380）

另外一种说法是，

中央控制器[①]没有对头脑中的知识和世界中的知识或获得那些信息的方法做出功能性的区分（比如眼运动、鼠标移动和点击或从记忆中检索）。（Gray and Veksler 2005, 809）

这个模式被描述为一种对交互行为的"软约束"（soft constraints）解释。权衡时间上的成本收益据称提供了一种对运动的、感知的和基于生物记忆的资源混合的软约束（此约束可能总会被各种显性控制所压倒）。在其他条件都平等的情况下，这些资源混合会被自动招募去在一个给定的场合进行一项给定的信息加工处理的任务。在接下来的工作中，格雷等（2006）直接将这个比喻为一个最小记忆模型（Minimal Memory Model）（Ballard, Hayhoe and Pelz 1995; Hayhoe 2000）。根据这个模型，资源招募的过程旨在将对生物性记忆的使用最小化、将环境支

[①] 他们的说法中没有任何地方需要"中央控制器"。但是请注意，即使有这样一个控制器，我们也不会因为第7章第8节探究的原因，而忍不住在给定的时间内将单个内在元素等同于自主体的整个认知系统。

持最大化。因此，他们同意巴拉德和其他学者的观点，即具身水平（我们在这个水平上观察运动的、感知的和基于生物记忆的资源之间的精细的、短时间尺度的交互；Ballard, Hayhoe and Pelz 1995; Ballard et al. 1997）对于我们很多的问题解决活动是至关重要的，但他们对于应该怎样计算权衡内容是有不同解释的。在巴拉德和其他人预言会有针对外部编码和存储的偏见出现的地方，格雷等人用精准的时间考量来描绘一个公平的竞争环境[1]，并定调："毫秒很重要，而且不管它们填充的是哪种类型的活动，它们都同样重要。"（2006, 364）

在最小记忆描述和纯粹的基于时间成本的替代品之间产生的经验性辩论已经明显化。在我看来，这是具身心灵研究的重要转折点。因为这取代了有关身体和世界的认知重要性的观点之间曾经不牢靠的关联。我们开始看到一门科学的最初萌芽。此外，再加上一些微妙的不一致的地方，这门科学就将变得完整了。而这些不一致有待广泛共鸣的实践者来进行经验主义的实证调查。我们将在余下几章中看到这一发展的进一步证据。

于是，出于我个人的目的，存在这个特殊争端的事实和这一问题对于系统性经验调查的敏感性比这个争端的解决方法更重要。因为我们这里有一系列针对真正的混合集合体的控制实验：包含生物存储、运动和感知的获取模式以及生物外部存储

---

[1] 格雷和韦克斯特（2005, 809）将这个公平的竞争环境描述为由一系列可能的"交互式例程"所构成。这些是"基本认知、知觉和行为操作的复杂混合，（其）代表了交互行为的基本模式"，并与厄尔曼的视觉例程进行比较（Hayhoe 2000; Ullman 1984）。

的软装配联合，所以格雷等人的工作清晰地演示了这种组织对于认知科学调查的标准形式的敏感性（不管鲁珀特、亚当斯和相泽及其他人的恐惧）。即使鲁珀特和其他人都是对的，即，诸如记忆这样的术语表达一旦被延展到非生物性的领域，其自身并不能辨认出在解释上统一了的类型。这并不意味着它们参与的延展组织不是科学探求的合理对象。这些组织依据可测定原则而出现和消失，通过最大化某些属性和特征（在此案例中，获取信息的速度）来运转。对于异质混杂构成的系统将没有一门统一科学的担忧，我们的回复是，这种科学不仅能形成且已经存在其初期的形式，它既包含这样异质的集合体中发生的经过精密调整的活动的延伸，也包含招募（神经内和神经外资源组）。

格雷等人以两个主张总结了他们自己偏爱的模型。第一个主张是，"（神经）控制系统对信息来源漠不关心"（2006, 478）。第二个主张是，生物学强加的唯一偏见就是发现成本效益最佳的要素混合（478）是可行的。我应该指出，这些宽泛的结论是与各种成本函数相兼容的（花费的时间也许并不总是最主要的或唯一的决定因素）。但是，无论是一个成本函数还是多个成本函数（其可能会随环境和目标而变化），在我看来最为重要的是对我冠名为认知公正性假说（Hypothesis of Cognitive Impartiality）的潜在视角：

我们的问题解决的行为表现依据某个成本函数或某几个成本函数而得以成形。在事件的典型进程中，这个或这些函数并没有给予操作的特定类型（运动、感知、内省）

6 治疗认知小病痛的良方（嵌入式认知假说、延展认知假说、嵌入式认知假说……）

或编码模式（头脑中或世界中）任何特殊地位或特权。

在很多方面，这都是对等原则的自然伴随物。这个原则指出，相对于某种成本效益权衡，生物控制系统并不关心资源的不同位置或类型，而只是使用它所能使用的东西去完成任务。

6.6 脑筋急转弯

认知公正性假说听上去也许很简单，但它隐藏了难题中的一些东西，至少对于那些要把认知不仅描述为具有具身性并且具有延展性的人是这样。除非是被巧妙地处理，否则它存在以一种非常新颖的方式破坏认知延展的图像这样的威胁。[1] 因此，假设我们现在问：究竟是什么，在涉及其命令来源和信息来源时具有如此强有力的公正性？答案看似是"生物性的大脑"。因此，我们难道没有以（非常有趣地）在肯定生物性大脑自身公正性的行为中坚定地赋予其特权而告终吗？

跨过这种担忧看，我们必须注意到，至少存在两个紧邻的解释性目标。第一个是招募扩展组织本身。[2] 我们可能会问，

---

[1] 感谢保罗·施魏策尔指出这一点。
[2] 如前所述（见第4章），我们需要谨慎处理有关招募的这种说法。因为这绝不意味着这是深思的自主体对资源的有意收集。相反，新的问题解决组织遵照某种成本函数（或函数）而产生，其影响是青睐于纳入某些资源（无论是神经的、身体的还是生物外部的）而排除其他。对于资源的位置或性质，这种成本函数似乎是中立的（第6章第5节），除非这些事物有一些功能差异——除非它们容易影响一个装配相对于另一个装配的相对成本。另见第9章第8节。

各种不同要素（也许是某些神经运转的子集对眼运动、手势和涂写的"指示性"使用）是根据什么原则组合成一个特定的软装配的信息处理设备的呢？在这个软装配的进程里，大脑肯定扮演了一个特殊的角色。第二个目标涉及了在新软装配的延展设备里的信息流和加工处理进程。关于那种设备，我们可能会问，信息是如何以理想地解决某个问题的方式来流动和被加工处理的呢？延展认知假说帮助我们看到，在第二个解释性方案的范围内，体肤和颅骨的界限在功能上是透明的。相比之下，嵌入式认知假说既会模糊这两个方案之间具有科学重要意义的区别，也会树立起一个基于体肤的边界。在那里，招募和使用的过程完全没有打上边界的印记。

有关认知公正性的难题因此被解决了。关于招募的过程，的确是生物性大脑（或者是它的一些子系统）占据着主导地位。也就是说，的确是某种基于神经的招募过程（依据格雷等人）在关涉内部使用和外部回路、存储和操作时，被证明是没有指向性的偏见的。但一旦这样一个组织准备就绪，为进行中的思维和理性提供机制的就是（通常）扩展的分布式系统中的信息流和信息转换。[1]

这里所指出的是（且这也是余下章节中会重现的一个主题），在否认人类认知进程是局限在有机体内的这种看法中，我们不应该感到要被迫去否认（在大多数或许是所有真实世界的

---

[1] 当然，在大多数现实世界的背景下，这两个阶段（尽管在逻辑上不同）可能是完全或部分时间上重叠的。

案例中）人类认知进程是以有机体为中心的。实际上，主要是生物有机体在受益于其强有力的神经器官的条件下，编造并维持着（或更低限度地选择并利用）附加结构网络，以随后构成实现其自身认知机制的部分。[1] 就如同蜘蛛的身体编织和维持着的蜘蛛网之后（Dawkins 1982）会构成它自身延展表型的部分一样，正是生物性的人类有机体编造、选择或者维持着的认知支架之后会参与到它自己思维和理性的延展机制中。[2] 那么，即使不是局限于有机体内的，个体认知也是以有机体为中心的。

6.7 思考的手势

在讨论的这个阶段，引介一个有关运转中的延展认知的成熟附加案例会起到一定的帮助。我要举的例子涉及思维和理性中身体手势的角色。这个例子是合适的，因为手势尽管自身很清楚是一个有机体活动，但它不仅仅只是一个神经活动。况且，身体手势呈现出一些关键的属性，其适用范围看上去超过了有机体自身的界限。

戈尔丁-梅多（Goldin-Meadow 2003）在一个有关人类手势

---

[1] 当然，这并不是要否认，大部分的编织是由散布在历史长河中有机体的社会群体所完成的。

[2] 一个不同之处在于，就认知支架来说，通常是人类有机体与现存的网络支架相协调行动，来编织、选择或维持新的支架层，从而导致斯特瑞尼（2004）称为"下游累积认识工程学"的强大过程（见第4章第4节）。

本质和组织的广泛调查中提出了一个有趣的问题。手势都是有关表达完全形成的思想，因此主要就是一个自主体间通信的道具（听者通过他人的手势理解其意义）或者手势可能作为思考过程中的部分能起作用吗？一些线索（136-149）表明它的作用不仅仅限于表达，其包括：

我们在打电话的时候会打手势。

我们在自言自语的时候会打手势。

在没有人可以看见黑暗的时候，我们会打手势。

手势随着任务难度增加而增加。

当说话人必须做出选择时，其手势会增加。

当对一个问题进行推理而非仅仅描述这个问题或一个已知解决方法时，手势会增加。

尽管如此，紧缩主义者认为仅仅通过联想就能解释这些效果中的大部分：在没有观看者时打手势，仅仅是通过我们在正常的交际背景打手势的经验而建立一个习惯。然而（141-144），结果却是从出生就失明的说话者，在他们讲话的时候也会打手势，即便他们从未与任何可见的观看者说过话，且从未看见过他人一边说话一边打手势。甚至，当和其他的他们所知也失明了的人讲话的时候，这些人也会打手势（Iverson and Goldin-Meadow 1998, 2001）。出于讨论的目的，我们假设手势确实能对思维起到某种积极的因果性作用，只是这种作用可能是什么样呢？找到答案的一种方式就是去看，当姿势被从可利用资源的混合中移除时会发生什么。为了探究依据思维限制手势所产生的影响，戈尔丁－梅多和同事（2001；Goldin-Meadow 2003；第

6 治疗认知小病痛的良方（嵌入式认知假说、延展认知假说、嵌入式认知假说……）

11章）要求两匹配组的孩子去记住一张列表，然后在尝试回忆这张列表之前去解决一些数学问题。一组（称其为自由手势组）在介入数学任务期间可以自由地打手势，另一组（称其为无手势组）被告知不能打手势。结果表明，在介入数学任务期间限制使用手势分别对两组分别的记忆任务（记忆列表中的单词）产生了很大的破坏效果。根据戈尔丁－梅多的观点，最好的解释是，打手势的行为在某种程度上转换或者减少了整个神经认知负荷的各方面，从而释放出记忆任务可使用的资源。

在此观点继续之前，很有必要排除一个非常明显的替代性解释。根据这个替代性解释，努力记住不能用手势（在无手势组）会增加负荷而不是用手势减少了负荷（在自由手势组）。如果是这样的话，无手势组确实不会表现得很好，但并不是因为手势减轻了负荷。相反，记住不打手势增加了负荷。碰巧在解决数学问题的某些环节中，一些儿童和成年人自发地选择不去打手势，这使得实验者能够通过指示和自发的（因此，大概不费力气的）倾向来比较移除手势的效果。对初始任务的记忆结果同样受损，即使缺乏手势是自发的选择（Goldin-Meadow 2003, 155）。这正好支持了这样的主张，即手势自身发挥着某种积极的认知性角色。①

戈尔丁－梅多争论道，当我们看到手势话语不匹配的案例时，便会出现一个关于这个积极角色本质的重要暗示（2003,

---

① 还有一些以前的研究，其中要求孩子们坐在他们手上，这样就可以有效地去除手势选项而不增加记忆负荷！

chap. 12）。这些案例都是当你所说的和你用手势所表达的发生冲突时的情况（例如，你用手势所表达的是一个一对一的映射，但是在同时发生的解决问题的声音尝试中，你无法理解鉴别这种映射的重要性）。① 我们已经发现很多此类案例，重要的是，手势倾向于预示儿童会在稍晚点的时间有意识地通过说话寻找正确的解决方案。即使它不会立刻找到正确的解决方案，合适手势的存在也是被证明具有预示性，预示儿童有能力去学习正确的解决方案，而且比那些手势没有展现这种心照不宣的或初生的理解鉴别力的人更容易学到。

在最后，戈尔丁-梅多被引至如下的叙述（如她清楚地指出，被大卫·麦克尼尔的开创性研究所吸引；McNeill 1992, 2005）。她认为，打手势的物理行为通过提供可替代的（模拟、运动和视觉空间）表征格式，对学习、推理和认知改变起着积极的（不仅仅是表达的）作用。用这种方法，

> 手势……扩大了一系列说者和听者可使用的表征工具。它可以冗余式地反映通过口头形式呈现的信息或者能够扩充那种信息，并增添仅仅通过视觉或运动形式才可能产生的细微差别。（2003, 186）

有人认为，那个特殊的视觉动作形式的编码与其他口头形

---

① 戈尔丁-梅多（2003）的大部分研究是致力于将意义归属于自发的自由手势。另见 McNeill（1992, 2005）。

式的编码进入了一种持续的耦合辩证关系。手势因此持续地告知和改变口头的思考。这种口头思考是持续地被手势所告知和改变的(也就是说,两者形成了一个真正耦合的系统)。这个耦合的辩证关系创建了不稳定(冲突)点,其尝试性的解决方法(尽管当然不总是)通常以富有成效的方式向前推进我们的思想。其结果是"一个动态的相互关系,在任何单个的系统要素中的活动可以潜入其他任何系统要素中的活动"(Iverson and Thelen 1999, 37)。

在这里,真正重要的是物理手势吗?或者它们仅仅反映了在两个不同神经性存储之间的负荷转移吗?手势仅仅是将重担从神经性的口头储备转移到了视觉空间储备吗?如果是这样,那么在自由打手势的时候完成一个独立的空间记忆任务应该比不能自由打手势时更困难。通过用空间单词记忆的任务来替换原始的单词记忆任务以对这一点进行检测(Goldin-Meadow and Wagner 2004; Wagner, Nusbaum and Goldin-Meadow 2004):回想网格上点的位置。结果是毫不含糊的,即使第二个任务自身是一个空间任务,手势的可用性仍然对其有帮助作用(仍然改进了完成记忆任务的表现)。

这一切都表明,打手势的行为不单纯是一个用来表达某种完全被神经实现的思维过程。相反,它还是一个耦合的神经身体延伸的必要部分。这种延伸自身被有效地视为一种思维过程的有机体延展。在手势问题上,我们似真地面临一个认知过程,其实包含了超越纯粹神经领域的机制。这种富有认知性意义的延伸不需要停止在生物有机体的边界上。就如同人们常常评论的那样，当我们同时忙于书写和思考时，相似的事情可能会发生。被记录在纸上的不总是完全成形的思想。不如说，纸张提供了一种媒介。通过此媒介，这次是通过某种耦合的神经－涂写－阅读延伸，我们具有了探索思维方式的能力，否则我们可能无法具有这种能力（这样一种耦合的延伸在理查德·费曼和历史学家查尔斯·韦纳之间的著名交流中被雄辩式地唤起，这段交流在引言中转载）。如果我们允许（不仅是它们神经性的光标前或光标后的）实际手势去构成一个个体认知性进程的部分，那看似就没有原则性的理由去阻止它传播到体肤与空气相遇的地方。①

然而，在这点上，戈尔丁－梅多的关于"手势减轻负荷"的说法可能会受制于运气。因为怀疑论者可能表明，这个所暗示的是，物理手势自身不是认知进程的部分，而仅仅是通过减少真实认知进程的负荷来影响它（回忆一下我们以前对于所谓因果性构造错误的讨论），无论这些进程是什么。我认为不应该过度重视用词的选择。这样说是更多地反映了我们当前的科学倾向以在头脑中定位认知的所有机制而非要这样做的论据。更重要的是，在"仅仅影响"某个内部认知过程和构成一个延展认知过程的合理部分之间存在的关键区别，在涉及自生（self-

---

① 回想一下，亚当斯和相泽把神经系统描述为所有真正认知活动的所在地。鲁珀特（明智地）认为是整个生物有机体。但是，他这样做却让情况越来越糟。一旦我们允许认知过程充分混合（允许功能性认知整体由像手臂和手部运动以及神经活动那样具有异质性的部分组成），似乎就没有足够理由止步于体肤了。

generated）思维和理性外部结构的系统性效果的案例中显得更不明朗（我们马上就要看到）。

6.8 物质载体

麦克尼尔（McNeill 2005）提供了一个明确观点，即物理手势是认知过程本身中的要素。麦克尼尔的研究工作建立在对自由讲话中手势使用的广泛实证案例研究的基础之上的。他用来理解和组织这些研究的关键思想就是一个持续的意象-语言的辩证关系的概念，其中手势作为物质载体起作用。

物质载体（material carrier）这一术语起源于维果斯基（1962/1986），其旨在表达一个有系统性认知效果的物理物质化的思想。但是，我们不应该再一次被认知效果图像所误导。因为根据麦克尼尔的观点，"（物质载体的）这个概念意味着手势，手势本身的实际运动，是思考的一个维度"（2005, 98，原文中有强调）。他认为，我们的自由（比如说，自发的、非传统的）手势不仅仅是我们完全实现了的内部的表达或表征思想，而是其自身在"以诸多形式之一进行思考"（99）。

请注意，这并不是说手势不是产生于神经活动的特殊形式，而是导致神经活动的特殊形式。手势会这样，而且麦克尼尔对于有关优先参与产生和接受自发手势的神经系统还有很多要说的（McNeill 2005；见第 7 章和第 8 章）。相反，它是将手势的物理行为看成一个统一的思-言-手系统的部分。手势的协调活动已被挑选或保持以选择或维系其特殊的认知性优点。

在麦克尼尔的解释和戈尔丁-梅多的解释之间存在着重要的不同之处。但是，在将物理手势看成认知过程中的真正要素这一点上二者是相同的。麦克尼尔（2005）强调"生长点"（growth points）的观点，其被描述成"一个意象-语言辩证关系的最小单元"（105）。一个生长点就是一个集合意象主义的和线性的命题（语言学上的）要素的程序包，其一起构成一个单独的思想（例如，两者都传达了在说话者描述某一系列的事件时会存在的一种对抗性的力量）。戈尔丁-梅多强调的富有成效的冲突点从技术层面上讲并不是生长点（McNeill 2005, 137）。但是，从另一种常规的层面上讲，它们却是生长点：它们是意义空间的碰撞，能够以富有成效的方式推进我们的思维；手势循环连接到物理世界中，为这种意义空间提供了至关重要的媒介。

我可以告诉大家，这些被强调的不同之处并不等同于手势任何认知性优点的潜在模型的深度非兼容性。在每一个案例中，接入手势的循环创造了一个说者和听者都能使用的物质性结构。况且，正如那个物质性结构可能会对听者产生系统性的认知作用一样，它因而也可能对说者有一个系统的认知性作用。如果这是正确的，手势的角色就非常相近于某些形式的自主的、公开的或者隐蔽的话语（在有机体外壳之外循环），或者相近于某些形式的思考性的书写（McNeill 2005, 99）。

为了解释这个特殊效力，麦克尼尔提出了一个进化假说，取名为"米德的循环"（Mead's Loop）（在 G. H. Mead 1934 之后）。这个观点产生的背景是所谓的镜像神经元的发现。这些神经元，首次是在猕猴额叶区被发现的。当动物开始进行某个有意图性的行为和它看到其他动物进行同样的行为时，大脑会发射这些神经元（Rizzolatti, Fogassi and Gallese 2001）。麦克尼尔的观点是，我们自身的手势激活了镜像神经元支配的神经资源，以致"一个人自身的手势（激活）了大脑回应包括手势在内其他人的意图性行为的一部分，从而把自己的手势当作一个社会性的刺激物"（McNeill 2005, 250）。

这个是否是正确的进化和机械性的解释对当前目的来说并不重要。重要的当然是指导思想（在第3章中我们已经遇到过），即我们通过将思想物质化为物理手势来创造一个稳定的物理存在，这种物理存在可能会富有成效地影响和限制思维和理性的神经性要素。

很多其他的可能性也自然属于这个大标题之下。因此，奥洛克（Alač）和哈钦斯（2004）提供了一个有关一群交互的科学家之间手势可能作用的有用的详细分析，并认为他们的微量分析"将行为显现为认知，也就是为那些科学家构建了思考过程的行为"（629）。他们提出的一个手势的关键作用就是去强调和探索不同的外部表征之间的可能关系（这种情况下，在图表中的信息、脑部扫描等之间）。在此，公共空间的物理手势被描述为概念化的认知进程中毫不夸张的一部分。科学家参与这个进程，手势在这个进程中起着哈钦斯（印刷中）称为概念混合的"物质锚"（material anchor）的作用。

肖恩·加拉格尔在最近关于手势和思维的收获颇丰的讨论中写道，"即使我们并不是明确地意识到我们的手势，甚至在手势完全无助于交际过程的情况下，它们还是可能对我们认知的塑造做出隐式的贡献"（2005, 121）。加拉格尔在一个更大的框架里解释具身的"前意向性"（prenoetic）作用并以此着手研究手势这个主题。加拉格尔使用这种艺术的表达方式来表示身体在构建心灵和意识方面的作用。这个观点是，有关身体和身体定向等的事实通过各种不同的方式为感知、记忆、判断（"纯粹理性的"因素）这些有意识的行为设置场景。我们被告知，一个前意向性的行为表现能"帮助建构有意识但是不在意识的内容中明确展现自身"（Gallagher 2005, 32）。因此，举一个非常简单的例子，具身自主体是从某个空间视角来感觉世界的。那个视角塑造了在现象的经验中被明确给予了我们的东西，但它自身并不是我们所经验的一部分。相反，它"塑造"或"构建"经验（此例见 Gallagher 2005, 2-3）。加拉格尔以这种方式说明，手势在"塑造"认知和（沿用梅洛－庞蒂在描述话语的认知角色的说法）"思维成就"中所起到的作用。这种措辞巧妙地（尽管只是表面上）避开了是否将手势视为思维和理性的真正机制部分这个棘手问题。在引文的脚注中，加拉格尔就很少逃避了。他提出："可能是……我们称之为心灵的某些方面，事实上，仅仅是我们倾向于称为表达的东西，即正在发生的语言实践（'内部话语'）、手势和表达性的运动（121）。"加拉格尔怀疑，手势既是一种思维实现的手段，也是心灵的一个方面——思维本身的一个方面。[1]

---

[1] 不幸的是，在这些关于手势的讨论中引用的"思维"这个概念是很模糊的，因为它有时可能意味着（1）由戈尔丁－梅多设想的"言语（转下页）

6 治疗认知小病痛的良方（嵌入式认知假说、延展认知假说、嵌入式认知假说……）

6.9 作为机制的循环

如果先前章节的推测是正确的，那我们自己的手势构成了一个整合的言－思－手[①]系统的部分。这个系统已经因其特定认知性优点被选中。[②]神经系统互相协调配合、帮助制造、利用开发，并且它们自身能被那些构成自由手势的有特殊目的的身体活动所携带。从这方面看，话语、手势和神经活动能够以清晰的问题解决的优点构成一个单独的整合系统。这些优点不

（接上页）思维"，不同于（尽管交织在一起）（2）通过手势具体实现的（整体的，意象的）思维的种类。最后，（3）由参与了涉及手势和言语元素的某个过程的自主体所实现的整体认知状态。说手势是构成思维过程的一部分就是说它有助于协调并告知言语思维，且这样做就构成了更大的综合认知系统的一部分。

① 这里使用的"思维"一词有误导性，它只反映了"思维"的普通用法，而不是麦克尼尔等人开发的实际模型。在使用"语言"方面也有类似的含糊之处，因为在麦克尼尔的解释中，手势是语言的一部分。麦克尼尔认识到这些缺点，但认为这种用法不会有任何危害；参见麦克尼尔（2005, 21）中"术语的探戈"。

② 一个可能的反对意见是，幻肢患者有时会报告说他们有能力用他们的幻肢做手势（Brugger et al. 2000; Ramachandran and Blakeslee 1998）。这些幻影手势以同样方式适合于正在进行的口头话语和问题解决过程。这是否表明所有真正工作都是由内部神经电路完成的，且普通的发言者所产生的实际手臂和手部动作终究不会发挥任何认知的作用呢？首先，还不知道幻肢手势是否以戈尔丁－梅多和麦克尼尔所描述的任何方式的一种来助力于问题的解决。第二，即使幻肢手势产生某种程度的认知收益，也不足以表明这种益处的全部范围都可用（比较用手指计数和想象如此做）。因此，在幻肢案例中出现的手势（Goldin-Meadow 2003, 240-243; Gallagher 2005, 120-122; McNeill 2005, 244-245）被当作更多的证据来表明手势是已被选为其整体认知优势协调的大脑身体系统的不可或缺的组成部分。

能还原为其任何单个个体部分的优点。

然而,一个单独的整合系统可以包含各种不同的部分,其贡献也大相径庭。况且,这些部分中的一些凭其自身可能就是认知过程(也就是说,即使独立于其他来考虑,它们也会保持为认知过程),然而其他的并不是这样。因此,这似乎很明显,一系列总的物理手势绝不能单独执行一个认知状态或者过程。手势只有与神经活动的关键形式协调一致时,其认知作用才可以显现并被维持。相比之下,神经行为的某个集合对于某种认知状态的存在或其他的存在来说通常是充分的。但是,这种真正的不对称性让我们没有理由去否认手势构成认知机制的部分这个概念。为了能看到这一点,我们只需要提醒自己。同样,一个单一神经元的活动对于一种认知状态的存在是从不充分的。但这种活动在适当的情况下仍能构成执行一个认知状态或过程机制的一部分。

或真或假,任何涉及手势的认知延伸都会存在一系列纯粹的神经事件。因此,如果它们没有通过物理手势的循环而以某种方式被放置就位或被推进形成,那么具身自主体的认知状态则是相同的。我们并不能由此得出手势仅仅扮演着一个因果性角色,且对认知机制的构建没有帮助这样的结论。因为同样的情况对于被某种内部操作结合在一起的一系列神经状态来说可能也是真的。我们假设通过其他某种方式完成那个系列和思想链,结果也将会是一样的。我们不能由此得出(有关此论点的更复杂的版本参见 Hurley 1998),随着事物真正地延伸开,所涉及的内部或者外部操作并不因此就是认知过程的真正方面。

6 治疗认知小病痛的良方（嵌入式认知假说、延展认知假说、嵌入式认知假说……）

因此，赫尔利有效地警示并反对她称为"'因果性构建错误'（causal-constitutive error）的错误"的东西：

> 反对外在主义解释的错误给了"仅具有因果性"的外部因素一个建构性的角色，且同时在没有独立论据或标准的情况下，假设因果性的／构建性的区别是与某个外部的／内部的界限相一致的。为避免因此带来的乞题问题，我们不应该带着这种有关将因果性／建构性界限放置在那里的事先假设来操作，而要等待解释的结果。（印刷中）

尝试把握这些事情的过程中，我们很容易会被很多普通案例中各种无关紧要的特征所误导。这些案例中生物外部因素和力量会影响思维和理性。因此，假设敲打在我爱丁堡窗户上的有节奏感的雨点在某种程度上有助于思想流动的速度和顺序，那现在的雨点是我认知机的一部分吗？不。它只是我认知机形成的大背景。但我认为，这并不是因为雨点在体肤和颅骨的界线外。相反，这是因为雨点并不是为更好地支持认知而被挑选或维持的系统的一部分（它甚至都不是一种副效用或里面的"拱肩"①）。它的确只是纯粹的（但在发生时，是有帮助作用的）背景。将此与一个机器人进行比较。这个机器人经设计去使用雨点的声音来测定和调整某种对解决一些问题非常必要的内部操作的时间和节奏。这种机器人容易受到天气的

---

① 拱肩（Spandrel），本义是建筑用语。——译者

影响（非英国的）。但是，至少对于我来说，有一点是不明晰的，即整个基于雨点的计时机制没有被有效地处理为机器人的认知例程之一。最后思考一下自我刺激的吐唾沫机器人（Self-Stimulating Spitting Robot）。这个机器人已经进化到可以出于相同目的将储存的水吐到自己身体上的一个盘子里，从而将听觉信号作为一种虚拟导线（Dennett 1991a）来使用，以给其他关键操作计时。那些自我维持的认知支持信号肯定是认知机制自身的一部分。毕竟，神经时钟或振荡器也会计数。

这些简单的例子所展示的是（如亚当斯和相泽，准确叙述见第5章），单纯的耦合是不够的。有时，所有耦合只是提供了一个通道，使源于外部的输入能向前驱动认知进程。但是，在更广范围内的很多有趣案例中存在一个至关重要的并发症。这些案例就是，我们面临一个可识别的、在某个自主体中运行的认知过程，它创造性地输出（言语、手势和表达运动、书写的词语）就如同输入一样被回收再利用，并向前驱动着认知过程。在这种案例中，任何禁止将输入算作机制的部分的直觉都似乎是错误的。我们所面临的东西反而很像一个强制归纳系统在认知上的对等物。一个更为熟悉的例子就是涡轮驱动的汽车发动机引擎。涡轮增压器使用发动机引擎的排气流来使涡轮旋转，涡轮又使气泵旋转，气泵压缩流进发动机引擎的空气。压缩过程将更多的空气挤压进各个汽缸，使得更多燃料被混合，引发更有力的爆炸（驱动创造给涡轮增压机提供动力的排气流的引擎）。这种自我刺激的汽车设计提供的动力需求增加到高达40%以上。排气流是一个良好的发动机引擎输出，它也起着可靠

6 治疗认知小病痛的良方（嵌入式认知假说、延展认知假说、嵌入式认知假说……）

自生输入的作用。毫无疑问，整个涡轮增压循环应该算作汽车自身的总动力产生机制的一部分！我认为，在有关手势的案例中也是同样的道理：手势既是一个系统性的输出也是自生的输入，它在一个延展的神经－身体认知结构体中扮演着重要的角色。①

6.10 无政府主义的自我刺激

使这个图像完整的最令人满意的方式还包含最后一个（且仍然出奇地令人眼花的）步骤。这最后一步不是强制性的，即使我们选择不采取这一步，认知延展的案例依然站得住脚。②但是它提供了一个非常自然的方式去完成这个解释。

我们讨论中的步骤就是完全否定内部执行者的想法——中央控制者（Central Meaner）（Dennett 1991a）——它将自我刺激的实践作为实现其自身（预先形成的）认知目的的一种手段来"使用"。取代这样一个全知的内部执行者，我们应该考虑一个多少更具影响力的庞大的平行联合的可能性，其大部分自我组织的延伸使我们每个人成为我们之所是的思考的存在。因此，

---

① 在有关手势的案例中，自生输入与其他处理要素之间的关系看起来也涉及持续互为因果的全部复杂性（见第1章第7节）。在这种情况下，不可能根据任何简单的模型来分配这些贡献，在这种简单模型中，一个独立的推理自主体完成所有的"真实的思维"，然后仅仅将信息卸载到环境中以备将来使用（就像我们把黄色便笺纸贴在浴室镜子上提醒我们第二天有重要会议一样）。

② 也就是说，人们可能赞同中央控制轨迹的想法，并同时认为，即使在内部，一些中心轨迹之外的状态和进程也可算作自主体的认知状态和进程（例子可能是某种形式的记忆和倾向性信念）。适用于内部状态和过程的内容也必须适用于外部状态和过程。因此，即使是中央控制的坚定支持者也会赞成延展理论。

丹尼特（1991a, 1998）描述人类心灵的表达更近似一个半混乱的平行组织。组织中竞争要素的平均智力水平仍远低于传统归因于所谓中央执行者的智力水平（一群互相竞争的迷你执行者，说得更好听些，没有人需要其辅助的超大助理）。在这个单调的竞争合作关系之内，不同要素在不同时间获得控制。但关键的是，在这个闪避碰撞群体里没有任何要素是思维的特权资源。如此，剩余的工作仅仅是去明确有力地表达或者存储其完全成形的（尽管也许还未形成口头上的清晰表达）思想。在这样的体制内，我们正在进行的手势和语言的自我刺激循环，既不仅仅是一个单一且稳定的中央推理要素的产物，也不是其奴仆。就这样，麦克尼尔（2005, 98-99, fn. 11 and 12）提出了他的手势模型。这个模型可以避免一个中央"思维区域"的图像。所有认知性的有效表征都需要被显示给这个区域，正如其可以避免将手势的图像（以及说出话语的图像）作为一个受中央操控的认知工具。

因此，思考一下这个熟悉的观测结果，口头编码是我们以短期记忆的特殊形式暂时维持的各种项目。例如，"语音循环"（phonological loop）（Baddeley 1986）经常被描述为一种默读（subvocal）资源，并包含一种内在声音和一种内在耳朵。[1] 根据标准的解释，中央执行者用某种口头内容加载这个回路，如一个电话号码。中央执行者就是那个"让表演进行的部分并做着

---

[1] 这一描述得到了最近成果的有力支持。这些研究结果显示，以言语自思自付与通常参与产生公开讲话的大脑领域和通常参与听觉信号处理的大脑领域的活动增加相关（Smith 2000）。

6　治疗认知小病痛的良方（嵌入式认知假说、延展认知假说、嵌入式认知假说……）

实实在在的工作的部分"（Reisberg 2001, 14）。听命于执行者的是很多"助理"，其低级任务包含在执行者下达吩咐时存储信息和使信息循环。前面提及的语音循环就是这样一个助理。当这个循环默读式地重演着口头通道时，执行者可以自由地处理其他事务，再返回（随着痕迹褪减）去通过另一个默读的发起来读取和刷新口头存储。整个很像使用一个被动的存储设备的效果，例如笔记本和可能慢慢消失的墨水。

尝试着在一个没有内部执行者、中央控制者或其他形式的稳定的顶层权威的系统里，想象像语音循环这种东西的作用和功能，这是具有指导意义的（Dennett 1991a, 1998）。我们离存在的那个图像越远（需要注意，还存在很多中间选择；Shallice 2002; Carruthers 1998），似乎就有更多的空间去重构我们自我刺激的实践所做出的认知性贡献。比如，与其将语言形式的自我刺激处理为基础性地提供一种如同内在便条簿的东西、其有助于保持预选的口头形式存在在工作记忆中，我们不如开始将其视为同时延伸的很多过程之一。这些过程对我们思想的建构和起源都有贡献，且不仅仅对它们的短期维护有贡献。自我产生的输入流仅仅反映的是中央控制者预先形成的想法。替代这个中央控制者，我们可能会因此思考一个更加分散的、多少有点无政府主义的组织。就如丹尼特（1998）所恰当描述的，在这个组织中，绝大多数情况下"操纵者（manipulanda）不得不去操纵他们自己"。

如果戈尔丁-梅多、麦克尼尔和其他人是对的，那我们的手势也充当着一个松散的、分布式表征性的、信息加工处理结构体中的要素。这些要素物质化了的意象主义的内容可能会扩增、细化、膨胀，有时与同一结构体中其他要素的这些内容产生有益的冲突。在此，错误的图像是，中央推理引擎仅仅用手势去给预先形成的想法披上外衣或将其物质化。相反，手势和（公然的或隐蔽的）话语作为分散的、半无政府主义的认知机相互影响的组成部分出现，并参与到具有强大认知性的自我刺激的循环中。这些循环活动既是我们思考行为的一个方面，也是思考行为的结果。

6.11 自主耦合

然而，它有一层重要的意义，即我们身体上或环境上循环的自我刺激的实践无法做到完全的混乱。因为这种实践只有在服从我将称之为"软控制"（soft control）的时候才最有力。

为了慢慢理解这种思想，我们首先思考一下克劳斯和莫尔斯（2005）记录的一组微小但有建议性的模拟仿真。这组模拟调查了对公共符号系统的内部重复利用可能有助于认知的方式。在一些自主体中，一个专用的可再入循环规定启用了内部再利用。这个循环能够在随后的进程中回收再利用"听到的"语言输入。在模拟中，简单的自主体得到进化去发现和移动几何图形以回应用"公共"代码表达的指令。这些指令告诉自主体（只是有着视觉和言语输入的简单的复发性神经网络）对屏幕上的对象执行四个不同任务中的哪一个。这些任务就是把对象移动到顶部（"上"），移动到底部（"下"），移动到右边

("右"），或移动到左边（"左"）。

成群的自主体在三种条件下得到进化。

第一，是控制条件，不伴有专用的词语可再入循环。在这种条件下，自主体"听到"词语并把其作为指令，且必须只基于这些指令采取行动（但结构仍然是一个简单的复发性神经网络，所以随着输出层与下一步的新输入一起循环回到输入层时，就会有可用的记忆）。

第二，是永恒的词语再进入。在这种条件下，"听到的"指令词语通过一个复发性循环的专用部分被往回循环，同时解决问题的过程正在继续。

第三，是自我控制的再进入。这个与第二种条件很像，除了那个网络有一个附加性的输出单元，它可以间歇性地为专用词语再进入循环提供门控。"听到的"话语因此能够在加工处理期间被回收再利用，且这是出于自主体自己的判断。

克劳斯和莫尔斯发现，在控制条件下（没有专用的词语再进入），自主体花费更长的时间去学习成功完成诸多任务中的一个，且似乎无法学习成功完成所有四个任务。这是因为一个任务中的改进似乎总是导致在一个或多个其他任务中的表现下滑。拥有永久词语再进入的网络进展得更好（条件2）。好的表现得到迅速的进化并且在至少三个、通常全部四个任务之中都有典型的体现。然而，其中最可观的是在条件三中带有可自我门控的（self-gateable）词语再进入的网络。这些自主体在所有任务中都创造了最佳表现，并且花费了最少的进化成本（从能力所需要的产生数量而言）。这样的自主体显示出了饭家广和池上（Iizuka and Ikegami 2004）取名为"自主耦合"（autonomous coupling）的东西——也就是说，耦合行为可以按照当前需求和计划所发出的指令被开启和关闭。

这一结果背后可能存在更根本的东西。因为自主体控制的（即可门控的）公共话语的回收再利用可以被理解为，是通过松散耦合的过程来进行探索式搜寻的更大普遍性影响的一个简单例子。这种影响已经在所谓的"气网"（GasNets）研究中被观测到（Husbands et al. 1998）。这个研究表明，结合（模拟）自由扩散的气态神经传导物质和更多标准形式的神经网络学习可以改进行为表现和加速进化。为了解释这个结果，菲利皮季斯（Phillippides 2005）等人提出，当一个有机体必须适应冲突的压力时（正如克劳斯-莫尔斯网所面临的四个"矛盾的"任务中一样），各种不同的但松散耦合的过程"允许了将一个过程调整为与另外的对立而没有破坏性干扰这样一种可能性"（154）。[①]因此，我们可能可以把口头预演对认知的辅助作用解释为动态相异过程之间自主松散的耦合所具有的更多普遍性价值的另一个例子。可能也就是说（这里我们捡起一些在第3章中首次引介的主题），自生的口头输出进入了与非口头神经过程松散耦合

[①] 在手势案例中，这种避免破坏性干扰的需要有一个有趣的对手。因为手势系统的部分力量似乎在于这样一种事实，即我们不是被迫去有意识地面对或甚至认可我们自己的手势意义，且这使我们能够自由探索与我们口头断言不一致的想法。另一种说法，即：手势没有被明确确认。因此，手势可以让说话者将与他们当前信念不一致的新颖想法引入到他们的储备库中，而不受听众的挑战——事实上是不受他们自己的自我监控系统的挑战⋯⋯一旦被引入，这些新想法可以对变化进行分析（Goldin-Meadow and Wagner 2004, 239）。

6　治疗认知小病痛的良方（嵌入式认知假说、延展认知假说、嵌入式认知假说……）

形式的协调动态中，使得整个系统能通过"思考空间"去探索轨迹，否则就可能被表面上冲突的当下想法、目标或语境间的破坏性干扰所阻塞。[①]

这个普遍模型似乎也符合手势的案例。请回忆一下，就如麦克尼尔（2005）和戈尔丁-梅多（2003）所理解的一样，手势的认知能力是部分地归因于手势系统进入一种与口头推理系统辩证有益的关系的能力。为了让此发生，耦合行为需要被放在一个宽松的意义层面，这样手势和口头系统就能够探索不同的空间。并且它具有明显的可门控性，因为手势随着问题解决过程的进行而被开启和关闭。然而，纯粹的自我控制的可门控性断然不应被视为被再次引入的内部执行者。因为门控例程本身可能只是受经验驱动的微守护程序（microdemons），其被添加到半无政府主义的混合体之中，守护程序的活动尽管在某种意义上来说是更高阶的，但并不表明消息高度灵通的内部小人监控或控制思维流动和理性流动的判断。[②]

总之，更重要的是，手势、内部言语和所有万千形式的认知强大的自我刺激是受制于软控制的，其中那仅仅意味着自我刺激的例程可以在认知活动流动期间的适当时刻被开启和关闭。但是，这与不包含中央控制者或全知的内部小人的那种相对单调的半混乱组织是完全相兼容的。

[①] 要实现这一点，对当前耦合程度的持续控制，就像在"封闭的"自我提示网络中一样，很可能是至关重要的（Philippides et al. 2005, 158）。

[②] 例如，参见丹尼特（1998）对"竞争程序"（Norman and Shallice 1980）"一直向上"的系统描述。

6.12 为什么是延展认知假说

本章以一个双重挑战开始。向我们展示，延展认知假说并没有通过在为科学研究鉴别具有持续性的主题的代价下，将我们描绘为认知上延展的自主体这种方式在市场之外给自己定价。同时，向我们展示，采纳延展认知假说的视角而非它那看似无害的嫡系——嵌入式认知假说，是有真正的附加价值的。

两个挑战现在都已得到了应战。有关第一个挑战，我们已经到达这样一个视角，即人类认知是以有机体为中心的而不是局限在其边界内。欣然接受延展认知假说并不要求我们去放弃有关持续的生物（且在生物体内，一个神经的）核心这个视角。这个核心是认知科学研究的完美契合的对象。延展认知假说只是主张我们也应该把更大的、通常是暂时性的集合体自身作为认知活动单元来研究。

在那时，第二个挑战变得紧迫了。选择延展认知假说而非嵌入式认知假说所带来的附加价值究竟是什么？两方都应该承认，切分这个认知蛋糕可以用具有替代性的方法。即使在难度最大的案例中对于嵌入式认知假说，即其中信息流和控制流在内部要素和外部要素之间以深度、密集、多样和互惠的方式交织在一起，我们可能仍然（如果我们选择）只将内部神经活动指定为合理的话语认知。因为就如我们在前几章之中所看见的，跨越边界线流动的纯复杂性不会抹杀边界线本身。

延展认知假说的某些价值是预防性的，它存在于其具有的

6 治疗认知小病痛的良方（嵌入式认知假说、延展认知假说、嵌入式认知假说……）

将理论家从一系列关于神经机制自身本质和贡献的具有诱惑力却错误的观点推离的能力之中。另外，还存在一个积极的替代性视角，其关键要素才刚刚开始浮现。在消极的一面，延展认知假说有助于我们抗拒如下的错误：

第一，各种形式的"魔尘"（magic dust）错误。延展认知假说提醒我们，神经性行为并没有被赋予某种本质属性使它们能独自担当心灵和智能的回路。重要的是被支持的功能。反过来，这又依赖于在体肤和颅骨的界线内或界线外最具神秘感的因果性流动。

第二，"内部小人"。延展认知假说提醒我们，不存在一个单一的、全能的、隐藏在大脑内的自主体来进行所有的真正思维，并又能智能地组织内部和外部支持结构的所有团队。根据我们已讨论的这一最激进的模型，这小人（可谓）始终是一种支撑结构，具有心灵和理性，而心灵和理性则（主要）是具有自组织复杂性运作良好的涡流的突现性产物。

假设你也持有以下有关人类认知组织的积极观点：

第三，大脑/中枢神经系统是具有"认知公正性"的，它不关心关键操作是如何与在哪里开展进行的。

第四，很多的人类认知都得益于自我刺激的活动循环（"认知上的涡轮增压驱动"）。其中，我们积极地创造驱动和限制我们自身的进化思维过程的结构。

第五，控制流自身是支离破碎且分布式的。它允许不同的内部资源与不同的外部资源进行交互活动或者号召它们，而没有出现这样的活动路径通过全视的、全统筹的内部执行者有意识的深思熟虑或干预的瓶颈而被选择的情况。

第五点还需要详细阐述，可能因为一些对延展认知系统观点的反对是根植于对一个简单替代模型的可用性假定。在这个模型中，一个限于颅骨的智能自主体决定将一部分工作和存储卸载到身体和环境结构中。① 然而，在很多情况下都发现不了这种有意识的卸载和复载行为。② 俄罗斯方块的专业玩家（见第4章第6节和第7节）不是有意识地选择用旋转操作来实现认知目的。在这种案例中，延展过程包含复杂的、子人式整合的例程，并因其特别认知性的优点而被选中和维持。我们也不需要猜想，在缺少有意识的选择和编配的情况下，某个高度智能的、消息灵通的、尽管碰巧是无意识的内部执行者已经为我们做了选择。相反（见第2章第5节、第6节和第4章第7节），选择只在一个有效的、分布式的问题解决整体的突现中。其中，这种突现是受到我们刚刚才开始（正如巴拉德、格雷和其他人的研究）理解的原则指导的。

嵌入式认知假说从而威胁要为外部回路和要素重复丹尼特（1991a）警告我们的有关内部回路和要素的那个错误。它将这样的外部资源描绘为只是通过在某个细心的内部监工面前夸示

---

① 例如，我们决定把黄色便笺纸贴在镜子上，来提醒我们有重要的会议。在这样的案例中，一个可识别的思维自主体将某个可辨别的认知活动中语义结构良好的产品卸载到某种环境结构上，只在后面需要时将其重载以执行某个任务。

② 在奥托那个棘手的案例中，对卸载-重载解析的有意识选择和感知到的可用性，这一图景困扰了我们的讨论，尽管我们尽了最大的努力（Clark and Chalmers 1998）将笔记本的使用描述为如此熟练而变得自动化和不经思考。

6 治疗认知小病痛的良方（嵌入式认知假说、延展认知假说、嵌入式认知假说……）

结构和信息的方式来进行工作。在缺失任何这种享受特权的内部构成组件的情况下，外部和内部操作自由地作为思维和理性的构建中调整好的相互作用的参与者出现。

诚然，这个总体构想（认知被分布到大脑、身体和世界之中）遗留了一系列全新的谜题。它导致了一个被误解的"招募"过程。这个过程从一个候选人才库中软装配了一个问题解决的整体。这个人才库中可能包括神经存储和加工处理例程、感知和肌肉运动例程、外部存储和操作与包含自生的物质支架的各种自我刺激循环。况且，在其最激进的情况下，它将那个过程描绘为不需要中央控制者也能进行。但重要的是，这一切对于神经结构体自身来说具有同样的适用效力。同样，在此一个认知任务经常会被一个软装配联合的分布式（且通常高度异质的）神经组件和脑区所解决。这些都是被暂态的"功能连通性"（functional connectivity）图示临时放在一起的。[1] 因此，在内部结构体自身被正确看待时，延展认知假说获增了合理性：作为多样的、支离破碎的、然而通过被误解了的形成和再形成各种具有惊人整合性（尽管是暂时的）的整体能力而被广泛授权的结构体。

嵌入式认知假说将我们所有的真实认知行为描绘为具有神经上的局限性（Adams and Aizawa 2001）或具有有机体上的局限性（Rupert 2004）。但是，拂去魔尘，解雇那个内部执行者，

---

[1] 参见斯伯恩斯等人（2004）对于持续结构和大脑中短暂的功能复杂性之间的区别进行很好的解释。

欣然接受认知过程的混杂成员和控制流的支离破碎，认真对待大脑自身对什么在哪里完成的惊人的冷漠态度。嵌入式认知假说想方设法去保护的那些熟悉的界限的确开始看起来随意且无结果。延展认知假说让我们能清楚看到的是，在涉及进行中的人类认知活动的地方，通常会有很多界限在起着作用，很多不同种类的能力和资源在运转。有关招募、检索和加工处理进程的复杂的、有点无政府主义流变的定义跨越了这些移动的、异质的和多层面的整体。用大脑/中央神经系统的边界或甚至生物有机体的边界去鉴别认知的边界，就是不惜一切代价将诸多边界和分界面提升到赋予永恒的认知性荣誉的高度。

6.13 良方

延展认知假说带来的一个意料之外的收获是它帮助我们重新认识人类有机体的能力。从延展认知假说的角度，古老的生物皮囊是一个便利的容器，用来安置持续的招募过程和一批核心数据、信息和涉及身体的技能。有了这样的装备，移动的人类有机体被显示为一种行走的基本输入输出系统（BIOS）。此系统永远准备着用最少的资源建立更大的软装配认知系统。毫不夸张的是，这些系统是高级思维和理性的信息加工处理引擎。[①]

它颠覆了鲁珀特的论点。因为已经认可我们能够，如果我

[①] BIOS 是一个小型（通常只有 512 字节）的程序，作为基本输入/输出系统（因此称为 BIOS）的一部分，它加载更大的系统，其最终构成了整个运行正常的操作系统。

6 治疗认知小病痛的良方（嵌入式认知假说、延展认知假说、嵌入式认知假说……）

们希望如此，根据延展认知假说或嵌入式认知假说做出解析我们具有强大认知力的耦合延伸的选择，那我们现在能看到的正是，嵌入式认知假说选择的威胁有些时候会模糊很多有价值的东西。我们的确要力图在最具因果相关性的关节处切分自然。通过将解剖学上的和代谢的边界提升为孤注一掷的认知性边界，还不能让这个任务完成。用来医治认知小病痛的良方（从延展认知假说到嵌入式认知假说，再到延展认知假说这种徒劳的论辩摇摆）因此就唾手可得了。因为延展认知假说带来的唯一真正的危险是，它可能让我们看不到尽管人类认知不局限于有机体，但仍然保持以有机体为中心这种真实的程度。为防范误读，我们现在可以探查一下：

有机体中心认知假说（Hypothesis of Organism-Centered Cognition）。

人类认知进程（有时）确实延展到围绕有机体的环境之中。但这个有机体（且在这个有机体内，大脑/中枢神经系统）仍然是核心并且是当前最活跃的要素。即使认知不局限于有机体内，它也是以有机体为中心的。

延展认知假说、嵌入式认知假说、有机体中心认知假说？我们不应该感觉被反锁进了某个苍白无力的零和博弈中。作为哲学家和认知科学家，我们能够而且应该练习在这些不同视角之间翻转的艺术。将每一种视角当作一个镜头，吸引对于某些特征、规律和贡献的注意力，而更难发现其他东西或更难给予它们解决问题的权益。

治疗认知小病痛的良方就是停止忧虑并享受这个旅程。

7 重新发现大脑

7.1 心灵中的事物

取出 390 克（约 14 盎司）柔软的灰白色肉块，对其进行扭拉、捶打，使其表面严重卷曲。然后，将其放进一个合适的（能够移动的）容器里，并让其在人类社会中浸泡几年，让其生长、漫游、成熟。旁观者惊讶地观察到思维和理性渐渐地从一锅斑驳的骨头、肌肉、肌腱、感觉器官、神经元和突触中显现出来。心灵的炼金术：心灵是肉长的。没有任何宇宙厨师（甚至没有一个哈利·波特那样神通的人）能够把灵魂的尘埃撒在这一锅炖煮的菜肴上。

在这个对认知伸展的技艺精湛的展示中，轻描淡写生物性大脑的作用就真是愚蠢的行为了。在本章中，我考察了诸多对于最近关于具身、嵌入和认知延展诉求的担忧。作为其出发点，所有这些诉求都接受这样一个无可辩驳的事实，即我们的确很聪明，还有另一个（只多一点点争议性的）事实，即大脑是主要智慧的起点。强调具身、嵌入、分布式功能分解和被精心修饰的认知生态位的研究工作会不会系统性地歪曲生物性大脑的作用？本人认为这些担忧实际上是被严重误导了的。关注具身认知、嵌入式认知和延展认知仅仅只是在正确的时间和地点来定位正确的智慧这个过程所需要的。其实，这样的关注提供了赏析在其合理生态设置里被自在观察到的神经机制的惊人力量和精密细致的必要视角。

7.2 亲爱的，我让表征缩水了

首先应该坦白，至少在一个领域，激进的具身理论支持者几乎已经以一种无理低估生物性大脑贡献的方式来夸大具身的重要性。这关系到有时被称为（可能有误导性的）"变化盲视"的有趣研究体的本质和启示。这项工作（McConkie 1991；O'Regan 1992）表明，受试者在眼球扫视运动期间注意到视觉呈现的场景发生变化时的表现是令人惊讶地弱。在这种情况下，受试者在注意到目前观看的场景发生相当重大的变化时的表现同样也很弱。"变化盲视"的结果也不是仅限于扫视期间。只要是任何能够开启通常能吸引我们注意到变化轨迹的动作瞬变都会产生这样的结果。有效的技巧包括使变化进行得缓慢，或者在闪烁（被插入在变化前和变化后场景之间的简短空白）的掩饰下进行变化。在电影的剪切过程中，在一个当变化发生在一个经过的封闭障碍物后面的真实世界的背景里，在眨眼的过程中，等等（Simons and Levin 1997；最近评论可参见 Simons and Rensink 2005）。

这些结果似乎很好地符合了一个持续存在的内部视觉场景表征的极简主义的视角，并因此被广泛视为激进主义的食粮。也就是说，它们是有利于这样一种视角的，即认为人类认知过程的完成更少地通过内部（特别是表征的）资源，而更多地通过进行中的、世界也参与其中的活动。变化盲视的研究工作似乎表明，与其建构一个丰富持续的内部场景模型，我们不如依靠我们扫视场景的能力，及时检索我们需要使用的东西。用罗德尼·布鲁克斯（Rodney Brooks）的话来说，要取代这个丰富的内部模型，世界将要作为"其自身的最佳模型"来起作用。这也令人满意地符合了巴拉德等人（1997；见第 1 章第 3 节）关于重复扫视检索暂时相关的信息碎片的叙述，以及奥里甘和诺亚（2001；见第 1 章第 7 节和随后的第 8 章）关于将视觉感知视为具有生成性的（enactive）、被我们正在进行中的场景积极探究所建构的叙述。

基于生成性的解释，我们对于场景探索的积极本质也旨在解释"我们是如何能够享受充满世界细节、没有被表征在我们大脑里的体验的"（Noë 2004, 67）。诺亚认为，这是因为解释对我们充满丰富世界细节的体验不是通过一套内部表征中任何相匹配的细节，而是通过我们进入场景的任何部分的能力，即通过快速地移动我们的头部和身体以及/或者通过快速地检索扫视信息来进入场景的任何部分的能力。通过这种方式，诺亚提出感知经验的体验内容在一定意义上就是虚拟的，它是感觉运动可达性（accessibility）问题，而不是内部编码问题。在诺亚（2004 年）的论述中，这些关于可达性的事实据称可以解

7 重新发现大脑

释多种多样的效应,范围从刚才所提到的(充满世界细节的体验,其似乎超过任何瞬间性的内部表征状态的细节)到"存在"(presence)的感觉:我们感觉在视觉上地面对一个整体对象(例如,一个西红柿),即使我们的视网膜只是被该对象一侧所反射出的光所刺激,或者我们似乎在视觉上看见一整只猫,即使猫的一些部分还被隐藏在栅栏后面,此时我们所拥有的感觉。诺亚认为,在所有这些案例里面,将体验的内容描述为具有虚拟性(也就是,依靠可达性而存在),使我们能公平对待经验本身存在的一种矛盾性。也就是说,我们似乎既看见了一整只猫或者一整个西红柿,并且又在完整视野里面只看见了那些部分(我们并没有,例如,无法看见栅栏的某些部分,因为我们眼睛里面"充满了"猫的影像!)。

综合上述观点,诺亚写道:

> 依据生成性的路径,西红柿的更远一侧、猫被隐藏着的部分和无法看见的环境细节在这种意义上都虚拟式地呈现在感知面前。这个意义层面就是,我们体验着它们的存在,因为我们凭借技能能够获取进入它们……各种特征作为可用的东西存在,而不是作为被呈现的东西而存在。(2004, 67)

这种观点在丹尼特(1991a)、丘奇兰德、拉马钱德兰、谢诺夫斯基等人(1994)的著作中可以找到根源。其主要区别在于,丹尼特、丘吉兰德等都倾向于将细节丰富的经验描述为在某种意义上是虚幻的,因为其不被同样丰富的内部表征所支持,而诺亚坚定地将经验描绘为真实的。诺亚向我们保证,虚拟的存在"是一种存在而不是一种非存在或虚幻的存在"(2004, 67)。

总之,对于显著变化盲视的结果的述求引发了很多研究者的强烈主张,这些主张至少部分地预言了这样的想法,即这项工作揭示了我们内部视觉表征是极少的或甚至可能是完全缺失的。但是,眼见不一定为实。

7.3 续集:变化定点

从一开始就显然存在着一系列可以容纳变化盲视结果的途径。西蒙斯和瑞申克(2005, 18-19)通过提出四个"范围要求"很好地展示了可能性的空间。如果要坚持稀疏的或不存在的内部表征的结论,那这四个要求需要被排除。

首先,存在着详细表征被创建但迅速衰退和/或被覆盖的可能性。第二,存在变化前刺激表征持续存在但因为其某个定位特征而未被用来检测变化的可能性(例如,它们位于神经通路外部,其编码可以用来进行自发的有意识的判断和报告)。第三,表征的格式可能使它们无法被用来检测变化。最后,表征可能存在于一个可用(检测变化)的格式,并被适当定位来引导判断。然而无法这样做,这是因为从来没有在变化前和变化后之间运用比较操作。

这些不仅仅是逻辑上的可能性。一些研究,诸如霍林沃思

(Hollingworth)和韩德森(Henderson)(2002)、韩德森和霍林沃思(2003)、米特罗夫(Mitroff)、西蒙斯和莱文(2004),有效论证了一些类型变化前刺激的持续、没有特别稀疏的表征的存在。诸多此类研究的中心特点是强调在观察自然场景时视觉固定的重要性。霍林沃思和韩德森(2002)表明,只要目标对象被固定(也就是说,直接被中央窝视觉定为目标),并且伴随于变化前和变化后,受试者就能检测到非常微小而细致的变化,例如从一个电话变到另一个电话。使用闪烁范式的实验也获得了类似的结果(Hollingworth, Schrock and Henderson 2001)。即使当变化没有被明确地注意到,也能找到隐蔽意识的证据。霍林沃思(2001)等表明,对已经改变对象(变化后)的视觉固定的持续时间比正常(无变化)情况下要长,而西尔弗曼和马克(Silverman and Mack 2001)则显示了"未被注意的"变化所具有的启动效应。

沿着一条略微不同的路线继续,西蒙斯(2002)等进行了一个实验。其中,对象(红白条纹的篮球)在交换过程中被秘密地移走。其结果是:

> 尽管大多数受试者没有报告注意到了这个变化,但当他们随后被问到有关实验者刚才一直拿着的东西时,大多数都回忆出了那个篮球,甚至可以形容它不同寻常的色彩图案。(Mitroff, Simons and Levin 2004, 1269)

米特罗夫、西蒙斯和莱文(2004)所描述的进一步的实验表明，变化盲视的一些环节确实不是由于无法编码或简单可达性的失败所导致，而是由于无法比较变化前后的表征和"被存储于内部的外部世界的多重表征和这些表征可以被之后所发生的事件中断"（1279）。因此，有足够的并不断增加的证据证明，有比变化盲视研究起初已似表明的信息更多的信息保存表征。

然而，必须注意到，我们在这里并不是将从一系列稳固伴随的区域回归到将场景识别经典模型的过程看作是建构全球性的、整合的（复合）内部表征。目前辩论各方都赞成一个具有诱惑性的初始图像，根据这个图像，从之前有关形状、阴影、纹理、颜色等固定视点中保留信息的复合表征没有被创造（Bridgeman and Mayer 1983; McConkie and Zola 1979; Irwin 1991; Hollingworth and Henderson 2002）。这是根本没有的情况，如霍林沃思和韩德森对我们的谨慎提醒："局部高分辨率信息被画到一张内部的画布上，在多重固定视点上产生出在度量上具有组织性的之前参加过区域的复合图像。"（2002, 113）

因此，"详细内部表征"的想法就现状来说过于模糊。如果它意味着一种刚才所描述的复合感觉图像，那么就存在没有此类表征形成的良好证据。如果它仅仅意味着对足够信息的保留，例如，以注意到错过的对象是一个带有显著图案的篮球，那么有逐渐增加的证据表明这种表征可能被形成并且持续存在，即使受试者刚开始并没有暗示注意到任何变化。那么出于卫生保健的目的，我提议前者称为"复合详细表征"，后者称为"信息量丰富的编码"。这个"编码"就是之后米特罗夫、西蒙斯和莱文在做结论时所表达的意思，其结论如下：

7 重新发现大脑

> 变化盲视既不在逻辑上……也不在经验性上要求内部表征缺席。我们不仅形成多重表征，而且形成的多重表征能够被用于制造多重识别力。表征从某种程度上来说可能是脆弱且容易被覆盖或中断的，但其对于成功进行认知行为来说已经足够长久了。（2004, 1279）

这些新的发现有直接施压于有意识的联机感知觉知的生成性模型吗？当然，认为变化盲视的结果支持我们完全避开持续内部表征这一真正激进的想法将是一个错误，我们反而是设法应对着世界（以及我们经要求进入世界的通道）。最好的说法是，这样的结果与其他刚才提到的研究一同表明：（1）我们在没有任何类型的复合详细表征的情况下也能勉强应付；（2）我们自发的、有意识的与视觉世界的联系往往无法使我们警觉到所呈现场景中大规模的变化。这与很多信息量丰富的编码的创造和维持保持着相当的一致性。就如诺亚自己最近所说的：

> 那么，变化盲视就是证据，证明促进视觉所需的表征可能是虚拟的。变化盲视表明，我们没有使用场景中详细的内部模型（即使这并不表明没有详细的内部表征）。在正常的感知里，我们似乎没有联机通道以获取场景的详细内部表征。（2004, 52）

更准确地说，现在我们可以认为，目前我们似乎根本不能创造出复合细节的视觉表征。我们的确创建和维持了大量的信息量丰富的编码，并且对于信息编码的反射性获取（以及特别是我们对其自发有意识的比较使用）往往比我们期望的更有限。①

新的发现也符合（但重要的是，没有主动支持）对于存在感觉的生成性解释：对于整个番茄、整只猫的视觉意识。或许这样的存在感觉确实是由于我们的感觉运动所期望的——我们对于仅要求检索缺失信息的感觉运动方式的内隐知识。但也同样可能，此种存在感觉拥有某种程度上来说（这里存在阴影）植根于对"整只猫在那边"进行信息量丰富的编码的存在的、更为传统的解释。对比一下，例如，丹尼特对于一种重复出现玛丽莲·梦露影像的安迪·沃霍尔壁纸的视觉经验的解释。丹尼特恰当地指出，大脑不需要通过外推法去创造一种复合表征。也就是说，大脑不需要"采用……它对梦露影像的一个高分辨率的中央凹视图，并且跨越对宽阔墙壁的内部绘图使它在脑海中重现，就如同通过影印一样"（Dennett 1991a, 354）。相反，大脑可能只是怀有一种表征（信息量丰富的编码），"即有几百个相同的梦露"（355）。猫和番茄的完整性也是类似的情况。要假设实现这个的方式，是通过经要求检索另一个完全被中央凹视觉到的梦露的感觉运动可能性的内隐知识（或者猫和番茄缺失的部分），就是要去采取额外的、目前为止无法保证的行动。

变化盲视的结果至少支持这样一个观点吗？即我们持续的

---

① 后者是我们在第2章第6节中诉诸变化盲视所要求的全部。

内部视觉表征在某种意义上是稀疏的,主要通过访问和再访问真实世界场景中适合于即时获取进入的任务。当然,此种联机及时检索的总数(如我们在巴拉德等人的实验中所看到的)表明,此策略得到了广泛的使用。但是,也存在鲜活的可能性,我们实际上是将一大型但零碎套系的内部表征(多重的、部分的信息丰富的编码)进行合并,并倾向在任何可能的时候选择一种花费最小的资源软装配。其结果是,我们有时将要使用诺亚称为虚拟表征的方式(也就是,使用基于眼和头运动的通道进入世界,而不是调用已存储的表征),即使在合理存储表征存在的时候。但这最好被看作一种可能被称作运动服从(motor deference)的形式,而不是没有恰当内部表征存在的指示。

7.4 思考思维:大脑的眼观

在第 3 章,我们曾提出词语和语言构成一种"认知生态位"(cognitive niche)———种动物构建的结构,其富有成效地转变着我们的认知能力。但在这里,我们也很容易夸大这种情况。因为即使语言以多种深层而不明显的方式增强着我们的认知能力,假定认为这种增强作用发生在某种神经真空里将是大错特错的。很显然,只有某些类型的自主体(是人而不是地鼠)容易受到公共语言这个巨大而复杂的组织带来的增强效力。我们需要了解的是因此在外神经创新和内神经创新之间存在一个微妙的平衡性行为,这样使得公共语言物质结构能(在有一些存在中而非另一些存在)发挥重要的认知性作用。很明显,这是一个宏大而又被误解的话题，因此，我要把我的评论限制为对可能所需的内部神经支架的单一说明性（尽管是推测性）解释，以支持第3章所研究的几个经典案例之一。

我想到的（第3章第2节）是我个人非常喜爱的标签训练猩猩（黑猩猩）的案例。黑猩猩通过了解学习关系之间的关系，从而成功完成关联匹配样本的任务（Thompson, Oden and Boysen 1997）。案例中是这样的，为黑猩猩提供一个标记相同和相异关系的有形具体的（可塑的）标签，这为学习者创造了感知对象（相关的标签、标记或语言标牌）的新领域，在这个新领域可把更多统计和联想的基本能力作为目标。标记或标牌的存在或（重要地）此类物品内部图像的存在随后改变了某种学习和解决问题中涉及的计算负担，使得经过标签训练的（只限于此类）黑猩猩能够解决要求判断更高阶的相同和相异关系的更复杂的问题。① 有人认为，他们这样做的方式是通过让黑猩猩在内部生成可塑的相同－相异的标签图像，然后去判断这些是相同的还是相异的，从而把更高阶的任务降低到更易处理的低阶任务。

似乎只有理解人类语言的动物或经过标签训练的动物（人类或有标签训练历史的黑猩猩）能够学会执行高阶任务。黑猩猩对具体有形的标记或标签的经验似乎就是那个能制造不同的不同之处。但并非所有动物都能从标签训练中受益。猴子和黑

---

① 也就是说，对于两组对象进行判断，每组对象内部之间的关系有同有异；参见第3章第2节。

7　重新发现大脑

猩猩就不一样，它们即使在成功完成标签训练后也无法完成高阶任务（Thompson and Oden 2000）。为何会如此呢？

一个有趣的推测就是，要从标签训练中得到这种益处就须要求神经资源在场。这些神经资源要适合加工处理和评核内部产生的信息。尤其，有证据显示前部或嘴外侧前额叶皮层（the anterior or rostrolateral prefrontal cortex；RLPFC）作为中心参与到各式各样在表面上不同的任务。所有任务都涉及评价自生信息（Christoff et al. 2003）。这些任务包括评估伦敦塔任务里可能的移动（Baker et al. 1996）、处理工作记忆任务中的自生子目标（Braver and Bongiolatti 2002）、记住在一定时间延迟后执行某个打算要做的动作（Burgess, Quayle and Frith 2001）。[1]一般来说，众所周知前额叶皮层被招募去完成各种涉及推理、长期记忆检索和工作记忆的任务。根据克里斯托夫（Christoff）等人（2003）的观点，将所有这些案例统一需要明确（专注地、有意识地）评估各种各样内部产生的信息。克里斯托夫等人认为，关联匹配样本任务恰恰需要这种加工处理进程。也就是说，在这种情况下，它需要明确的指导，把其注意力引导到内部产生的信息上，在此案例中就是相同和相异的第一阶关系上。[2]笔者认为，在内部处理过程中需要嘴外侧前额叶皮层的参与以充

---

[1]　这里的想法乍一看可能难以捉摸，但实际上是这样的情况涉及考虑有关我们自身先验意向的自生信息。请参见克里斯托弗等人（Christoff et al. 2003, 1166）。

[2]　克里斯托弗等人（2003, 1166）将自生信息描述为抽象的，并将其与关注具体提示线索或事项的案例进行对比。然而，如果汤姆森等人（Thompson、Oden and Boysen 1997）是正确的，那么这里内部生成的目标就是非常具体对象（相同和相异的可塑标签）的浅意象再现，尽管这些具体对象的内容相对抽象一些。

分利用之前有关相同性和相异性具体标签训练的经验。这解释了（无法完成任务的）猴子、（成功完成任务的）黑猩猩和（似乎更擅长于此的）5岁大的人类之间的区别。因为最为相关的比较性的大脑区域（布洛德曼大脑皮层分区10区；Brodmann Area 10），人类这个区域的大小是黑猩猩的两倍。①

鉴于行为和神经解剖学证据的聚合，克里斯托夫等人推测：

> 对自生信息进行显式加工处理可能例示了一些高阶转换，其中嘴外侧前额叶皮层在感知行动循环中参与进来……这种处理加工进程也可能是一个将人与其他灵长类动物区分开来的心理过程。（2003, 1166）

有趣的是，当侧向的布洛德曼大脑皮层分区10区的神经似乎参与到对已讨论过种类的自生信息的评估中时，内侧的10区已在判断自生情感状态时被激活（Damasio 2000; Gusnard et al. 2001）。作者们得出结论：

> 意识到并明确处理内部心理状态的能力——认知和情绪——可能是人类心智能力的一个缩影，并有助于提高人类思维、行动和社会互动的复杂性。（Christoff et al. 2003, 1166）

---

① 在人类和黑猩猩中，额叶与大脑其余部分的相对大小似乎相同。但在人类情况下，布洛德曼大脑皮层分区10区比额叶的其余部分大两倍。参见Semendeferi等人（2001, 2002）。

关于嘴外侧前额叶皮层的揣测可能正确也可能不正确。在我看来，最重要的是具体浮现的一般图景。按照这种图景，存在一种特定的神经创新使得某些造物能从具体标签和抽象关系关联的能力中受益匪浅，而其他动物无法受益。使用这种能力以利用进一步的技能（例如，考虑高阶关系的能力）需要外部支架单独无法提供的能力（例如，评估内部产生信息所涉及的能力）。尽管如此，在那些准备充分利用它的方面，外部支架本身可以扮演至关重要的角色，正如从受过标签训练的黑猩猩和没有受过这种训练的黑猩猩之间的差异所看到的。神经创新和结构化的认知生态位都能创造差异的不同点。因此，我们认知科学关注的焦点是具有多重性和无排他性的。这都非常明显，但也显然经得住评判。我们需要了解关键的神经操作过程，而且我们需要了解它们是怎样和各种形式的外神经系统同谋，从而产生了使我们能成功解决问题的认知系统。[1]

7.5 笛卡尔主义者的重生？

格鲁希（2003）对他所描述的问题进行了讨论：

---

[1] 在标签训练案例中，这种共谋是具有发展性的。因为外部支架最终会从视野中消失。正如我们所看到的，在其他情况下，仍然存在对外部支架的依赖。然而，在这两种情况下，图片将是关键神经创新之一，其与文化同谋相结合以产生能力，我们最容易将这些能力与像我们一样的心灵相等同。

放大心灵

在目前认知科学理论中有日渐发展的激进趋势。这种趋势从嵌入式认知的前提、具身认知、动力系统理论和／或情境化机器人学蔓延到一种结论,其大意是心灵不在头脑中或认知并不需要表征,或两者兼有。(53)

格鲁希的托词事实上是一种至少在一个重要方面比延展观自身更为激进的观点。这种观点就是:

心灵在本质上不是一种思维或表征的东西,它是一个控制器、校准器,是一大群互为因果的互动元素中的一个,这个元素包括净效应是适应性行为的人和环境。(55)

然而,延展观不必去否认心灵本质上是一个思维或表征的东西。[1] 它只是忠于一个更为薄弱的主张,即思维和甚至表征可能随附于纵横交错于大脑、身体和世界的活动及编码。尽管如此,稍微详细一点考察格鲁希的论点会带来启发性。我这样做并不是提议要再进入有关什么应该和不应该算作一个内部表征的延展讨论。[2] 出于当前目的的考虑,我们同样可以用约翰·豪格兰发展的、后来被格鲁希引用和认可的那个同样的基本解释来设法应付。

---

[1] 它也不应该被视为"反对在头脑中搜索机制来解释认知活动"(Bechtel in press)。

[2] 关于我更青睐的详细叙述,参见 Clark(1997a, 1997b)。

7 重新发现大脑

被设计用作（演化到）将某种结果最大化（例如，生存）的一个复杂系统（有机体），必须在大体上以不可能在其设计中就被完全预先安排好的方式来调整其行为以适应特定特征、结构或其环境的配置。如果在调整的任何时候，相关特征都可靠存在并向系统显示（通过某个信号），那么它们就不需要被表征……但如果相关特征并不总是存在（显示），那么，至少在某些情况下，它们需要被表征。也就是说，别的东西可以凭借有利于它们指导行为的能力来顶替它们。以这样一种方式顶替其他事物的就是表征……然而，为了说明凭借一般的表征方案起作用的替身，我们将保留"表征"这个词，这样一来：(1) 各种可能的内容可以被相应的各种表征所表征；(2) 任何给定表征（项目、模式、状态、事件……）所表征的是由某种一致或系统的方案来决定的；(3) 在不同的环境和其他条件下有合理（以及不合理）的方式来生产、维持、改造和 / 或使用不同的表征。（Haugeland 1991, 62）

内部表征表现相当称职，之后变成可确认的内在状态或过程。这些状态和过程顶替了那些远端或当前缺席的特征，并且此处顶替的模式遵循的是某种决定可能的语义相关的编码空间的方案。格鲁希（2003, 2004）认为，真正的认知系统包括所有且只有那些能够将有效的真实世界的耦合与丰富的内部表征制度相结合的系统，且即使在运动控制的生物学基础领域，这种合并都是可见的（Clark and Grush 1999）。

运动仿真电路存在于这种认知构想的中心。用最简短的话来概述（更完整的描述请参见 Grush 2004），这种主张就是某些运动活动（快速的、意向性的行动）涉及调配伪闭环控制。闭环控制（Barr 2002）仅仅是一种反馈驱动控制。来自将被控制项目的反馈意见（用术语表达为"设施"），它被用来更改控制信号以驱动设施，从而（理想化地）保持一切在正常轨道上运转。恒温器就是闭环控制器的一个例子，就像汽车的巡航控制功能。闭环系统完全是被反馈加以驱动的。相比之下，开环控制器并不利用反馈信息。比如说，将传统微波炉设置为两分钟解冻。按下按钮后微波炉就展开了两分钟的解冻过程，无论盘子上的东西是什么（或盘子上东西给出的反馈是什么）。显然，利用反馈信息有诸多优势。但在某些情况下，需要控制的过程往往不能及时提供所需的反馈信息。对有意运动活动的精细控制就是一个恰当的例子。在快速、有意的伸展行动的情况下，身体边缘的本体反馈到来得太迟以致无法用于有效地纠正错误。尽管如此，我们似乎还是会做出纠正。根据格鲁希的观点（借鉴原著，Ito 1984 and by Kawato, Furukawa and Suzuki 1987），这解释了我们在此种情况下依靠的是伪闭环控制。[1]当前运动指令的副本被发送到机载电路（运动仿真器），这种电路正是骨骼肌肉系统的动态复制。仿真器的输出是对感知反馈信息应该是什么的一个预测。这种"虚拟反馈信号"被用来纠正系统性伸展中的错误，且自身（在稍后的时刻）可以与身体部位发出

---

[1] 关于更新和评论，参见 Kawato（1999）。

7 重新发现大脑

的、出于校准和学习目的的实际反馈信息相比照。

对这种想法（Kawato 1990）的简单实现将是这样一种神经网络，其所有神经单元被训练以复制关键运行参数的演化方程式（例如，肩部和肘部的角度变化、主动肌和对抗肌与肩关节的力矩等），并且这个神经网络的互联性反映了那些参数之间的相互关系。因此，内模型在这个意义上看起来组织缜密，即它是由可识别的组件所组成的，且每个组件都发挥了特定的表征作用。格鲁希（2004）认为（Clark and Grush 1999; Grush 1995），这样的电路仿真器是名副其实地利用了内部表征策略的演化性的入门级版本。

然而，下一步是至关重要的。格鲁希接着讨论道，一种同样的、完全脱机运行的资源，可以用来解释心理影像。运行中实际运动输出被抑制了的仿真电路将产生一序列虚拟感觉输入，对应（如果是一个很好的仿真器）于那些本该从实际真实世界产生的感觉输入。在伸展活动的情况下，这些将采取一序列模拟本体感受信号的形式。而在其他情况下，它们可能是模拟视觉输入，比如说，对应于我们通过旋转一个对象所获得的视觉输入。就如隐蔽的运动影像（Grush 2003, 77）所具体说明的一样，因为我们可以快速尝试各种运动信号以看到哪一种能产生最好的结果，所以这种资源不仅仅能辅助影像，还能辅助运动规划。

格鲁希声称，人类认知包括大量的此类仿真，而且这种策略可能标志着具有重大进化意义的时刻。在这个时刻，单纯的耦合伸展（适应性有效的、闭环的、依赖于反馈的过程）让路给真正的认知行为。不难看出如何可能是这样。一个很简单的向光性机器人让我们（包括我自己）有了将其作为一个非认知性的具身解决寻找光线的适应性问题的方法。相比之下，一个能够依据内部模型或表征进行操作，以推理出下一步要做什么，并能想象如果它这样或那样做会发生什么的自主体看起来更像是参与了思维和反思。根据格鲁希的观点，运动仿真标志着最基本的一点，在这一点上，仍然牢牢依靠于实时、现实世界的行动的自然界开始使用那些表征不容易掌握的东西的技巧。格鲁希表明，这一技巧标志着一个认知自主体和其他形式的适应性成就之间的真正边界。[1] 认知者使用表征（能被退耦和脱机运行的代理）来取代与世界的直接接触。相比之下，非认知者仍然被困在一个与世界诸多方面闭环交互的网络中，且他们的生存依赖于此。

格鲁希的描述具有一定的优点，即它提出内部表征的形式将与感觉运动能力和认知自主体的经验保持着紧密的适应性。它提供了一种内部结构体视角，免除了经典的、受困于符号的视角所负载的过于沉重的负担，同时保留了关于将内模型作为大多数推理和规划的基础来使用的重要见解。此外，它完全回避了这样一种指责，即使用内部表征就必须在联机执行中引介一种高成本瓶颈，原因是运动仿真电路似乎已经准确进化到能辅助这种行动（更多这样的优点请参见 Clark and Grush 1999）。

---

[1] 这个一般的想法当然是非常熟悉的。参见 Campbell（1974）和 Dennett（1996）。在格鲁希的叙述中，最新奇的是诉诸运动仿真，将其作为这个特殊技巧踏入进化之门的地方。

7 重新发现大脑

作为对于人类认知者内部结构体部分方面的解释,格鲁希的描述还是有很多可取之处的。但它对于具身认知、嵌入式认知、又或许延展认知的解释又意味着什么呢?

7.6 代理情境

出于论证的目的,让我们假设人类认知的确涉及使用多种基于仿真器的、限于智能的策略。在我看来,这样的发现丝毫没有削弱我们在前几章一直进行的各种论证。因为这些论证既不依赖于也没提出任何形式的激进反表征主义或反计算主义的真理。它们仅仅只是添加了时间敏感性和对于混合体的分布式功能分解的诸多滋味。例如,在对于指针、俄罗斯方块实验、奥托的例子、格雷和福的研究以及手势的个案研究中,还是清晰明确的。因此,积极的视野显示了内部和外部之间、神经和身体之间深度的互补关系。它对于这种视角非常重要,即体肤和颅骨没有给支持心灵和认知的过程带来任何特殊的障碍,且内部和外部资源有时还可以尽量紧密地合并为纯粹的内部资源。在许多情况下,内部编码的本质不同于外部编码,这一点也十分重要。原因是内在-外在、神经-身体这些组合的特殊价值是源自这些不同之处的。但总的来说,神经机的本质和力量以及它形成和开发内部各种表征的能力不(或不应该)存在争议。

但是,格鲁希在这点上是正确的,即提出大多数的,虽然不是所有的,产生于动力和具身认知科学的、真正引人注目的解释都关注密集耦合伸展的案例。我这样说的意思仅仅是它们通常显示的是使用感知运动例程，其运转利用了某个有形目标的持续存在。最简单的例子可能是一个沿墙走的或向光的机器人。更引人瞩目的演示包括机器人板球，其中机器人可以识别并向着同伴的召唤移动（Webb 1996），还有普法伊费尔和舍勒所考察的很多这类的机器人模型。

在诸如此类（还有很多其他）的情况下，我们面临一个制约和机遇的特有组合。我们或许可以将其打上"基本式样"（basic signature）的标签。这个基本式样涉及一个任务，即需要自主体跟踪在某个约束性的（绝对的）时间框架下伸展的状况，从而使实时计时（不仅是序列）变得对成功至关重要。完成任务涉及将身体、运动和世界作为解决问题不可缺少的方面来加以使用。这样的例子包括利用头部和眼睛的运动以及即时传感来从视觉场景中检索信息，从而（如罗德尼·布鲁克斯所说）"将世界作为自己的最佳模型来使用"。许多高阶的人类解决问题的情况的确是缺乏制约和机遇这个特别组合。我们可以计划明年的家庭度假或设计一个新的建筑。在这种情况下，我们被迫去在没有目标状况的情况下进行思考和推理。假期要到明年。该建筑是不存在的，甚至也许是不可能的。相反，我们似乎被迫陷入"脱机推理"模式。人们担心将面临新的要求和挑战，这些非常适用于联机情况的工具、原则和策略可能会摇摇欲坠。

正是在这样的大背景下，如格鲁希一样的评论家如此重视这个明显的事实也是有道理的。这个明显的事实就是，现在被认定为（至少出于当前论证的目的）将真正的认知者与其他区分开来的脱机推理是完全内在的，且涉及坚定位于大脑/中枢

7 重新发现大脑

神经系统之中的仿真电路。此外，这些基于大脑的伸展包括一套丰富的状态和过程，它们似乎完全认定描述可以作为内部表征，尽管还有那些无法符合经典符号性人工智能模板（或者只是同时期的夸张性描述）的部分。格鲁希向我们保证，富于仿真器的大脑"可以静静地思考、梦想、规划，全部作为表征的影响——所有笛卡尔认为即使没有世界在场，心灵也可以做到的事情"（2003, 87）。以目前这个结果，格鲁希得出的结论是，"反笛卡尔的花车看起来是着火了并直接开向悬崖。我建议下车"（87）。

但在我看来，悬崖和火是虚幻的，是由对于反笛卡尔研究项目可能范围的早产和限制性的视角所催生的。因为反笛卡尔者完全没有必要拒绝这样的主张，即我们经常完全在我们的大脑里做很多事情（做梦、规划、冥想），甚至在事态缺席的情况下使用内部表征代理。相反，真正的惊喜在于有多少我们的认知活动是不像那样的，而不仅仅是在我们正试图处理的那些事态在场（的确紧密耦合于那些事态）的情况下。

在这方面，第一部分中讨论的研究工作旨在表明用神经资源产生独立反思并不是不可能的（这确实将是一个勇敢的目标）。而更确切地说，在许多现实情况下，具身行动起着加工处理信息的关键作用。它创造跨越大脑、身体和世界的认知电路。[1]

---

[1] 格鲁希在他2004年文章的回应部分中显示出对这种可能性的敏感。他写道："颅骨具有形而上学的惰性。"（428）因此，格鲁希对表征性质的描述就是"对有机体边界是透明的"（429）。尽管如此，其2003年论文的重点是重塑相当强大的笛卡尔主义，将几乎所有的认知行动，至少作为偶然的事实，放置在体肤和颅骨的范围内。我想要抵制的只是这唯一的一个重点。

很显然，内部电路有时可以做所有工作的这个事实根本不会对这种主张带来疑问。此外，如果我们现在从格鲁希自身论点的核心来思考情况的种类，我们发现有证据表明，像我们这样的大脑将竭尽全力避免被迫述求各种完全脱离环境的独立反思，而格鲁希把这放在认知舞台的中心位置。①

例如，思考一下我们非常广泛使用的"代理情境"（surrogate situations）（Clark 2005a）。这个代理情境，我指的是任何一种用来代替或者取代某个目标情境某一方面的现实世界结构。这个目标情境，我指的是一个实际的、可能的或至少表面上可能的现实世界事件或结构，也是我努力认知的终极目标。例如，假设我用虚线或一根小棍，在我要建立的桥的粗略图纸上拟议桥的辅助支柱位置。目标情境就是这座尚未存在的桥，而代理情境就是图纸提供的具体方面（例如那根棍子，如果我在使用它的话）。如戈登瑞德（Gedenryd 1998）所详述的，真实世界中的设计过程是以多重互补使用代理情境为特征的。通过审查各种不同的情况，如设计桥梁或建筑物，或为杂志封面画样，戈登瑞德详细分析了示意图、原型、缩略图、脚本、情景介绍等的不同用途。所有这些所具有的共同点是，它们允许人类理性脱离（以伸向那些缺席的、远端的或原本不可用的东西），而同时提供一个具体实在的舞台去调配一个从根本上具有世界参与性的感知运动例程。在这种情况下，人类的理性脱离其终极目标（最终的副本、未建的桥），却仍然以高度情景化

---

① 当然，在这些方面有很大的个人差异空间。

的、探索世界的方式运转。在这种情况下，经由代理情境提供的特殊认知生态位，理性被脱离但并未被非具身化。

很明显，毋庸置疑的是，我们经常依靠这样的规程，但却容易忽视它们的普遍性、多样性和重要性。鉴于一贯性地担心具身路径被"放大"到更高的人类认知，这些策略的确具有启发性。这些样本（mock-ups）（等）的主要作用无非就是使人类理性能够稳定地理解把握那些可能原本被证明难懂或不可能被心灵把握的东西。任何给定的项目都常常依靠对多种代理情境的使用。每个代理情境突出了或提供了一些戈登瑞德称为"使用的未来情境"的某个特定维度。通过这种方式，代理情境并不仅仅是真实东西的微型版本。相反，它们被我们选择用来使特定的且通常十分抽象的使未来情境的各方面参与其中。例如，模拟以4英尺高平视方式穿行一个新的生活和教学空间，这种模拟可能被选中来解决"为4—6岁孩子开发一个安全且积极的环境"的需求（Gedenryd 1998）。以类似的方式，网页布局设计者使用非常大体的缩略图来解决图形和文字对象之间的潜在关系，并明确征求建议以删除那些分散注意力的细节。

尽管如此，代理情境对感知运动参与、真实世界行动和具体干预产生了至关重要的影响，这一事实也是至关重要的。在这样的情况下，自主体不能做的一件事就是"将世界作为自身的最佳模型来使用"。一个不存在的建筑不能充当自身的最佳模型；一条（仅仅）拟建的路线也不能充当一条新路的最佳模型。格鲁希（2003, 86）正当地提请我们注意这样的事实：在许多具有认知重要性的情况下，我们不能仅仅让世界作为自身的最佳模型起作用。原因很简单，就是这个世界（目标情境）还尚未存在。但替代的选择也不总是要涉及一个完全限于头部的、以仿真为基础的策略。相反的，在很多情况下，我们更愿意让一个真实的物理模型作为其自身最好的世界来起作用。我们创建了一个物理样本、模型、素描或原型，在这些基础上调配更多基础的、耦合式的感知运动策略，如使用实时传感和联编（binding），将信息留在世界里而不是将其都放在头颅中。这些恰恰都是格鲁希想描绘为把我们局限在处理此时此地之中的那些策略。在某种意义上，这是正确的：这个模型就是即刻当下的，这也正是为什么这些策略可以行得通的原因。另一方面，使用模型和代理情境使我们能够在对远端缺席、反事实的或不可能的事物进行推理的服务中调配这样的技能。在一定意义上，代理情境从而使我们能够创建在环境上延展了的仿真电路。神经子系统中的很多将真正地包含其自身的内部表征，与模型或样本的真实物理特征耦合，继而构成混合集合体（就如同纯粹内部的仿真器），使我们能够探索可能性的空间且不会涉及任何原本可能会涉及的承诺和风险。作为单独支持行为和反应的简单的、几乎向光性样式的耦合伸展的图像因而是极不成熟的。相反，这样的伸展一路上都对认知发挥着关键作用。

7.7 插接点

格鲁希批判的另一个重要主题是，大脑是认知活动的真正构成组件。因此，为回应豪格兰（见第 2 章第 2 节）提出的基

7 重新发现大脑

于带宽的论据,格鲁希正确指出,即使在高带宽的交流中,"插接点"(生物有机体能够与有序的外部资源进行耦合或解耦的点)的存在赋予大脑(或许整个生物机体)以真正构成组件的地位。这也不是具身认知、嵌入式认知甚至延展认知所应该否认的。第一部分提出的论点和例证起作用的方式并不是通过在真正分界面(如前所述,大脑本身中存在很多这样的分界面)的存在上铸造疑问,而是通过显示跨越这些分界面信息流的特殊特征(尤其是丰富的时间整合),并继而通过强调引起新的(通常是暂时的)系统性整体问题解决的属性。

通过类比的方式来考察宾厄姆(Bingham 1988)讨论过的一个特定任务设备(task-specific device, TSD)的想法。特定任务设备的概念是作为一种帮助处理理解人类行为组织问题的理论工具被引入的。简言之,此设备是为实现某个目标而创建的暂时的但高度整合的集合体。在运动竞技场上,特定任务设备是一个软装配的(即暂时的和可轻易解除的)整体,使人类行为系统中固有的动力学以及由各种超有机体因素和力量贡献的所谓偶然性动力学之间互相协调。也就是说,特定任务设备是在"有机体和环境的属性基础上被集合装配的"(Bingham 1988, 250)。在每一个特定案例中,生物行为系统将需要从链环分段系统(link-segment system)、骨骼肌肉系统、循环系统和神经系统招募一些复杂的、非线性贡献组合,其招募的方式是专门经过调整适应以容纳和开发偶然性任务的动力学。例如,油漆罐上的手柄、弹跳球或者公海上的帆板钻机所引入的偶然性任务(这些例子跨越了由宾厄姆确认的偶然性任务动力学的三个主要类型——那些仅仅引入惯性耗散属性或机械制约的任务,如当我们用手柄提油漆罐时;那些包含吸收、储存和/或回归能源的任务,如在使球弹跳时;以及那些涉及与拥有独立能量来源的系统进行耦合时,如在公海上由风和浪供电的帆板钻机)。

为什么要研究这种特定任务设备呢?最明显的原因是,这些集合体在许多人类行为最鲜明的案例中局部地起着作用。在这个星球上的我们似乎单独就能够创造和利用各种各样的动作放大器,从锤子和螺丝刀,到弓箭和风笛,再到飞机、火车和汽车。但第二个原因不太明显,从分析这些复杂整体退后一步看,这些分析工作可能本身就有助于提出有关生物人类行动系统本身的贡献和运作的重要见解。我们首先自然想到的是试图去分开理解四个主要的生物子系统的每一个,然后,也许是观察它们耦合的相互作用,并最终把偶然动力学包括在内。这个简单的阶梯式路径可能注定要失败。原因是整个生物行为系统的潜在行为是由四个主要子系统和偶然动力学之间惊人复杂的非线性相互作用所决定的。不过,好消息是,在特定任务设备中,这个庞大而笨重系统的自由程度是被显著有效地削减了的。事实上,软装配一个特定任务设备的重点就是将最初的高维(high-dimensional)可用的动力学削减至低维结构,从而建立一个有效可控的资源(Fowler and Turvey 1978; Salzman and Kelso 1987)。因此:

> 面临的挑战是,从对削减的动力学的描述退回到对子系统动力学相互耦合和共同彼此制约以产生被观察到的动

力系统方式的理解上。因为这既需要特定任务动力学的信息,也需要个别化资源的动力学信息,所以使用的策略以协调一致的方式联合了行为科学家和生理学家的努力。(Bingham 1988, 237)

我已经较为详细地描述了这一策略,因为我认为其中许多关键想法都适用于很多延展认知系统的情况。这些较大的解决问题的集合体很多时候也同样是瞬态的造物,朝向一个特定目的(做账目、写剧本、在夜空中定位星星),并将核心神经资源和暂时的附加元件结合起来,如笔、纸、图表、仪器等。我们可以将这种暂时的解决问题的集合体称为"瞬态延展认知系统"(transient extended cognitive systems, TECSs)。瞬态延展认知系统是软装配的(即暂时的和可轻易解除的)整体,它使人类大脑和中枢神经系统对解决问题做出的贡献与身体其余部分以及局部"认知支架"各种元素的贡献相互协调。因此,暂时统一的瞬态延展认知系统(就如同特定任务设备)可能被所有插接点所定义,这些插接点使得神经和身体资源能与有序并具有能量的外部来源进行耦合和解耦。

为什么要研究这种瞬态集合体呢?像前面一样,最明显且具有高度激励性的原因是,这些集合体在人类推理和解决问题的最与众不同的情况下局部地起着作用。这里,在这个星球上的我们似乎单独地也能够创造和利用各种各样的动作放大器,从地图和指南针到笔和纸再到套装软件和数字音乐实验室(再一次,第二个动机也许不太明显,即从分析这些复杂整体退后一步看，这些分析工作可能本身就有助于提出有关生物性大脑本身的贡献和运作的重要见解）。

然而，也许存在另一种方式将插接点观察变成一种真正的异议。基兰·伊斯梅尔（Jenann Ismael）（私人通信）担心：

> 为了能够设计和使用认知工具，心灵必须跟踪掌握功能结构和假体附件固定部分之间的边线。如果缺少这种工具或把它与不同的工具交换的时候，至少心灵也能够顺利过渡，那就是这样的情况。

伊斯梅尔是对的，如果没有这样的"跟踪掌握"，我们将受到损害，因为我们永远不知道在一个特定的时刻我们能或不能合理地期望将要实现的东西是什么。结果就是，针对系统的生物性部分，插接点必须要以某种方法被标记，或至少做出功能上的区分。这种标记的可能实现方式就是通过明确地将工具或道具表征为临时的或可拆卸的。然而，更有趣的是，它的一种可能的间接实现方式是通过学习完全契合的神经策略，这个策略随后被适当工具的出席而简单地触发。[①] 一笔在手，我们仅仅发现自己在运行着神经例程，这些例程将书写和画素描的

---

① 请注意，即使假设插接点总是如此被熟练的使用者明确地表征，这仍然与在接口中运行的、紧密集成的问题解决例程相一致。如格鲁希所解释，高带宽耦合可能会在界限清楚的插接点上运转。在这种情况下，没有理由假设这种耦合不能产生临时的信息处理整体过程。在这整个过程正常运行时，其完全与潜在的神经活动本身一样具有整合性。

7 重新发现大脑

可用性作为认知过程的部分纳入其中。这可能类似于这样一种方式,即棱镜护目镜放在脸上的感觉已经表明其触发了一种习得的依赖于环境的适应性,从而,熟练的使用者可以戴上和摘下反相镜片而不出任何差错(Kravitz 1972;Wolpert, Miall and Kawato 1998, 345)。

总之,一个明确的(甚至自主表征的)插接点的存在绝不会破坏认知的具身观和时而的延展观。因为它根本没有表明,统一的信息处理集合体并没有跨越插接点自身而被软装配。在自然秩序中,分界面比比皆是。大脑中存在分界面,大脑/中枢神经系统和身体之间存在分界面,有机体和世界之间存在分界面。重要的不是分界面而是系统——那些能在许多不同的时间尺度上形成和分解的系统,但其运转能对人类思想和理性的独特力量与范围做出解释。

7.8 大脑控制

基思·巴特勒在对延展心灵概念的广泛批判中提出了以下的忧虑:

> 毫无疑问,计算和认知控制的轨迹驻留在受试者头颅内部(并涉及)的进程,其方式与涉及外部进程的方式截然不同。如果这确实是一个真正认知系统的标记,那么它是一个可以通过克拉克和查默斯指向的外部进程而被排除的标记。(1998, 205)

263

巴特勒的建议是，即使外部元素有时参与控制和选择的进程，但仍然是生物性大脑有最终决定权，并且我们在这里最终将差异定位。从认知上来说，这是真正能产生差异的不同之处。大脑在某种程度上是行为的控制器和选择器，即在所有外部事物都不是的情况下，且因此外部事物不应该算作真实认知系统的一部分。

请注意，这里至少有两个问题。一个是有关神经计算的功能平衡以及它们单独就是"计算和认知控制的轨迹"这种主张。另外一个问题有关进程的本质，据说是（呼应了我们在第5章遇到的亚当斯和相泽的忧虑）"以一种与涉及外部进程截然不同的方式"来行动。后一种担忧有望被消除。前面的担忧呢？有关选择和控制的最终轨迹的担忧呢？

这种担忧饶有趣味，因为它再次凸显了（回顾第5章第6节）具有欺骗性的缓和，评论家带着这种缓和心态将内在领域本身视为具有科学上的统一性。因此，假使我们在头颅里重新应用"控制轨迹"标准，我们现在是不把那些不是行为和选择的终极仲裁者的任何神经子系统算作我的心灵或我自己的部分了吗？假使只有我的大脑额叶具有最终决定权，这会让真正的心灵缩水到纯粹的大脑额叶吗？万一（如丹尼特有时会提出的；Dennett 1987, 1991a；Dennett 2003, 122-126）没有任何子系统有"最终决定权"呢？心灵和自我就恰好消失了吗？

也许，反对非生物性认知延展的想法有时会利用一种错误的观点，即把自主体认作最终选择和控制的某种独特固定的内

7 重新发现大脑

在轨迹。①不过请注意,即使会有某种最终选择的独特内在轨迹,这也提供不了任何理由将心灵或"认知自主体"等同于一个被高度限制的官能。在我做出决定的例程中,我长期存储的知识常常被调用,而长期存储的知识本身不过是一个终极决策例程,就像奥托的笔记本。要把所有属于终极选择和控制机制的都作为我的外在于我的认知机制来对待,就要将我作为自主体的身份与指导、塑造和特性化我的行为的整体记忆、技能、倾向性信念相分离。我坚持认为,这就是要缩小心灵与自我超越的识别,把我缩减到仅仅是一堆最终的控制进程和/或正在发生的心理状态。

有些人可能愿意接受这个结论。因此,布里·格特勒(Brie Gertler)在一个吸引人又具煽动性的处理方法(2007)中提出,对克拉克和查默斯(1998)的论据的最好回应就是拒绝"固定信念(事实上,所有类型的倾向性心理状态和无意识心理运作)是心灵的一部分"的这种想法。相反,她强调所有真正行动起源中正在发生的(的确,内省性的)心理状态的作用。她认为,当非正在发生的状态有因果性影响时,最好不要将这种影响认作属于那个自主体的行动。通过这样的方式,格特勒(2007, 202)不得不承认那两个主要的有条件的主张,这两个主张可以从原始论文中提炼为:

> 如果固定信念是心灵的一部分,那么心灵就可以被无限

---

① 针对这个观点,我曾进行了详细的反对论证(Clark 2003)。

放大心灵

地延展：延展至笔记本、外部计算设备，甚至他心的部分。

以及

如果无意识的认知过程是心灵的一部分，那么心灵就可以被无限地延展：延展至外部计算设备，甚至他心的部分。

格特勒的论证提出的一个问题是，当类似信念的状态应该被算作*正在发生*时，要如何去决定呢？如果正在发生的只是意味着有意识的，那么关于这种在原始论文中提出的举动的担忧似乎就显得很棘手。将心灵缩减至有意识的事物当然是避免原始论文结论的一种方法。但是，我们真的想将我们的心灵缩减至如此地步吗？在大多数情况下，这是一条连心智制约论最坚定的支持者都倾向于避免的路线。这似乎是明智的，因为很难看到一个否认固定信念是自主体的心理状态的人具有的动机真正是什么（除了希望避免克拉克和查默斯论证的结论）。至少，很难看到为什么一个人可能会这样做，除非他／她对于固定信念是一个取消主义者，从而拒绝常识心理学在解释我们的行动、判断和选择时对这种信念的述求。但是，格特勒并不认可这条更激进的路线，使得否认这种状态是真正具有心理性的力量不清不楚。[①]

但是，应爽快承认的是，似乎青睐延展观的论据与有关个

---

① 感谢查默斯对这个话题的一些有益的讨论。

人身份和自我本质的烦扰问题相互影响，对延展认知的充分辩护可能会需要去解决这些事情。按照现状来看，我们可以最有把握地说，延展心灵的论证为这项重要的事业提供了进一步的动机或一些新类型的支架。

7.9 非对称争论

鲁珀特（in press-a）和柯林斯（in press）各自提出了一个相关问题，涉及有机体及其道具和辅助间获得的不对称关系。他们认为，减去这些道具和辅助，有机体可能会创造替代品。但减去有机体，所有的认知活动将停止。如鲁珀特（in press-a）所说：

> 有机体的意志、其利用工具的意图和这样做的能力对延展认知系统的创建来说具有非对称的责任。

这种非对称性（如第 5 章第 1 节中所见）可能很容易被夸大。一方面，单独的有机体遭遇可能比鲁珀特想象的更糟。但在任何情况下，这种类型不对称的存在并不是延展观支持者所应该否认的。例如，具有可塑性的关键微轨迹就是个体的大脑，这样的说法是真的。正是大脑极好的可塑性和它对便宜外包劳动力的渴求驱动着社会经济的技术改造和变化的分布式引擎。通过减去那些潮湿有机体可塑性的内容丰富的孤立体，整个进程就会瘫痪，这也是真的。当所有的人类有机体枯竭和死亡时，那将不存在新的笔、纸和软件包。但它绝不会从这个事实中得出这样的结论，即那些潮湿有机体的孤立体在此种程度上对所有这些都具有不平衡的重要性，即混合分布式电路的其余部分并不是认知加工处理特定环节的机械性基础的一部分。

举一个世俗的非认知案例，我的食指和我就享有类似这种非对称关系。没有食指，我能坚持，但没有我，食指就不能坚持。我可以用膏药修复它，但它（像它以前一样单独操作）永远不能修复我，诸如此类。但这并不说明它不是我的一部分。或者回忆一下第6章查默斯的例子也能揭示这样的道理。减去视觉皮层，我能够生存并尝试以各种方式来弥补。但竭尽所能把我减去吧，剩下的视觉皮层将不会尝试任何这样的演习。因此，"我"和自己的视觉皮层的运作具有非对称关系。这也不说明视觉皮层此时此地不是我的大部分感觉认知运行的机械基础的一部分。不平衡方的争论表面上看似有说服力，仅是因为我们不习惯于将我们的大脑想作其自身不是一个单一的不可分割的统一体（向"我"乞题吧），而只是另一组机制聚集。

7.10 桶中的延展

我想以此来结束本章，即简要正视一个共同的但我认为具有信息上的误导性的、常常被想象[①]为诉诸认知表现的

[①] 例如，在最近会议上，布洛克就这些话题进行了讨论。然而，我认为，Block现在承认，桶场景不能用于挑战关于（至少无意识的）心理状态的潜在延展性质的主张。

7 重新发现大脑

机械[1]解释中的神经行为来建立解释充分性的策略。这个策略唤起了那个熟知的哲学家玩具,桶中之脑。当然,这种观点认为,桶中的大脑像我们一样,享有所有同样的心理和认知状态。其区别只是,它享有这些状态是承蒙,让我们想象一下,某种花哨的、由计算机支持的缓冲作用,这种作用能够模拟所有平常的对大脑的输入和输出,包括那些可能来自身体活动(例如,手势)、基于头部运动和眼球运动的世界信息检索以及臭名昭著的奥托情境里对笔记本的使用等。难道这没有一举将生物性大脑建立为心灵和认知的充分机械论所在地吗?难道这没有一劳永逸地论证了企图将身体手势、指示编码甚至简单的笔记本描绘为一个自主体的认知装置是纯粹疯狂荒谬的言行吗?

但现在考虑一下一种略微不同的情况:(友好的)桶中被损伤的大脑。考虑为我们阴暗的万神殿添加一个新的角色DB,一个神经被损伤且运动区域MT被完全破坏了的病人。随着超级科学家编写程序使超智能的桶做好准备接收DB的大脑,他们突然想到在着手进行时,不妨沉湎于一点点额外的编程,这些编程涉及某种新软件和一堆附加的桶-大脑的链接。这个额外编程以完美的细节重新创造了那些原本由完好无损的MT区域所做出的贡献。果然,被放在桶中的大脑发出信号(承蒙桶中的缓冲器,这些信号被转化为语音信息)。这些信号表达出对

---

[1] 这个修改意在把关于心理状态个人化的假定外部主义标准的问题(第4章和附录中的评论)与之相提并论,并将我们的注意力集中什么样的局部机制能实现心理状态,无论这些状态被如何个人化。

视觉运动突然令人费解地得到恢复而感到的惊讶和喜悦，突然重新恢复了能相对安全地穿过繁忙街道的能力，并享受棒球和网球的乐趣等。简而言之，认知和知觉的整体性得到了恢复。

这个小练习的寓意是什么呢？或许是，神经区域 MT 不是检测人体运动的"要素随附基础"（constitutive supervenience base）的一部分吗？[1] 如果我们能以这种方式恢复运动检测，我们应该得出的结论是否仅仅（？）是 MT 最好被视为大脑余下部分的输入来源和从大脑余下部分输出的接收器？当然不是。桶情境可以直接确立的是，大脑和超智能的桶一起共同协力支持认知和（我愿意冒风险）知觉成效。但这一事实单独不再能确保这个结论，即眼球运动、手势和笔记本条目不构成这些成效的要素随附基础的一部分。相比之下，它可以确立的是该 MT（而事实上，整个生物性大脑！）不是那个基础的构成部分。假设桶的直觉是可靠的，这些知觉在整个系统中哪些部分在做必需的工作这一点上保持沉默。

换一种方式看这个问题就是思考一下把奥托放在这个桶中。这里，奥托的生物性大脑得到一个可靠笔记本的替代品的支持——即聪明地模拟笔记本工作的超智能桶。我想要说的是，桶中的奥托也享有我们世界里的奥托的所有固定信念。这一点并不应该出乎我们的意料之外，因为被放在桶中的奥托（功能上来说）仅仅是奥托延展的心灵。

确保这一结论的形而上学上强有力的方式就是要争论

---

[1] 对于要素（constitutive）这个概念，参见 Block（2005）。

（Chalmers 2005；Clark 2005c）被放在桶中的奥托事实上是被充分平常地具身化并嵌入了的一个恒定的物理笔记本使用者，虽然只是凭借那一些潜在于物理的和计算操作的出人意料的东西（对奥托而言）（请注意，我们也可能有一天发现自己对支持笔记本等诸如此类的东西是什么的底层说法感到惊讶。只要我们能更好地理解把握当代物理学所提供的，也许我们很多人已经因此而感到惊讶了）。但就目前而言，这足够说明这个桶提供了所有必要的机会以最大限度地（功能上来说）利用身体和世界。就像我们一样，被放在桶中的大脑得益于对其运动神经策略简化的似乎被动的动力学贡献，也得益于在推理的时候利用身体手势的机会和利用眼球运动从局部情境检索信息，还得益于语言、笔记本、朋友、家人、恋人、标签和黄色便利贴的使用和运作。我的结论是，在有关具身、嵌入和认知延展的争论性问题的辩论中，述求于桶中的大脑没有对此产生任何影响。

7.11 （情境化的）认知者内部结构

人们有恰当的（我认为令人信服的）理由将生物性大脑描绘为：(1)所有认知活动的一个真正构成组件；(2)能够将认知活动维持在相对孤立的状态；(3)意识觉知、执行控制和内部表征丰富性和多重性的生物性温床。此外，我们所具有的充分利用围绕着我们社会和环境支架的多种形式的惊人能力，其自身肯定会变得依赖于诸多关键的神经（以及文化）创新和操作。在第7章第4节中对前部或嘴外侧前额叶皮层（RLPFC）的讨论提供了一个似乎合理的说明。这些当中没有什么应该让我们中止。将认知视为具身的、嵌入的甚至是延展的，并不是要去否认这些重要真理中的任何一个，也不是要迅速通向激进的反表征主义或抛弃理解心灵和智能的计算和功能的路径。

诚然，在有关具身心灵的文献中确实出现了这样强有力的消极否定的论点。西伦和史密斯（1994, 388）公开质疑心灵构建内部表征的观点。[①] 范·盖尔德（1995）在同样的程度上试图引起人们对计算路径和表征路径价值的怀疑。夏皮罗（2004）认为述求于具身对心灵的功能主义理解是有害的。[②] 相比之下，第1章到第4章中所展示的积极正面的说法将自主体描绘为受益于内部和外部表征的多重形式，调配各种通过这些表征定义的计算转变，以及倾向于参与延展功能组织，使得认知进程能够富有成效地扩散到大脑、身体和世界。因此，目标（在第9章会进一步探究）是展现一种积极正面的视角，其中对具身和认知延展的述求与对动力学以及表征和计算的内部和外部进程的述求是相互配合的。

然而，的确似真的是在持续存在的真实世界竞技场内具身行动的特定赋能的环境中，我们所调配的各种内部表征以及生物性大脑需要的计算和控制形式通常都被大量地转变了。内在结构体被视为遍布着表征的运动和感知形式，且生物性大脑被驱动朝向"生态开发性的"（见第1章和第2章）控制

[①] 最近的研究工作（Thelen et al. 2001）似乎在这方面更具普遍性。
[②] 有关反功能主义困境的更多信息，参见第9章。

7　重新发现大脑

形式。[1]它们被驱动朝向推入、微调和调整某个目标系统的控制策略，这个系统的合理伸展在很大程度上依赖于形式序列的各种其他来源，例如身体的生物力学、环境结构和有时其他自主体的行动和知识。[2]因此，具身的主要经验教训就是在结构体、功效和散播负载中的经验教训。这些经验教训有助于展现生物性大脑实际上例示和调配的表征、计算和控制策略，并将我们揭示为经过工厂调整的和为认知捷径卸载与扩展的所有方式做好了准备的。正是承蒙进程效能和对延展与转变的开放性这个精明的（？）组合，人类大脑才能成为这个世界上获得认知成功的最为强有力的器官。

---

[1] 例如，"索引功能表征"的更广泛的使用，诸如"胳膊伸向前"（Agre 1995）或"这个对象与我的方向一致，并且位于我和我现在正在看的方向之间"（Pylyshyn 2001, 130）。也有对编码的更广泛的使用，那就是与当前情境支持严密贴合的编码。关于"行动导向表征"的内部领域的总体图景，请参见 Clark（1997a）。

[2] 因此，重要的是，我们不要把存储程序的基本思想与对活动进行微观管理的详细指令集的思想混为一谈（例如，用于流畅行走的一整套精确的关节角控制命令集与一个充分利用被动动态效果的稀疏控制程序）。参见 Clark（1997a, 2001a）中有关所谓部分计划的讨论。

第三部分

具身的局限

8 绘画、计划和感知

8.1 生成感知经验

我们已经看到，内在神经进程常常富有成效地与体内和体外总储存、表征、实体化与操纵进程紧密相连。这些外神经元素作为它们为问题解决优势所选择和维持的延展组织部分而起着信息加工的关键作用。大脑、身体、世界和行动的这种亲密关系是否可能阐明了意识感知的本质和机制了呢？我称为"强感觉运动"的感知模型给出了肯定的答案（O'Regan and Noë 2001; Noë 2004）。依据这样的模型，感知经验凭借一个自主体对感觉刺激会随运动而变化的隐式知识来获取感知的内容和特性。基于这个原因，感知经验可以说是经由熟练的感觉运动活动而被生成的（Varela, Thompson and Rosch 1991）。

尽管强调具身和行动的重要性是正确的，但是强调感觉运动模型（或我这样认为）会带我们走得太远。尽管具身行为在收集信息和最初调谐支持感知觉知的电路系统中都起着重要作用，但这种模型最终会把人的经验内容和特征与人类具身的微妙细节太紧密地捆绑在一起。这样做,它们无法容纳大量防火墙、分解和构成大规模人类认知阶层的特殊目的串流。尤其是,它们扬言要掩盖这种具有计算效力和功能动机的关键信息加工处理事件的迟钝性,将其模糊为感觉和运动的具身循环具有的充分敏锐性。

8.2 绘画者和感知者

依据诺亚的观点(2004),眼见(seeing)如绘画。绘画是一个不间断的过程,在这一过程中眼睛探察场景,然后跳回到画布上,然后再回到场景上,在一个积极探究和局部迭代的认知摄取循环中开展。正是情景化的、世界参与的活动构成了绘画的行为。诺亚主张,眼见(更一般而言,感知)也是同样通过积极探究的过程被建立起来的,其中感觉器官反复地探察这个世界,在需知(need-to-know)的基础上传递部分的和受限的信息。根据诺亚的解释,这个情境化的、世界参与的整体动物活动的循环是真正的认知兴趣的轨迹,至少对感知经验而言是这样。根据此观点,"感知并不是发生在或发生于我们的事情,而是我们所做之事"(Noë 2004, 1)。让我们把这称之为感知经验的强感觉运动模型(Strong Sensorimotor Model,SSM)。

这个强感觉运动模型不只是主张你需要有一个活跃的身体来作为感知的平台。更确切地说,这个有趣的主张是熟练的身体行动和感知在某种意义上是紧密地纠缠或混合在一起的。这里的出发点是准确并关键性地观察到感知是积极的(active):

8 绘画、计划和感知

设想一个盲人在一个凌乱的空间中探路，他通过触摸来感知那个空间，但这感知不是立即都能全部获得的，而是通过熟练的探察和移动。这就是，或者至少应该是，我们关于感知是什么的范式。(Noë 2004, 1)

为了在此方面扩展，诺亚进行了补充：

所有感知就像触摸那样：感知经验获得内容要多亏我们所拥有的身体技能。我们所感知的是由我们所做的（或者我们所知的如何做）决定的；是由我们准备做的所决定的……我们生成了我们的感知经验；我们把它演绎了出来。（原文的重点，2004, 1）

根据诺亚，这一重要含义是指，就算述求内部表征，也不能说明绘画或眼见的原委：

这一图景的产物所具有因果充分性的基质当然不是绘画者的内部状态，而是画家、场景和画布之间密切联系的动态模式。为什么不说眼见也是这样的呢？基于这种路径，眼见也会依赖大脑、身体和世界。(2004, 223)

总之，就眼见和感知一般而言，一个特别适合这个动态目标的理论构想就是"感觉运动依赖性"这一概念（O'Regan and

Noë 2001 在年中最初引介为"感觉运动偶然性",在 Noë 2006 中被注释为"感觉运动预期")。

感觉运动依赖性是运动或变化与感觉刺激之间的关系。这关系可能有很多种,但其共同之处是它们都涉及将现实世界对象和性能与感觉刺激的系统性变化模式相关联的回路或循环。这些感觉刺激的变化模式可能是由受试者的运动引起的(这是中心情况),就如同我们用头眼运动来扫描一个视觉场景。或者这些变化模式是由对象自身或环境框架中的其他元素所引起的(例如,照明或光源的改变)。此外,这些各种各样的变化模式的一些特征都可以归因于对象自身的属性(例如,当眼睛循着一条笔直的水平线移动时,这条水平线沿着自身长度的自相似性会引起视网膜刺激的不变模式;O'Regan and Noë 2001, 942)。其他特征(这在我们后面的讨论中更为突显)将归因于人类视觉装置的特质。例如,当眼睛因为眼球的曲率而上下移动时,投射在视网膜上同样的这条直线会出现显著的扭曲变形(941)。

不同的感觉形态也会表现出行为到刺激的不同属类特征。在我看来,朝向视觉固定的对象移动个人自身身体将导致视网膜上的流型模式扩大。然而,移开身体就会造成流型模式收缩。触觉和听觉没有相似的特征。或者来看另一种情况,人类视觉具有密集的中心敏锐性,但外围区域取样更受局限。这意味着眼睛沿着一个感知对象的运动产生了空间交变的密集和更浅层的取样这样一个与众不同的模式。同样的行为也可以产生对丰富多彩的信息的特有演绎,因为主要中央视觉让其具有可用性。甚至眨眼在视网膜输入时造成暂时性空白这一残忍事实

8 绘画、计划和感知

或许会被看作视觉的行为输入特征的一部分（O'Regan and Noë 2001, 941），因为眨眼对触觉和视觉没有相似的影响。

根据强感觉运动模型，感知世界就是利用我们有关多种感觉运动依赖性的隐性知识。根据强感觉运动模型，正是我们有关这些感觉运动依赖性的隐性知识解释了我们感知经验的内容和特性（视觉的、触觉的、听觉的等）。这种对感觉运动依赖性知识的强调（或有关预期）本意是作为对感受性质（qualia）的标准述求的替代品。感受性质被构想为经验具有的本质和"感觉"属性。这表明与其说我们在理解经验中如此神秘的内在本质特质，不如说我们生成了（也就是说，通过演绎使之形成）感知经验。就形状和空间属性来说，例如，

172

> 生成观否认我们表征感知的空间属性是通过将这些属性与各种感觉相关联。不论是触觉的、视觉的或是别的，都没有对圆形或距离的任何感觉。当我们在感知中将一个东西经验为一个立方体时，我们之所以这样做是因为我们识别出它的外表（或会）随运动而改变。这还展示了一个特定感觉运动的轮廓。（Noë 2004, 101-102）

总之，强感觉运动模型把意识感知经验描绘成的确存在于感知者对有关运动、变化和行动的感觉输入规则或规律的隐式知识的积极调配中。诺亚告诉我们，"我们的感知能力不仅依赖于我们所拥有的这种感觉运动的知识，而且还是由这种知识构成的"（2004, 2）。或者采用一个更近期的设想："感知是需要运

用有关行为影响感觉刺激的方式的知识活动。"（Noë 2007, 532 原文重点）

8.3 强烈感觉模型的三个优点

总体来说，诺亚的描述具有至少三个明显的优点，我将尽可能寻求维护这些优点的各个方面。

首要的优点是，诺亚的描述强调的是技能而不是传统构想的感受性质。[1] 技能为本的解释（Pettit 2003; Clark 2000a; Matthen 2005; Dennett 1991a）为僵尸思想实验的毒液注入了一剂有力的解毒剂。[2] 尤其是，如果所有工作都得以按计划进行，那么强感觉运动的解释确保世界参与的感觉运动技能和辨识能力的相同性，意味着感知经验的相同性。更明确地说，对世界参与的循环和感觉运动依赖性知识的强调，提供了一系列针对涉及感觉替代和神经重写的现实世界的现象巧妙且又有说服力的解释。

这里的典型例子（见第 2 章）就是触觉-视觉置换系统（TVSS）。[3] 同样令人印象深刻的但可能还鲜为人知的就是听觉—视觉替代系统（在 O'Regan and Noë 2001 中较为详细地讨论过），其被称为"声音"（Meijer 1992）。在这一系统中，一个

---

[1] 对于感受性质传统观念的一个极佳的但本身具有怀疑性的描述，请参见 Pettit（2003）。

[2] 对于诺亚自己对这样的思维实验的看法，参见 Noë（2004, 124）。

[3] 参见 Bach y Rita 和 Kercel（2002）的近期评论。

8 绘画、计划和感知

头盔摄像机的视觉输入被系统性地转换成有声模式。视域中的高对象会发出高声调的声音,而低对象发出低声调的声音。立体声的平衡表明横向位置,声音的响度表明亮度等。至关重要的是,当你四处移动摄像机、声音随时间发生变化时,受试者开始认识到不同对象所特有的标志模式(感觉运动依赖性)。在原始版本中,受试者学会把植物与雕像、十字和圆圈等区别开来。

总体效果尽管有力,却没有达到创造一个真正视觉经验的目标。但感觉运动依赖性理论的主张是大胆和清晰的:在任何一种程度上可能用另一种可选择的途径来再造同样的感觉依赖性的身体,你就将再造原始感知经验的全部内容和特征。根据奥里甘和诺亚所言,这解释了为什么巴赫·丽塔实验中的一些受试者报告。例如,当给他们配备一个触觉－视觉置换系统时,他们仿佛见到一个隐现的球体。通过强调感觉运动依赖性轮廓中的相似性和不同性,诺亚式的描述精炼地解释了这种系统创造准视觉经验的意义程度,以及因此产生(当前)的经验如何会缺乏由原始途径支持的那些经验。例如,有一个隐现对象的清晰的感觉运动标志,这个对象的不变特点不仅被声音模式或视觉刺激很好地捕获,也同样被网膜刺激以更典型的模式捕获。相比之下,细粒化的颜色信息一般不能被这些类型的替代系统很好地捕获。然而,在每种情况下,我们所争论的不是神秘的、不可言喻的感受性质的存在或缺失,而只是把现实世界对象和属性与感觉刺激的变化模式相关联的独特循环的存在和缺失。

有人告诉我们，同样的说法解释了关于将视觉输入重新接线连接到白鼬仔的听觉皮层的显著结果（Sur, Angelucci, and Sharma 1999）。这里，多亏早期的重新接线，"听觉"皮质区域会开始参与视觉特有的各种感觉运动循环，且似乎完全支持经改良的白鼬中的标准视觉能力："白鼬仔的'听觉'皮层中的神经活动被合理嵌入视觉感觉运动动态中，这种神经活动具有'视觉功能'。"（Noë 2004, 227）简而言之，在这里对标志性的感受运动依赖性空间形状的述求取代了对感受（感受性质）的本质特征的述求或对它们更顽固的同类事物，即特定神经区域的假定特殊性质的述求。

因此，在"单单神经性的描述在解释上站得住脚的情况下"（Noë 2004, 226），感觉运动的解释是注定会成功的。完成这项工作的仅仅是"神经系统推动具身化和嵌入式动物活动的方式"（226）。那么，对于诺亚，经验"尽管是依赖大脑的，但它并不是由大脑引起或在大脑中实现的。经验是在有技能动物的积极生活中被实现的"（2004, 226）。在接下来的章节中，我们将看到，即使我们赞同（我认为我们应该）某些大量的技能为我们理解感知经验提供了一把钥匙，但神经解释不用因此就被视为"在解释上站得住脚"。

可能优点列表中位居第二位的是，感觉运动模型承认（在人造神经网络社区）所谓"预测学习"的重要性、能力和范围。预测学习是一种生态学上似乎合理的监督学习形式。在监督学习中，自主体具备有关给定输入的期望输出的详细反馈。由于对大多数现实世界的学习情况来说，这种训练似乎需要一个见

8 绘画、计划和感知

多识广且能常常伴在身旁的老师,其生态似真性看起来令人怀疑。然而,在有些情况下,世界本身会在下一次的步骤进行时精确地提供给我们所需要的训练信息。例如,这个任务(通常呈现为一种简单的周期性神经网络;Elman 1995)是要预测接下来的感觉输入本身是否是一个句子中的下一个单词或一个展开的视觉场景中的下一帧。对于一个具有移动性的具身自主体而言,这种预测通常需要双重输入:有关当前感觉状态的信息和有关当前正在起作用的运动指令(例如,以传出神经备份的形式)的信息。鉴于这些信息条目,可以预测下一个可能的感觉状态。在视觉案例中,这种预测因此需要考虑场景特征和自主体的所有运动,并且立即能够接受世界按时传递出的实际感觉刺激的测验。预测学习已展现出其自身是提炼诸多重要规律的有用工具,比如,语法句子的特征、形状特征和对象表现的特征。在某种意义上,诺亚和他的合作者正在把这已经被证明了的范例延伸到尝试解释所有感知经验的范围,而这些经验的内容和特点,据说是敏感地依赖于已获取的有关感觉刺激随运动和其他种类的输入变更改变而变形和演化方式的预期(隐式知识)。在我看来,这恰恰是那种会在用预测学习制度训练出的神经网络的价值和关联中被具身化的知识。

预测学习具有计算上的有效性、可论证的可能性和生物学上近乎确定的真实性。然而(像我们刚才所见到的),当通过感觉模式定义预测且这些感觉模式是在没有意识觉知的情况下被获取时,这些标准模型具有决然的子人性。但根据诺亚的解释,一个关键的情况子类是通过对象的意识经验透视属性（consciously experienced perspectival properties）（P-properties；Noë 2004, 83）来定义的。这些属性被描绘为具有客观性和相关性：属于一个处于某种更大环境中的感知者—对象组对的属性："一个盘子具有一个给定的透视属性就是一种有关那个盘子形状的事实。这个事实是由盘子与感知者的位置和周围光线的关系所决定的。"（Noë 2004, 83）更重要的是，透视属性也被描绘为"事物的相貌"，它们的视觉外观（84）从而能参与现象学上具有突出性的预测学习的各个回合中。因此，

> 例如，从一个角度看一个圆盘就是用椭圆形的透视形状（P-）去看东西。这就是要理解透视形状如何作为事物（可能的或实际的）的运动功能而发生变化。（Noë 2004, 84）

虽然我赞同预测学习是一种非常有效的知识提炼工具，尤其是在感知领域，但我不认为成熟的感知经验能够因此就被视为由预测软件其本身的运行所构成。这就是说，我不确信，对有关下一步的感觉刺激的预测（或期望）的述求是否能直接和详尽无遗地（子人式地）解释或者甚至（个人式地）刻画感知经验。

我们将在后续章节中再回到这些问题。当前，只区别可能被问及的三个问题都会对我们的理解有帮助。

第一，什么类型的无意识专门技能会驱动或推进我们与世界流畅的感觉运动接触？

8 绘画、计划和感知

第二，对于我们的意识感知经验如何随着运动或变化而改变这点，我们隐然了解些什么？

第三，是什么决定了我们的意识感知经验自身的内容和特征？

这些问题都是不同的，但是强感觉运动模型倾向于给出一种相同的答案（即引起感觉运动依赖性的隐式知识）。然而，我认为，述求于感觉运动依赖性知识对回答第一个问题至关重要——如同当一个自主体调配"仿真电路"（见第7章中的讨论）来预期感觉输入，从而驱动平稳的伸出动作（reaching）等——这显然表明了它在其他两个问题中应该扮演的角色。或许，我们的确（有关问题二）拥有关于意识经验将随我们运动而更变等的方式的预期，但是这些预期对经验自身的关键性并不显著。实际上（进入到问题三），有可观的证据表明感知经验与神经进程的特定形式是相关联的。这些特定形式对感觉运动循环本身的大多数微小细节具有系统性的迟钝性，因此就引起了对这两个问题的强感觉运动回应的怀疑。

我想非常简略地提一下第三个也是最后一个优点，它相当普通，但是既具有重要性又具有惊人的精巧性。这个优点就是，感觉运动模型做好了准备以在一个客观性的世界中容纳自恋型的经验。有关认知自主体通过他们自己的活动"产生他们的世界"的说法，如果不是神秘主义的，那就似乎具有神秘性（某些讨论请参见 Clark and Mandik 2002）。但是通过将感知经验的内容和特征与已获得的关于感觉运动依赖性模式的预期二者直接关联，生成性框架就能够公平对待客观的、独立于心灵的现实的概念和感知到的世界是一个特定类型具身自主体的世界的意义程度。这种感知到的世界是以一系列与众不同的感觉运动依赖性为特征的,其本质敏感地决定了通过感觉经验世界的方式。

根据这一解释,被不同具身化的存在将不能直接经验我们的感知世界。这不是因为它被其自身的神秘感受性质所占据,而是因为它们缺乏必备的"感觉运动调谐过程"(Noë 2004, 156)。这是感觉运动模型的一个优点,它可以使我们以一种直截了当的方式来处理这个棘手的主题。但这样做就意味着不同具身化的存在必定栖居于不同的"感知世界",这也是一种缺陷,或我会这样认为。

总之,那么这种怀疑是,强感觉运动模型在一些区域将我们带得太远了。通过强调技能、能力和预期,这种解释开始提供了一个针对基于感受性质的感知和感知经验否认传统路径的真正替代性选择。但是把太多焦点聚集在感觉运动的边界,这让我们丧失了建构一个更精确细微的感知经验多层模型的资源,还带来了掩盖我们自身认知状况真正复杂性的风险。

8.4 一种缺陷?感觉运动(超)敏感性

强感觉运动模型看上去受着感觉运动超敏感性形式之苦。这种模型对于身体形式和动力学的微小细节超级敏感。因此,这些模型过早地就投身于种种乍看具有开放性的(经验主义的)问题。这些问题涉及感性经验、神经活动和具身行为之间关系

8 绘画、计划和感知

的紧密性或非紧密性。

要开始把注意力集中在这个相当普遍的关注点上，被克拉克和托里比奥（Toribio）（2001）称为"感觉运动沙文主义"问题是我们首先要考虑的。正如我们使用的这个术语，一个感觉运动的沙文主义者在没有令人信服的理由的情况下坚持认为感知经验的绝对相同性要求细粒式感觉运动轮廓具有绝对相同性。诺亚（2004）对这一保证十分清楚。例如，在对于触觉—视觉置换系统在何种程度上支持"经验的相似性"（对正常视觉而言）的讨论中，诺亚断言：

> 只要在视觉和触视觉之间存在类质同像（isomorphism），触视觉就是类视觉的。但是只要无法获得这个感觉运动的类质同像，那触视觉就不类似于视觉了。一般而言，任何时候只要当两个候选系统促进感觉运动依赖性模式的能力……出现不同时，那个类质同像就无法继续存在了。（2004, 27）

在此观点基础上扩展，诺亚补充道：

> 只有一个带有像视网膜的功能多样性的振子阵列才能支持真正的（发育完全的、正常的）视觉。为了使触视觉更具有充分的视觉性，那么我们需要让其依赖的物理系统更像人类的视觉系统。（2004, 27-28）

不管在这些引用中对"功能多样性"的述求在表面上有多开放自由,(对经验的精确相同性)所要求的一致性因此远远伸展到物理装置自身的结构之中,并且要求身体和总的感觉装备具有细粒式的相似性。奥里甘和诺亚对此有更为明确的观点:

> 为了让两个系统一直都具有相同的感觉运动偶然性的知识,它们将需要有一直完全相同的身体(至少在相关方面)。因为只有在低阶细节上都相同的身体,才能在相关方面具有功能上的相同性。(2001, 1015)

然而,后来诺亚在他的独著中断言:

> 具有像我们身体一样身体的造物会具有像我们的视觉系统一样的视觉系统。的确,只有这样的系统可以参与到与我们参与的感觉运动交互范围相同的范围之中。(2004, 159,额外强调)

或再者:

> 最后的结果是,我们有好的理由去相信感觉运动依赖性自身就是由我们感觉系统所依赖的物理系统的低阶细节所决定的。眼睛和大脑的视觉部分确实是构成了一个非常微妙的仪器。多亏了这个仪器,感觉刺激才能以精确的方式响应运动而变化。像我们做一样看,你必须要有一个像

8 绘画、计划和感知

我们一样的感觉器官和身体。(2004, 112, 额外强调)

因此，这种状况就是，虽然一些粗粒式的类质同像也许足以开始使不同具身化的存在的经验具有视觉性，但是人类正常的视觉经验的全部荣耀还要依赖于总的感觉运动轮廓。这种轮廓能敏感地追踪人类具身的细节。当然，如果对经验一致性的完整感觉运动类质同像的要求来源于一个令人信服的理论模型，那么这样一种强观点也无需要变得（如 Noë 2004, 28 恰当指出）沙文主义了。

但是情况是这样吗？争论中的主张（让我们称它为细粒式感觉运动依赖性主张）认为，感觉运动依赖性的细粒式模式中的每一个差异将潜在地影响相关联的感知经验。注意，这一结果从任何方面来讲都不是来源于这样一个事实（如果它是一个事实），即预测学习在习得某种感知知识和理解中扮演着重要的角色。这种学习的结果可能是理解的多种形式，其对感觉刺激的一些变化具有系统性的迟钝性，同时又夸大其他的变化。

还要注意，争论中的感觉运动依赖性模式其自身不能成为经验空间（外观空间）的模式，否则就会成为无价值的东西。因为经验中的每个差异当然都暗示着经验中的某个差异。但是如果我们跳出这一现象学的竞技场，那么细粒式的感觉运动依赖性主张看起来就会涉及过早解决应该是开放性的经验主义问题的那些东西。

因此，想象一个具体实在的案例，假设其中感觉运动依赖性的某些模式涉及运动和视网膜刺激两者之间的关系，还假设具身中的某个细小差异致使这些模式出现细小的差异。无论这种刺激的每个差异是否会让其接踵而至的意识感知经验的内容和特点产生差异，它都确定是一个开放性的经验主义问题。即使我们选择的是皮层模式而非视网膜刺激，在我们选择关注的有关进程的解释中的任何地方，也都是同样的情况。

事实上，系统的迟钝性可能符合某些功能目的的需要。不难想象，设计和工程中的注意事项会青睐感觉输入的各种缓冲、过滤和再编码。如此一来，有意识的感知经验的内容和特点可能就在从某些感觉运动循环细粒式细节中移离的过程中被决定。正如我们后面会看到的，我们有理由相信人类感知经验的确是在这一移动中被决定的，并且它包含了经改进和优化的表征，这些表征并没有敏感性地与总的感觉刺激流保持一致的步调。

也许会有人反对，我争辩的这种超敏感性只是为了将具身技能述求为对感受性质的传统述求的替代品所付出的代价，但情况并非如此。因为这种紧缩主义的解释（我把强感觉运动理论算作其中）所述求的技能其自身可能是粗粒式的或细粒式的，且可能会因此涉及对感觉运动边界发生的某些事情具有系统的迟钝性的活动和能力。例如，他们可能会关注马滕（Matthen）称为"认识的"（epistemic）技能的东西：筛选、整理、归类、挑选、选择、重新识别和比较的技能。这些技能（在所有紧缩主义的背景下，必须是组成而非调用感知经验的技能）可能会依赖于进程的模式和内部表征的形式，这些最终会摆脱感觉运动的精微细节的全部范围。最后，对技能（而非感受性质）的述求也不会强迫我们抛弃一个独特的个人层面的概念，在这个

8 绘画、计划和感知

层面上，认知自主体能够获取一些信息。这就是说，这种述求不应该强迫我们放弃那个概念，在某种重要意义上，这个概念会显露（manifest）于当事自主体（Pettit 2003）。

诺亚热切希望能回避感受性质的圈套，这是值得赞扬的。但我怀疑，从对象和感知者之间的客观关系看，他在这个过程中被引导给表象下了一个过于直接的定义，导致的结果就是任何影响这种客观关系的东西（更确切地说，任何影响这种关系在认知运动活动中伸展方式的东西），据说就会影响事物在自主体那里的表象，即使其影响方式是非常精微细小的。如我们即将看到的，剖析基于技能的解释的其他方法也相信这种图景。但是在探索这种可能性之前，引介（至少一些版本的）强感觉模型自身复杂性所缺失的一个层面是会有帮助的。

8.5 伸出动作讲授了什么

根据奥里甘和诺亚（2001）的观点，只有当我们具有的有关运动产生感觉变化的方式的实际知识在服务于理性、计划和判断时被主动唤起时，我们才能意识到特定的被视觉呈现的情势。在这种情况下，我们不仅仅是操练对感觉运动偶然性的掌握，因为我们甚至在没有意识到自己的行动时也会这样做，就如当我们回击一个快速的网球发球或心不在焉地驾驶在熟悉的道路上时。当然，当我们出于"思维和计划的目的"利用该相同的感觉运动偶然性知识时（O'Regan and Noë 2001, 944），意识觉知登场。由于这个原因，有意识地看就是"以你对感觉运动偶然性的通达为中介的方式去探索你的环境，并在计划、推理和言语行为中使用这种通达"（O'Regan and Noë 2001, 944）。

增加这个进一步要求的意义是明确的。当我们使用自己的感觉运动依赖性模式的隐性知识时，通常却没有相应的感知觉知接踵而至。为了解释这一差异，奥里甘和诺亚将推理、计划和言语行为中对隐性知识的使用调用为一种聚光灯，它使得我们的一些感觉运动偶然性的积极知识以感知觉知为条件。

有趣的是，这个奥里甘和诺亚竭尽利用的要求在诺亚（2004）后来的独著中却找不到存在的证据。我们在其中所发现的仅仅是在行为引导下积极使用大量有关感觉运动依赖性的特定知识这样一种空泛的观点。诺亚（私人通信）把这一观点挑选出来，在这一点上他的观点还在不断地变化。他写道，这一指导思想是"意识到一个特征就是积极主动地探查这个特征——可谓是伸出手与它接触"。但是这种积极探查无疑也是司机眼睛的智能的扫视运动具有的特征，甚至是当司机在注意其他因素而没有有意识地经验道路的详细情况的时候。或者，如果积极探查意味着像"在解决问题的情境中探查"那样，那么我们就回到了奥里甘和诺亚指定的对推理和计划的等强作用。

在任何情况下都存在另外一个可能性，其具有重大的实证支持且最终，或我这样认为，暗示了一个强感觉模型自身的替代品。这种可能性是（Milner and Goodale 1995, 2006; Goodale and Milner 2004; Clark 2001c, 2007; Jacob and Jeannerod 2003），意识感知经验的内容由激活大量的独特内部表征所决定。这些以准自主的方式运转的内部表征来自于直接感觉运动接触领域。

8 绘画、计划和感知

这些表征是具有感知性的，但是能适用于（以及优化于）推理和计划的特定需求而非流畅的物理参与的特定需求。这些表征是以一系列的确起源于传感器的输入流为条件的，但是这输入流大部分进展是平行于致力流畅控制联机、经微调的感觉运动参与且对更低阶细节具有系统的迟钝性的加工处理流的。

这些"双码流"（dual-stream）模型在至少两个重要方面区别于强感觉运动模型。首先，它们将视觉经验描绘为依赖于一系列为推理和计划而优化了的表征，而强感觉模型将视觉经验描绘为会在（可能是非常细粒式的）感觉运动知识仅仅是积极活跃的或，更似合理地，被放入与推理和计划目的接触中或为此目的所使用时发生。其次，这些模型看起来与以下观点（被感知感觉运动模型彻底否认）完全兼容，即意识视觉经验可能常常（并可能总是）依赖于内部表征活动的特定局部方面，而非整个动物感觉运动循环。

双码流说法的经验主义原动力的主要部分来源于米尔纳和古德尔（1995；还可参见 Goodale and Milner 2004、Milner and Goodale 2006 中的重要更新）。他们表明意识视觉觉知反映了特定视觉加工处理流中的信息加工处理活动，这个特定流是面向持久的对象属性、显式识别和语义回忆的。此流——腹侧流（ventral stream）在任何现实世界对象不可用的时候也会起主管作用，且统辖我们模拟想象或回忆对象行为的尝试。相比之下，实际的基于对象的运动参与被描绘成半自主的加工处理流的一个领域——背侧流（dorsal stream），它在此时此地知道这流畅的运动行为。因此，米尔纳和古德尔将视觉引导能力和意识视觉感知能力进行对比，提出这些能力以各种意想不到且具有启迪性的方式分崩瓦解。

为支持这一假设，米尔纳和古德尔调用了大量丰富的数据。这些数据涉及背侧流或腹侧流区域受损的病人。最著名的是病人DF，她是一氧化碳中毒，其腹侧视觉流遭遇大规模病变。DF不能通过视觉来辨认事物（尽管她可以通过触摸），却可以使用流畅、定向的精准抓爪捡起这些相同对象。相反地，背侧流受损的视觉性共济失调者擅长在视觉上识别他们不能流畅地够到和抓住的对象。视觉性共济失调者"在看的方面几乎没有困难（也就是说，在视觉场景下识别对象），但是他们在伸出手去够他们能够看见的对象时就困难重重了。就好像他们不能使用任何视觉画面中固有的空间信息"（Gazzaniga 1998, 109）。

182　　DF声称她看不见所显示的狭缝定位，但她仍然能成功（一经要求）通过狭缝插入一封信。这封信已经被预先定向，因此很容易就穿过狭缝（图8.1）。相比之下，视觉性共济失调者能够有意识地感知并报告那个狭缝的定位，但是他们不能（不是由于任何残忍的物理伤害）进行预定向并插入那封信。如果狭缝被呈现，然后被移走，且要求是用一种方式来给这封信确定方向，这种方式在狭缝如果仍然可用的情况下就是合理的，那么这样病人多少都获得了辅助。这使我们可以使用一种独特的以记忆为基础的策略。DF在这种延迟状态下根本无法执行任务。因此，我们看到记忆与有意识的视觉报告之间联系紧密，且二者与联机对象参与的表现是相分离的。DF报告说她不能有意识地感知方向，且在延迟情况下也没有成功，但是视

8 绘画、计划和感知

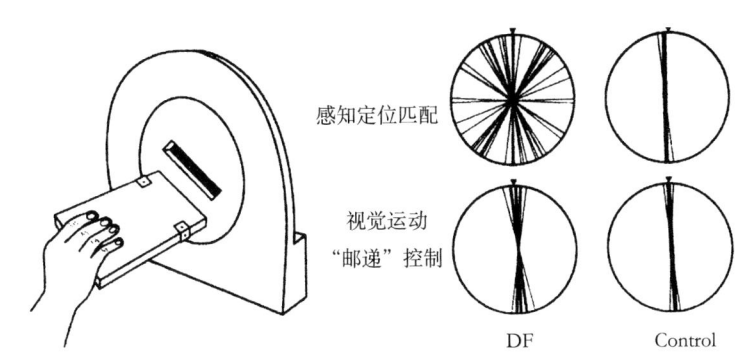

图 8.1 左边的简图表示用来检测病人 DF 对方向敏感度的装置。这个狭缝可以位于时钟周围的任何一个方向。受试者被要求要么旋转手持卡来匹配狭缝的方向，要么把卡片插入如图所示的狭缝。右边的极坐标图说明感知匹配任务中的手持卡方向、DF 的视觉运动邮递任务和年龄相仿的控制主体的方向。每个试验的正确方向都被旋转到垂直方向。请注意，虽然 DF 在感知卡片匹配中无法将卡片方向与狭缝相匹配，但当她在邮递任务中试图把它插进狭缝时，她的确朝正确方向旋转了卡片。（来自 Milner and Goodale 1995，经许可使用。）

觉性共济失调者报告说他们可以有意识地感知方向，并在延迟状态中做得更好（Milner and Goodale 1995, 96-101, 136-138）。

正如米尔纳和古德尔所强调的，所有这些在计算上都是极有道理的。因为细粒式行为控制要求提炼和使用截然不同类型的信息（来自即将到来的视觉信号的信息），而识别、报告、回忆和推理没有这样的要求。前者要求一种对视觉阵列进行持续更新的、特定以自我为中心的、对距离和方向都极为敏感的编码。后者要求一定程度的对象稳定性和通过类别和意义识别物品且不考虑位置、观点和视网膜像大小的微妙细节。在任何一项一任务中，具有计算有效性的编码都会阻止另一任务使用相同的编码。揭示背侧流和腹侧流中神经元对不同反应特点的研究工作也支持这样一种诊断（Milner and Goodale 1995, 25-66）。

依据米尔纳和古德尔的观点，对这些大量数据的最佳解释是，记忆和意识视觉体验依赖于一种类型的机制编码，这种机制编码与用于引导实时视觉运动行为的机制编码不同，它也在很大程度上独立于后者。前者依赖于从主要视觉皮层到时间区域的腹侧流中的进程，后者（行为引导资源）依赖于通向顶叶皮层的背侧流。

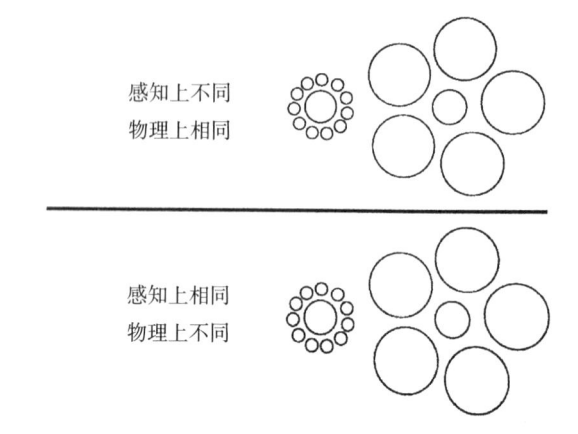

图 8.2 艾宾浩斯或铁钦纳错觉圈（Ebbinghaus or Titchener circles illusion）。在上面的图形中，中心的两个圆大小相同，但看起来却不一样大；在下面的图形中，这个圆被一些大的圆圈环绕着，使得其多少有点变大了，以致看上去和另一个中心圆一样大。（来自 Milner and Goodale 1995，经许可使用。）

米尔纳和古德尔也从正常人类受试体中援引性能数据，并使用实验范式，比如，阿廖蒂（Aglioti）等人对艾宾浩斯或铁

8 绘画、计划和感知

钦纳错觉圈（Ebbinghaus or Titchener circles illusion）的巧妙利用。在标准错觉中（图8.2），受试者错误地判断了两个圆圈的相对大小。一个被一圈大圆环绕，一个被一圈小圆环绕。在上图中，两个中心圆一样大，然而下图中，两个中心圆的大小不同。在每种情况下，围绕中心圆的一圈大圆或小圆的效果导致我们在某种程度上错误表征了中心圆的大小。在它们大小相同时判断为大小不同（上图），在它们大小不同时又认为是相同的（下图）。

在这种情况下，有意识的视觉经验看似传递了一种会错误表征中心圆实际大小的内容。[1] 这一错误表征当然是发生在意识视觉经验自身内的。由于我们能够改变我们的概念判断而不会由此改变视觉影像在感性经验中出现在我们面前的方式，一旦我们知道了这个错觉，我们可能会判断上图中的两个中心圆大小相同，尽管这种错觉还持续存在于我们的意识视觉经验中。

阿廖蒂、古德尔和德苏扎（DeSouza）(1995) 设置了一个物理版本的错觉，用薄片的筹码作为圆盘，然后要受试者感到"如果两个圆盘看起来一样大，就捡起左边的目标圆盘；如果两个圆盘看似大小不同，就捡起右边的目标圆盘"（Milner and

---

[1] 或者无论如何，那些在视觉体验中驱动口头报告的元素。当然，有意识的视觉体验可能超越报告，也可能超出可报告性本身，即使是在能够发布这种报告的生物中。为此目的的争论，参见 Block（印刷中）。对此复杂问题的一些批判性讨论，参见 Dretske（2006）、Clark（2007）、Kiverstein 和 Clark（印刷中）。为了当前的目的，我将假设 DF 等病人的口头报告是他们有意识的视觉体验的可靠指标。

Goodale 1995, 167）。结果令人惊讶的是，即使当受试者没有意识到——但很明显产生受其管制的错觉时，他们的运动控制系统就会产生一种精确合适的手握法，用手指和大拇指圈成一个孔，这个孔完美地符合了圆盘的实际（非错觉的）大小。这个孔不是由触摸和调整得来的，而是视觉输入的直接结果。再重申一遍，这个孔反映的不是受试者视觉经验中被明显给出的错觉性的圆盘大小，而是其实际大小。简言之，

> 手握的大小完全由目标圆盘的实际大小决定，（并且）受试者表明其对视觉错觉的敏感性（即，捡起两个目标圆盘中的一个）的行为方式本身是不受错觉影响的。（Milner and Goodale 1995, 168）

这的确是一个令人有些吃惊的结果，这个结果再次表明潜在于视觉觉知的加工处理进程，其运转是独立于潜在于视觉行为控制的进程的。稍详细点说，根据古德尔和米尔纳（2004, 88-89）的观点，这里的解释就是，意识场景被腹侧流所计算，这种计算的方法是随意就可以基于视觉提示制造各种假设（例如，将更小的圆圈视为可能比更大的圆圈离得更远，以此试图维持大小的一致性）。相比之下，背侧流使用的只有这类计量上可靠的信息，背侧流利用特定机会以得出简炼快速、计量精确的诊断。例如，背侧流会充分利用双目深度信息［即他们声称"对我们的深度（意识）感知只做出了很小的贡献"的信息；Goodale and Milner 2004, 91］。这些不同的加工处理进程再加上两

8 绘画、计划和感知

种码流准独立的操作模式,二者结合,一起解释了错觉影响意识视觉经验的能力,同时,也使我们的视觉运动参与完好无损。

最近,使用所谓空心脸错觉(hollow face illusion)的实验也显示了类似的结果。在这一错觉(图8.3)中,一个凹面人脸模型由于自上而下的常人脸部知识的影响而呈现出凸面。这表明它是一个纯粹基于腹侧流的错觉。克罗利切克(Kroliczak 2006)等人的研究显示,在一个任务中,受试者被要求将小目标从实际空心(尽管视觉上凸面)的脸上弹开,其弹打的动作找到了目标的真实(非错觉的)位置。据米尔纳和古德尔的观点,

> 这表明视觉运动系统可以使用自下而上的感觉输入……来引导朝向现实世界中目标的真实位置的运动,甚至当目标的感知位置被自上至下的加工处理所影响或甚至翻转的时候也可以如此。(2006, 245)

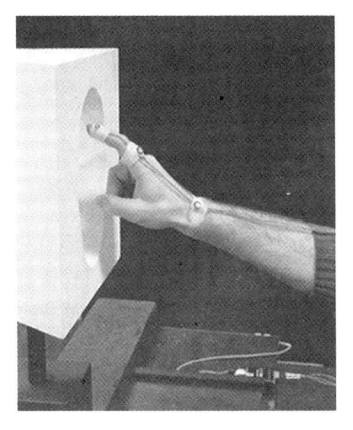

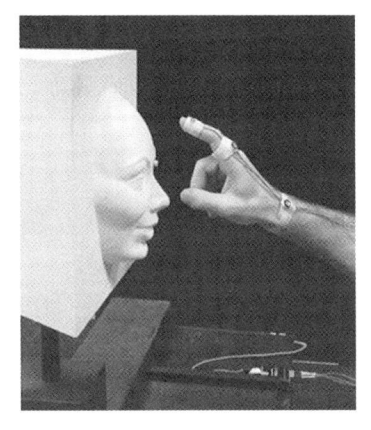

图8.3 快速弹打和空心脸错觉。

关于视觉运动行为免疫于视觉错觉的主张，已经引发了一个致力于搜寻反例、替代性解释、例外情况、改良品和附加支持的大产业（Carey 2001; Clark 2001c, 2007; Goodale and Westwood 2004）。例如，前面已经表明，一些视觉错觉的确会影响视觉运动的参与。然而，更重要的是，似乎只有当错觉是根植于视觉加工处理的早期阶段（在初级视觉皮质中）且因此当腹侧流和背侧流分岔时被"传递"到双流中的时候，才会是这样的情况（Dyde and Milner 2002; Milner and Dyde 2003）。当然，这与强双重系统的观点是完全兼容的。此外，其他一些感知错觉已随后被证实会影响意识经验，而不影响理解测量和伸出这些视觉运动行为，其中包含庞邹（Ponzo）错觉（"铁轨"）和缪勒—莱尔（Muller-Lyer）错觉（Goodale and Milner 2004, 89）。[1] 在这种情况下，当在观察错觉和产生运动反应之间引入延迟时，我们可以观察到运动效果。不过，这已经被这样一个模型所预测，这个模型将时间延迟行为视为"被打了手势的（pantomimed）"，因为它们不能依赖背侧流此时此地的计算，而相反是被易于产生错觉的腹侧流的释放所驱动（Milner and Goodale 1995, 170-173）。

---

[1] 在庞邹错觉和缪勒-莱尔错觉案例中，有意识的视错觉的确会影响掌握。因此根据埃利斯等人（Ellis,Flanagan and Lederman 1999）的观点，视错觉在这些情况下会影响行动系统，但是行动（掌握）系统也可以获得更加真实的信息。所获得的结果随之反映了两者之间的相互作用。以类似的方式，让纳罗（Jeannerod 1997）、雅各布和让纳罗（Jacob and Jeannerod 2003）、让纳罗和雅各布（Jeannerod and Jacob 2005）提供了证据，支持感知视觉和行动视觉之间更大程度的相互作用，而不让人产生对双系统视角正确性的怀疑。

8 绘画、计划和感知

8.6 "改进的"远程协助

尽管米尔纳和古德尔强调背侧、腹侧视觉流贡献的相对独立性,他们还是承认两者之间具有某种重要的相互作用。正如他们自己所评论的(1995, 201-204),这两条码流必须有和谐且非竞争性的、在某种意义上合作性的行动。甚至神经解剖学也展示了两条码流之间连通性的多个实例,并将某些神经解剖学区域显示为二者的一致之处(例如,V3A 和 MT 区域,参见 Felleman and Van Essen 1991)。这具有明显的功能意义。我们显然可以将存储的高阶信息作为要素纳入基础行为例程。例如,当我们调整伸出和抓握的动作以适应一个进入视觉范围对象的重量和滑溜程度。在这个脉络中,米尔纳和古德尔(1995, 202)明确认可视觉运动控制的部分过程可能涉及"对腹侧流和背侧流之间的高阶视觉信息进行传递的过程",并且补充道:"理解这些相互作用可能会引导我们去回答现代神经科学的中心问题之一:感觉信息是如何转换为有目的的行为的?"(202)。

那么,还存在一个问题就是如何捕捉关键相互作用的形状。米尔纳和古德尔的建议是,这种相互作用大多发生在目标类型选择和行为典型选择的层面上。粗略地说,(他们声称由腹侧流内的活动所支持的)意识的视觉内容据说在我们对目标对象的挑选和行为类型的选择中起着突出作用,而主要独立的(他们认为,基于背侧流的)编码提供了细粒式控制和维系随后发生的活动所需的空间和物理形式的信息。据推测,选择即将被作用对象的过程会涉及注意力机制。这个机制"标记"目标对象并发起检索,检索的是需要被作为因素纳入视觉运动例程的任何高阶信息。例如,抓紧一把叉子的行为,并不仅仅需要提供精准握把,而是需要适合于叉子预期使用的握把(Milner and Goodale 1995, 203)。[1]这需要背侧流受到腹侧流加工处理的高阶产物的影响。交互作用就此发生,且对正常运行来说至关重要。但是,这种影响力是高阶的,它不能假定用于引导细粒式行为和支持报告和识别的共同表征格式。

关注预期差异的一个不错的(如我们即将看到的,尽管可能有些生硬和过于戏剧性的)方式就是通过将其类比于(Goodale 1998; Goodale and Milner 2004)在远距离或恶性环境中使用远程协助方法控制远程机器人。在一个典型的远程协助设置中,一个人类操作人员和一个半智能的远端机器人可以合力在某种环境中开展行动。火星漫游车就是一个大家熟悉的例子,其中人类操作人员复核屏幕上的图像,标记有意思的东西(例如,屏幕左上方的一块形状奇怪的岩石)。操作人员命令机器人取回标记的东西,或许增加指令以详细说明使用几个检索模式中的一个(依据估算的重量、易碎性等)。然后,机器人漫游

---

[1] 西里吉等人(Sirigu et al. 1995)描述了这样一个病人,该病人看起来在背侧和腹侧流中具有完整无损的加工处理能力,但这两者之间的交互作用却受损。这个病人可以快速地抓住对象,并对其命名,但是经常会表现一种有效的(精确校准的)抓握动作,但这动作又不适合于该对象的使用;参见 Milner 和 Goodale(1995, 203),以及 Jeannerod(1997, 91-93)。

8 绘画、计划和感知

车就完成余下的部分，移动到现场、计算需要用来调用机器人身体和夹持器来达成目标的局部指令。这种方法应该与远程操作的解决方法对应，其中人类操作人员控制机器人运动的所有空间、时间的各方面（或许通过一个操纵杆或一套传感器，把操作人员自己的手臂和手部动作传感到机器人）。在远程协助解决方案中，

> 人类操作人员不用担心工作区的真正指标或机器人所做动作的时机；相反，人类操作人员的工作是识别目标和概括地指定朝向目标的行动。（机器人随后使用）它自载的测距仪和其他传感设备以计算出达成特定目标所需的运动。（Goodale and Milner 2004, 99）

远程协助类比将人类操作人员等同于腹侧流（与存储记忆和各种"执行控制"系统进行合作）。这个类比表明，此联合任务是鉴于自主体的当前目标、背景知识和当前伴随的感知输入来识别对象和选择适当的行为类型。背侧流（和关联的结构）的任务是将这些高阶具体要求变为计量精确、特定以自我为中心的世界参与的行为形式。背侧流（+）从而起到机器人火星漫游车的作用，腹侧流（+）起到人类操作人员的作用。这样一来，"两个系统必须合作以产生有目的的行为——一个系统从视觉阵列中挑选目标对象，另一个系统为目标导向的行为执行所需的计量计算指令"（Goodale and Milner 2004, 100）。

然而，就如米尔纳和古德尔进一步所指出的，远程协助模型可以使其看上去仿佛腹侧流（和关联的资源）"在实施行为

时扮演的只是一个十分遥远的角色,而不是像一个公司的首席执行官一样设定目标、编写任务报告,然后将实质性的工作委派给他人"(Goodale and Milner 2004, 103)。然而,对于运动编程的一些方面,腹侧系统所做的不止如此。正如我们已经提到的,腹侧系统提供了有关行为类型的信息(如果对象是一个螺丝刀,它提供的信息就是要握紧螺丝刀的哪一端和用什么方式使用这个工具;Goodale and Milner 2004, 105-107)。虽然腹侧受损的病人 DF 可以根据(对她而言,无法识别的)工具的形状测量其对工具的握把,但往往还是从错误的一端抓握这个工具。此外,考虑对象可能重量所需的抓握力量的编程最后也会需要腹侧的参与。这不仅仅只涉及重量已知的并被存储在记忆中的熟悉对象。实际上,背侧资源仅限于拥有视觉属性的事物,它们在现场以自下而上的方式被加工处理,得以持续。因此,甚至是使用材料知识(铅与塑料)来决定抓握的力量也需要它无法得到的信息。抓握力量在腹侧流的左边,以致针对大小尺寸的错觉(在这种情况下,使用庞邹错觉的特别版本,或铁轨错觉)已被显示(Jackson and Shaw 2000)会影响抓取力量的测量,即使是在假定背侧流对抓握大小进行了正确计算的情况下。这表明决定所用抓握力量对大小尺寸的计算是由腹侧(易于产生错觉的)资源来执行实施的,尽管决定精确抓握本身对大小尺寸的计算并不是如此。尽管如此,有意识地看和细粒式的运动控制之间相对高阶执行性的相互作用的宽广概念还是非常有吸引力的。它可以帮助我们理解意识视觉报告和记忆之间有趣的关联,以及这两者(在一方面)与经过微调的、对象参与的行为之间同样有趣的离解（在另一方面）。因此，考虑到普林茨（J. J. Prinz 2000, 252）的建议，即"连结意识和行为之间的关键可能涉及记忆系统而不是运动系统"。普林茨的观点是意识觉知与注意力系统密切关联，以此将感觉系统与工作情景记忆联系起来。他猜想，这种联系会不断发展以使得特定事件的存储记忆能够引导计划和行为选择。这是较为近期的意识和新记忆系统的共同演化（特别是场景记忆）。由于这个原因，这种共同演化将某些生物从此时此地中解放出来，从而为我们所知的计划和推理行为打开了大门。其结果是，在感觉和行动之间驱动一个新的楔子，将这种关系描述为具有间或的间接性。在这一模型中，有意识的视觉感知的作用是支持推理、回忆和反思，并只是间接地引导（更确切地说是，挑选；Clark 2001c, 2007）此时此地的行为。

8.7 感觉运动汇总

此时，在更广的框架里定位双重视觉系统假设会对我们有所帮助。这个框架把意识视觉感知描述成依靠于编码和表征形式，这些形式被优化（或只是专门化）以发挥它们在推理、选择和行为挑选中的作用，而不是在实际的感觉运动参与中的作用。因此，就如米尔纳和古德尔所说，在铁钦纳错觉实验中，支持意识视觉经验的表征将会被专门化以引导选择捡起哪一个圆盘和选择调配什么类型的抓握力（例如，一种适合捡起动作而不适合诸如投掷之类的动作）。一个圆圈比另一个圆圈更大的意识错觉，最好是由视觉系统传递的一个按照相对大小尺寸的信息被强化的表征来解释——在大多数具有生态真实性的情境中对推理和选择有效的招数，但这种招数如果被精巧的感觉运动控制系统所复制，那它将具有破坏性（导致大量失败的或搞砸的经历）。

同样地，卡拉斯科（Carrasco）等人的研究发现，注意力的分配影响视觉刺激物的外形，并引起了线索性光栅中对比效应的增强。关于这个结果，特罗伊厄（Treue 2004）做出评论：

> 注意力成为另一个视觉系统可以利用的工具，它能够提供一个拥有感觉输入优化表征的有机体，其强调相关细节，甚至以感觉输入的忠实表征为代价。（436-437）

该意识觉知作用的一般模型尤其在科克（Koch 2004）的研究工作中得到体现。他谈及"汇总"（summaries）适合于在一系列行为或回应的可能类型中挑选出一种过程中的辅助前额区域。这在坎贝尔（Campbell 2002）的意识"目标"观，以及雅各布和让纳罗对双视觉码流观的细致入微的探讨中也有提及。[1] 所有这些观点的共同之处在于将意识感知经验视为依赖于表征，这些表征的特殊认知角色就是去使行为目标和行为类型的刻意挑选，以及支持一系列诸如分类、筛选和对比之类的"认知技能"（epistemic skills）成为可能（Matthen 2005; Pettit

---

[1] 在马滕（Matthen 2005）的"描述性感觉系统"叙述中似乎也有暗示。

2003)。为此种目的而被优化的表征不需要也通常不会反映出我们与世界真实进行中的感觉运动接触的所有错综复杂之处。[①] 相反，它们被调整、改进和被精确细致地描绘以通告推理、挑选、对比和选择行为。因此，它们只反映可能目标空间和可能类型的感觉运动参与的宽泛轮廓。它们是在"感觉运动汇总"资源，这些资源的计算形式被调整以适用于推理、计划和行为挑选。虽然它们必须对感觉输入保持敏感，但是它们不需要（实际上不应该）对进行中的大量感觉刺激的每一个细微差别都保持敏感。

这个替代性的解释坚持认为，最终决定视觉经验的表征与那些通过我们成功使我们感知到的世界参与其中的那种方式来支持感觉运动循环的表征不同。尽管如此，在它们表征通过部分视觉途径集中（于正常自主体中）的各种特殊类型信息的情况下，诸如粗略的空间位置、颜色、形状等特征，它们仍然具有独特的视觉性。由于此原因，触觉－视觉置换系统的目标是通过表面上不同的各组信号使同样类型的信息可用，且在这具有可能性的任意程度上获得成功（这将反过来依靠神经可塑性的本质和程度，以及这些能使同样大量的信息在大致相同的时间尺度上变得可用的替代性输入设备；这种有关触觉－视觉置换系统的看法，请参见 Bach y Rita and Kercel 2003）。

[①] 这个概貌看起来也很符合所谓的事件编码理论（W. Prinz 1997; Hommel et al. 2001）。根据此理论，有意识的感知和行动计划共享资源，作为一种"远程事件系统"共同活动，"关心"行动的整体影响而不是行动本身的具体情况。参见乔丹（Jordan 2003）的讨论。

因此，思考触觉－视觉置换系统、"声音"案例和其他此类系统的合理方法是，它们都旨在使同样的总信息可用。这些信息通常被载于视神经，且被供给背侧和腹侧加工处理流。同样地，触觉－视觉置换系统和其他系统的成功使我们没有理由选择强感觉模型而不是感觉运动汇总的替代方式。后者突出有关准备状态的隐性知识而非相当粗粒式的行为空间。确实，视觉运动行为的适应和视觉经验的适应是紧密齐步地向前迈进的（例如，在著名的反向镜头适应的案例中；见 Clark 1997a 中的讨论）。但是，所有这些都表明，视觉运动活动有助于调谐和组织支持维持意识视觉经验的神经资源，而选择性损伤的案例（例如，DF 的失认症和视觉性共济失调的视觉形式）随之提供证据说明潜在于所获取能力的不同系统的活动。

诺亚（2004, 19）主张，双重视觉系统的想法"与生成性路径的基本主张处于最佳的正交关系之中"。给出的原因是，生成性路径对意识视觉感知支持什么没有做出任何明示，因此，生成性路径在支持行为的视觉对阵支持意识感知的话题上保持中立（Noë 2004, 11）。更确定的是，奥里甘和诺亚（2001, 969）主张，加上一些附带条件，强感觉运动和双重视觉系统观点之间实际上能有很好的配合。因为（对意识经验的）要求感觉运动知识积极服务于推理和计划，这预测了文献中能找到的各种离解状况。

我想这应该很清楚（一些不错的讨论请参见 Block 2005），这样直接试图和解是无法成功的。因为存在争议的不仅仅是实质性离解的证据，还有对这一证据的最佳功能性和结构性的解

8 绘画、计划和感知

释。根据米尔纳和古德尔还有其他研究者,这种最佳的功能性和结构性的解释就是,意识感知经验反映了对表征的激活,这些表征与世界参与的感觉运动循环的精妙细节关联不大,而与将输入分配类别、类型和相关位置的需求关联更大,从而更好地进行筛选、分类、挑选、识别、对比、回忆、想象和推理。

在诸如奥里甘和诺亚意外地将病人 DF 的案例描述为"局部觉知"(partial awareness)过程中浮现出两种观点的对比。在局部觉知中,"她无法描述她看见的东西,但却另外可以出于引导行动的目的来使用它"(2001, 969)。请回忆一下,尽管病人 DF 宣称没有关于狭缝形状、颜色、方位的视觉经验,她还是能够出于某些目的而使用视觉呈现的信息(例如,将一封信插入一个狭缝)。奥里甘和诺亚把它描述成局部觉知的一个例子,因为视觉信息在整个有机体-环境循环中仍然扮演着行为引导的角色。但是它的确将视觉觉知与视觉信息的使用合并了起来,这也正是米尔纳和古德尔试图解开的那个结。由于这个原因,古德尔(2001, 984)否定了奥里甘和诺亚关于 DF 的描述,并指出她"在缺乏证据表明她实际上'看得见'她正在握抓对象形式的情况下,她显示了几乎完美的视觉运动控制"。

在此,我怀疑这个生成性的框架是在试图将关注的重点诱引到经验主义上来。正如我们看到的,这个框架已预先投身于联结感知事实和有关整个动物嵌入式的具身活动的事实。感知,包括有意识的感知,因此被称为"动物作为一个整体所拥有的一种熟练活动"(Noë 2004, 2; Varela, Thompson and Rosch 1991)。但是,预先就投身于连结这些事实的行为,不利于认真地看待支持行动的视觉和支持感知的视觉之间深层次离解的证据。①

相比于整个动物的这种观点，双码流模型乐于接受特定感知能力和经验依赖于（还产生于）神经回路特定方面的活动的可能性。在意识视觉经验的案例中，这种模型接受这样的观点，即腹侧流中的加工处理进程对构建意识经验有特殊作用，且在意识经验系统和经微调的流畅的视觉运动行为系统之间存在着严重的功能性分解（外加密集的联机整合；Jacob and Jeannerod 2003）。②

这种模型保留对技能的重点强调而非对传统构想的感受性质的强调。但他们这样做的同时也意识到人类自主体很大程度上是一大包支离破碎的具身技能，只有其中一些技能与感性经验的内容和性质有潜在关联。尤其是，这些技能是直接适合于推理和计划的，例如，筛选、整理、分类、挑选、选择、再识别、回忆和比较的能力（Pettit 2003）。这个特别的关注点在运动的精微细节和依赖于动作的感觉输入的细节，以及决定感知经验内容和特点的更加专门化的技能基础之间打开了一个有效

---

① 另外，对整个生物有机体活动的组成要素性作用同样广泛的承诺可能会导致其他怪异的观点。例如，诺亚后来的建议，即一个钢琴演奏家，一旦失去他的双臂（即刻就如同是一种概念上的必要性事件一样），就会因此失去他的实际知识，因为"确切地说，知识是依赖于手臂的"（Noë 2004, 121）。

② 仍有可能，除了典型的感受性质猜想（如形状、颜色、质地等）以外更多的被忽视的经验要素可能更直接地依赖于背侧流活动。因此，马滕（Matthen 2005, 301）认为，即使其他更具描述性的元素没有这种依赖，"存在感"可能依赖于背侧流活动。

的缓冲区。能够被算作感知经验的随后就是这套认知技能，但是它们恰恰被低阶的感觉运动收集循环所支持。据我所知，这里并没有令人信服的理由让我们相信，这些类型的认知技能需要与一个存在的完全感觉运动轮廓相一致。的确，它们可能依赖于这样的表征形式，这些表征形式刻意（也就是说，富有成效的，并出于良好的计算原因）对身体方向和感觉刺激的诸多微小细节不敏感。如果这是正确的，那么不同具身化的动物感知经验在原则上可以与我们自身的感知经验完全相同，而不仅仅只是相似。

8.8 再论视觉内容

在我看来，这个一般的说法似乎同样适用于对虚拟内容和细节经验的解释。因此，回忆一下这个主张（Noë 2004, 67；见第 7 章第 3 节中的讨论）："经验的内容自身就是虚拟的。"这里的想法就是，经验将视觉场景中的所有细节都显示为存在的，但只是虚拟性的存在。这就像"网站上的内容存在于你台式机上的方式"（50）。用诺亚的例子来说，在后一种情况下，似乎是你仿佛拥有你硬盘里编码的网络版《纽约时报》的全部内容。但当然，情况并不是这样。恰恰相反，你是在一种即时、需知的基础上，从远端的网页上获取这些信息。据诺亚所言，我们对视觉场景的感知经验同样是极为详细的。这种非错觉的（加速了被丹尼特等人普及的大幻觉的观点；Noë 2004, 50-67）经验并非植根于对所有那些细节丰富的神经编码表征的出现，而是植根于基于技能、根据需要和在需要时获取必备的细节:"这个细节是存在的——这个感知世界是存在的——在我们拥有一种特殊类型获取细节的方式的意义上,这种获取是由我们熟悉的感觉运动依赖性的模式所控制的。"(Noë 2004, 67)

我认为这种对获取的强调是正确的,而且具有深刻的重要性。但是到底是实际感觉运动循环的什么作用能够提供这样的获取通道呢?也就是说,我们应该怎样构想特定例程的作用且通过此作用让世界参与进来,根据需要或在需要时检索更多视觉信息呢?

一种彻底的可能性就是,某些特定类型的感觉运动活动(实际上通过某些方式检索外部存储的信息)现在成了当下丰富经验的最小限度的随附基础的一部分。[1] 另外一种稍微没那么彻底的可能性就是,我们对于当前这些特定感觉运动循环可用性的隐式知识是当前丰富经验的最小限度的随附基础的一部分。但还有一种可能性就是,当前的丰富经验仅仅只是针对根据需要和在需要时(某些类型的信息的)可轻易获取信息的经验,以及特定世界参与的循环提供的仅仅是实现这一结果的偶然性方式。在这一模型中,丰富感知经验的最小限度随附基础并不会包括搜索这类信息的例程。的确,相同感知经验的丰富性随后看起来与各种各样截然不同的检索例程(可以说是,在场景后面的)运行是相兼容的。

---

[1] 我在查默斯(Chalmers 2000)的意义上使用这个概念——即指的是一个系统,其状态足以确保目标意识状态的存在,而且其没有一个适当的部分可以处于足以获得该状态的状态之中。

因此，强感觉运动模型提出的最深层次的问题无疑是这样的：信息收集整理的详细方式（某个感觉运动检索例程的特定细节）对感知经验自身具有多大程度的重要性？在之前的章节中我至少尝试使我自己对如下的怀疑变得有道理，我怀疑这种细节可能仅仅是一种偶然性的方式，通过这种方式，某种自身使意识经验必要的更高阶的信息加工处理的准备工作得以完成。所需准备工作的类型将依据情况不同而不同，但通常被定位于从我们积极的感觉运动的全部技能移离的过程中。

8.9 超越感觉运动的边界

所有这些寓意都在我们需要谨慎处理对具身、环境结构和行为的诉求。具身、行为和情形对人类思维和经验的内容和特点做出了巨大贡献，虽然这一点越发清晰，但我们不应该操之过急地去假设这些贡献是直接的，或者如果思维和经验要维持相同，那么这些贡献就必须保持固定不变。感知经验的强感觉运动模型通过将具身技能放在最显著的位置以避开对传统构想的感受性质的述求为我们效劳。但它们没有公平对待防火墙、存储残片和认知劳动分工，这些都是我们的感觉所揭示的我们与世界接触过程所具有的特点。强感觉运动模型通过提早在已被隐然所知的良好的感觉运动依赖性模式的单一通行中为所有事物分配角色，来掩饰这种具有复杂性的混杂组员。这种模型因为尽力从有关感觉运动依赖性的隐式知识的同质混合中，提炼出所有有关人类感知经验的事物，而天生就无视关键信息例程所具有的计算效力的迟钝性，即对感觉和运动具身循环的所有敏锐的迟钝性。为了取代这个共同的感觉运动流通，我们需要思考一幅更加复杂的图景。这幅图景展示了一个充满特殊目的码流和多重准独立的内部与外部表征和加工处理形式的认知结构体。

9 解开具身

9.1 三条线程

借鉴前面章节提出的各项研究工作和案例分析，我们现在可以展示不同却时而交叠的三个方面。具身在这三个方面上对心灵和认知具有重要性。

第一，传播负载。由于进化和学习，身体和大脑擅长于传播负载。身体的形态学、发展、行为和生物力学，还有环境结构和干预可以通过推进流畅高效的问题解决过程和适应性反映的方式，对控制和学习的一系列广泛问题进行重新配置。

第二，信息自构造。[1]积极的、自控的感觉身体使得自主体能够通过积极召唤多模态、相关联且锁时的刺激流来创造或引出适当的输入，（为她自己和别人）生成良好的数据。

第三，支持扩展认知。积极的、自控的感觉身体（1）提供

---

[1] 信息自构造的概念可以在 Lungarella 和 Sporns（2005）中找到；参见第1章第5节中的讨论。

一种自身可以作为问题解决结构体来起部分作用的资源，并且（2）使生物外部资源得到指派成为扩展的但深度整合的认知和计算例程。

这三条线程被一种支持性的假说所联合。我们之前在第6章已经涉及这一假说：即认知公正性假说。我们解决问题的表现依据某个或某些成本函数而成形。在通常的事件发展过程中，这个或这些成本函数并不赋予任何特殊地位或特权给特定类型的操作运行（肌肉运动的、感知的、内省的）或（头脑中或世界中的）编码模式。

事实上，我们也已经看到（见第7章第3节）证据表明略强的一种假说：即运动顺从假说。联机解决问题倾向于服从信息获取的感知运动模式。就是说尽管相关信息也被神经性的表征，我们还是常常依赖于从世界中检索到的信息。

然而，在第6章第5节部分研究调查的结果引起了对于完全一般性的运动顺从的怀疑，且似乎表明时间可以作为"公平赛场"的决定因素，其信息来源将会被自主体隐然青睐。那么，鉴于当前目的，我将把认知公正性作为一种可行的假说。认知公正性解释了信息存储、加工处理和转换在大脑、身体和世界之间任意传播的（长期和短期）组织会显现的原因。这三条线程和支持性的假说作为一个整体兑现了人类认知对一些诸如生态集合原则（见第1章第3节）之类的尊重的主张。据此，信息加工处理组织从神经、身体和外部资源这一混杂成员中被反复地软装配。

（1）中的例子包含有关被动动态行走、传感器布置和对环

9 解开具身

境结构有效利用的研究工作（见第 1 章第 1 节和第 4 章）。（2）中的例子包括巴拉德有关实时感觉和指针的研究工作以及我等的有关学习表面意义的研究（见第 1 章第 3 节和第 6 节）。此外，感觉替代系统的研究进一步强调了自控的、有微妙时间差异的传感器活动和（结果）输入循环在以适合支持感知和行动的方式调谐身体和感觉设备中所具有的重要性。（3）中的例子包括奥托的思想实验（见第 4 章）和有关思维手势（见第 6 章），以及一般认知生态位构建（见第 3 章和第 4 章）的实证研究。谦达那·保罗（Chandana Paul）的机器人（见第 9 章第 7 节）对这一（最有争议的）范畴添加了最后的说明。

在最后实质性的章节，我希望能表明（不管一些近期的宣传），这些对于具身、行动和认知延展的述求，最好被理解为是完全延续了理解心灵和认知的计算的、表征的与（广泛说来）信息理论的路径。我希望这样做至少能展示有关具身心灵这门成熟科学的可能模型的一些东西。

9.2 可分离论点

在最近一篇有关具身认知的评论文章中，拉里·夏皮罗将它部分注释为："因其不愿将认知设想为具有计算性而偏离传统认知科学的认知路径。"[①] 然而，罗勒（Rohrer 2006）宣称，"与计算主义－功能主义的假设不同，具身理论家们……认

---

① 请参阅在线期刊《哲学指南》中的"具身认知研究计划"条目，网址为 http://www.blackwellcompass.com/ subject / philosophy /。

为大脑和身体如何具身化心灵的特定细节确实对认知具有重要性。"[1]（2）

当然，甚至是最传统的机器功能主义者都认可（事实上，坚持），认知进程是在物理的东西中被执行的。更重要的是，物理的东西的重要性仅仅凭借的是其具有广义上的功能或组织属性。对机器功能主义者来说，认知在某种意义上是独立于其物理介质的。如果你能将正确的一组抽象组织特征放置到正确的位置（通常是某组对内部状态过渡的输入到输出的功能），那么你就可以获得"免费的"认知属性。关键问题在于，只要正确的抽象组织可以被具现化，那么你就可以获得相同的心理和认知属性，而不论你正在使用什么材料（Cummins 1983）以及总的物理形状或形式的细节。因此，传统功能主义者认为，认知在某种程度上是"独立的平台"。那么，问题就出现了，有关具身认知的研究难道真的能引起对这种平台独立性主张的怀疑吗？

夏皮罗（2004）似乎认为会这样。[2] 他提出论证，反对平台独立性主张的一种版本。他称这个版本为"可分离论点"（The

---

[1] 公平地说，罗勒承认，功能和计算解释的概念可以在许多我们发现的方式中被拓宽。但是，在我看来，这样的拓宽不应该导致我们就像罗勒那样把这些术语放在吓人的引号里。相反，无法将关键事件和过程视为具有真正的计算性（因为表征、信息和基于信息的控制的交易）就是无法解释心灵的特殊之处——是什么将心灵与火山和其他复杂的非认知现象区别开来。参见 Clark（1997b）和第 1 章第 8 节与第 9 节中的简要讨论。

[2] 类似地，诺亚（Alav Noë 2007, 537，原文的重点）写道："功能主义的一个令人遗憾的遗留问题就是，具身——我们把大脑和身体整合在一起的方式——与我们的思维方式无关。对于功能主义来说，具身只是我们的心理功能碰巧（转下页）

9 解开具身

Separability Thesis，ST）。按照这个论点，一个似人的心灵可以完美地存在于非似人的身体里。为了反对可分离论点，夏皮罗呼吁我们拥护他所说的具身心灵论点（Embodied Mind Thesis；EMT），他认为"心灵深刻地反映了容纳着它们的身体"（167）。

为什么否定可分离论点呢？夏皮罗告诉我们，有一个原因开启了有关感觉和加工处理的非常基本的事实。例如，人类的视力包含了大量的传感器运动。我们移动头部来获取有关与对象相对间距的信息，因为更靠近的对象（承蒙视差效果）看起来移动得最多。夏皮罗争论道，这种移动不仅仅是视力的辅助，它们是视觉加工处理进程自身的必要部分。这种移动是视觉的部分就如同察觉不一致或从阴影计算形状是视觉的部分一样（Shapiro 2004, 188）。对于听力和将耳朵放置在头部也可形成相似的观点。这一观点就是：

> 没有身体的贡献，心理进程是不完整的。视觉对人类来说是包含人类身体特征的一个进程……这就意味着对各种感知能力的描述不能维持身体的中立性，也意味着具有非人类身体的有机体可能会具有非人类的视觉和听觉心理学。（Shapiro 2004, 190）

（接上页）被实现的方式问题。"我将尝试表明，虽然这确实是真的，但这绝对不是"令人遗憾的"。重要的是，这的确认真对待具身是一致的。因为某些关键操作和编码是通过总体身体（非神经）手段完成的，在这样的范围内，具身（和行动）的特征可以提供实现像我们这样心灵的物质手段。如果具身化因此变得和"具脑化"（embrainment）一样重要（但不比其更重要），那么在从事心灵科学研究的时候，这无疑是认真对待具身的一个好理由。

对夏皮罗来说，身体中立性就是说"身体的特征对一个人所拥有的那种心灵没有任何影响"。与此相关的是，"心灵是一个可通过那种实现它的身体/大脑的抽象来表示的程序"（175）。据夏皮罗所言，有关视觉加工处理进程中身体运动作用的研究表明，身体中立性失败了且人类类式的视觉需要一个人类类式的身体。

我们已遇到过另一组研究，其看似质疑身体中立性的主张，至少在有关感知觉知的内容方面有质疑。这就是在第 8 章中讨论过的生成性路径。为清晰地表述这一路径，诺亚做出评论：

> 如果感知的构成是我们对身体技能的拥有和使用……那么它也就可能会依赖于我们对能够包含那些技能的各种身体的拥有。因为只有拥有这样身体的生物才能具有那些技能，所以要像我们这样感知，你必须具有一个像我们一样的身体。（2004, 25）

另一个反对可分离论点的独特方式诉诸对身体在构建人类概念中作用的思考。这里最经典权威的就是拉考夫和约翰逊（Lakoff Johnson 1980, 1999）关于人类思维和理性中基于身体隐喻作用的研究。他们争论说，我们许多的基本概念都很明显立基于身体——像前后、上下、里外这些概念："如果地球上的所有生灵都是漂浮于某种介质中的统一静止的球体，那它们将没有前后的概念。"（Lakoff and Johnson 1999, 34）

9 解开具身

他们接着讨论，但这些概念最终会在一个更加玄妙的领域中建构我们的理解（和我们的推论）。举一个例子来说，即快乐感和悲伤感是依据向上的状态性质和向下的状态性质所构想的。因此，据争论，具身的细节塑造了基本概念，而这些基本概念又反过来告知剩下的那些细节。总结拉考夫和约翰逊的观点，夏皮罗认为：

不具有像我们身体一样的身体的有机体会发展出其他表示快乐感和悲伤感的隐喻。快乐和悲伤会以其他方式被构建，也会因此获得不同的意思。①（2004, 201）

所有这些争论的共同结果就是一种有原则的身体中心论。依据这种中心论，似人的心灵的存在非常直接地依赖于对一个似人的身体的所有。

9.3 超越食肉的功能主义

我认为，夏皮罗对心理活动中身体②深度参与的观点的英

---

① 这个论点存在一些有问题的地方，尤其体现在第一个引用的句子中，对一种常见的幸福和悲伤概念的简单使用，和随后快乐感与悲伤感将"承担不同含义"的断言之间的紧张关系上。但在任何情况下，重点只是强调具身对概念化普遍影响的论点看起来是反对可分离论点的论据，因为它们断言在对心理状态的解释描述中是无法排除身体细节的。

② 我在这里使用"身体"一词是表示总的物理身体，而不是（当然，同样是身体的）大脑。

勇辩护是具有启发性的。他的辩护源于一系列针对不同的、逻辑上独立但主题相关的目标争论的大背景。这个目标就是多样可实现性的论点。这个论点主要是非还原主义的心灵哲学，可追溯到早期机械机能主义的亢奋时代。大概在那个时候，像我们这样的心灵可能会被直接等同于它们特定的神经支撑的这样一种想法，被广泛地认作一种无法让人接受的肉类沙文主义或物种沙文主义，并将被把心灵等同为一种功能类型的观点所取代。这个功能类型在原则上能够被多种不同的物理基质所实现（Putnam 1975b；Putnam 1960, 1967）。在这个新体制中，心件（mindware）对神经硬件的意义就相当于软件对于物理设备的意义一样。正如同一个软件能在基础不同的机器上运行一样，我们可以假定同类型的心灵或许也可以出现在各种不同的物质形态中。相比基础物理形式，物质结构所能支持的（对内部状态过渡输入到输出的）抽象图案更为重要。在这个相当抽象层面上的相同性本是旨在保证心理水平的相同性。或无论如何，任何剩下的富余部分会被神秘的历史细节和／或远端环境嵌入所占据。就心灵自身的局部机制而言，功能的一致性充分确定了对心理的所有贡献。

对具身、嵌入式认知科学的研究工作的述求，夏皮罗将其描述为与平台中立的机器功能主义的心灵模型在精神上相敌对。[①] 但平台中立性的概念是一只狡猾的野兽。正如我们看到

---

① 相敌对，但不是不一致。据说可分离论点在逻辑上独立于多重可实现性论点（MRT），因为"心灵可以在许多不同类型的结构中被实现，但是所有这些结构都包含在类似种类的身体中，这在逻辑上是可能的，（并且）（转下页）

9 解开具身

的，甚至是标准机器功能主义者都不需要（且不应该）否认身体的"平台"属性对心灵和认知的重要性。唯一一个必要的主张就是，在身体平台发挥重要作用的范围内，其重要性是凭借它使之可用的一系列抽象机遇（编码、操作运行），以及反之使之无用的一系列编码和操作运行（回顾一下第 4 章第 5 节中有关威尔逊的"开发性表征"概念的讨论）。[①] 因而，举一个简单的例子，机器功能主义者不需要（且不应该）忽视被动动力学（见第 1 章第 1 节）对支持目标驱动的动力运动的强有力的影响。因为深厚的被动动力学的存在对问题空间进行了重新配置，以使得生物有机体能够以极其高效的方式产生并控制运动。此外，与我们早先（见第 1 章第 9 节）有关动力学和软计算主义的讨论保持一致，我们不应该被误导而认为，紧要关头的操作运行和编码类型必须受限于传统人工智能所开发的一系列常见的（数码的、离散的、通常局部的、暂时无创造性的）可能性。反而，正如我们在之前的章节里已经反复见到的，对人类智能表现的最佳理解是通过这样一些路径，这些路径要承认及时持续变化或开发持续状态的类比要素的作用，承认在大脑、身体和世界之间纵横交错的耦合延伸的作用，承认自我刺激的包含

（接上页）只有一种或几种实现似人的心灵的方法。但这几个类型的实现可以存在于许多不同类型的身体中，这在逻辑上也是可能的"（Shapiro 2004, 167）。这样的让步使得将物理结构描述为心理过程的合理部分的早期论证意图变得不清晰了。虽然夏皮罗确实补充说，他愿意打赌，"如果有而只有几种方式来实现一个似人的心灵，那么可能有而只有几种可以包含这种心灵的身体"（167）。

[①] 这甚至还与传统形式的机器功能主义相兼容，如正在发生的一样，宇宙中只有一种东西可能实现给定的功能模式。

运动循环例程的作用和信息流主动自我构建的作用。①

因此,再思考一下巴拉德的主张(见第1章第3节和第4节),大脑建造自己的程序来使所需的工作记忆最小化,且眼部运动被招募来从环境中适时检索信息。巴拉德等人(1997)能够系统性地改变生物性记忆和被招募来解决不同问题的主动具身化检索的特殊混合,并得出如下结论:至少在这种类型的任务中,"眼部运动、头部运动和记忆负载通过灵活的方式相悖交替"(732)。正如文本早先提到的,巴拉德等人的研究工作是被我们称为分布式功能分解这种路径的一个例子。这一路径将认知任务分析为较低智能子任务的序列(在这一例子中,使用可识别的计算和信息加工的概念),但它是相对于一个更大的(不仅仅是神经的)组织整体来这样做的。这种路径承认具身和环境嵌入对问题解决方案所做出的深刻贡献,而且清晰地展示了这些贡献。它们这样做的方式是通过识别特定(包括总的身体和精神的)操作运转在我们执行任务中所起的信息加工处理的作用。身体行为和世界编码以及转变或许会因此作为某一关键操作被实施的方式而显现。用这种方法,身体的和世界的因素作为延展问题解决体制的真正部分而显现。这一体制适合于使用动力学术语或/和信息进程术语来进行正式描述。

再举最后一个例子。回忆一下第6章中对身体手势的讨论。根据麦克尼尔、戈尔丁-梅多和其他人的研究,我们认为,实

---

① 在极端情况下,人们可能会认识到被惠勒(在press-b)描述为"非计算功能主义"形式的东西的可能性,其仍然与认知机制的多重可实现性相一致。

9 解开具身

际空间延展的物理手势有时凭借它们自身的实力担当认知元素,从而言语、手势和神经活动联合形成一个单一整合的认知系统。如果情况的确如此,那么,对于一个像我们一样的存在,身体可能会因此提供一种认知功能,神经延伸单独并不通常支持这种认知功能。但是,我们隔远一些来看,这仅仅代表了实施一个更为抽象的例程的一种方式。这个例程的本质是存在于两种松散耦合的编码形式之间富有成效的张力之中的:一个是视觉空间性的(且此处涉及经由具身化行动的自我刺激循环),另一个是言语性的。将心灵视为食肉的恶魔这种日益盛行的功能、计算和信息进程路径的图景因此被巧妙地错位了。因为与其必然地忽略身体,这种路径或许还不如通过帮助揭示具身和环境嵌入对构建心灵和经验的重要作用、在何处重要、如何发挥其重要性甚至重要性的程度的方式(见第9章第8节),来帮助把更大的组织整体作为目标。①

9.4 艾达、艾德和奥德

我们现在可以重新考虑夏皮罗(2004)对这一观点的(回顾一下,以具身认知的名义安上的)反对,即"同一种心灵可

---

① 夏皮罗(私人通信)指出,在我更青睐的这个解释的描述中,身体很重要,因为其可以在构成认知的处理周期中发挥某些作用。但在另一种意义上,身体并不重要,因为重要的是最终的整体处理情况,而不是任何特定身体特征本身的存在,也不是不同的操作分布在大脑、身体和世界之间的精确方式。夏皮罗担心这样会剥夺具身化路径的独寺吸引力。我担心替代选择会以科学的神秘性为代价接受对身体的述求。

以存在于具有截然不同属性的身体中"（175）。基于第9章第3节提供的各种证据，夏皮罗反对"蛇形的有机体和科幻生物"（174）也可能会享有我们那种心灵的观点。夏皮罗认为，如果具身认知理论家是正确的，那么身体中立性——"身体特征对一个人拥有的那种心灵没有任何影响"（175）的观点是错误的。

现在应该很清楚，一些事情过去得过于迅速了。现在我们来想象这样一种情况：我们有两个智能的存在，其中一个是蛇形生物，躺在类似触屏的环境中。在这个平面屏幕设置中，这条蛇每一次小小的蠕动都会导致特定的外部符号标记出现在屏幕的其他地方——这些标记自身是适合感知摄取的（或许经由一种盲文）。让我们假设，蛇形存在［称它为艾德（Adder）小蝰蛇］使用这个设置来执行相同复杂的会计任务，就如同那个标准会计师艾达一样。我们在第4章第5节中见过这个艾达。在分布式功能分解的说法范围内，（从目前我们已经说过的）我们没有理由假设艾达和艾德之间与会计任务相关的状态需要在任何方面有任何不同。他们每一个都执行的是同样的延展计算过程。我们可以假设，他们甚至以同样的方式将生物与非生物的贡献区分开，在他们分布式问题解决例程中完全相同的点上利用外部储存和符号。

然而，我们可以想象接下来的一种更激进的情况，其中什么在哪里被完成的层级是有差别的。加入奥德（Odder）这个角色。奥德执行某些内部计算，这些计算艾达和艾德也都在非生物的活动场所中通过使用行为和感知来执行。此外，分布式功能分解的理论家自由地断言，除了一些无关紧要的有关位置

9　解开具身

的事情,这些相同的认知例程在被执行的过程中不存在任何事物来区分这些情况。就如同在一个标准的内部模型中,我们不需要在意一个给定操作的执行是发生在大脑内哪一个确切的位置一样,我们也(现在也许会被敦促)不需要在意在某个延展计算进程中,某一操作或编码是发生在某个特殊隔膜或新陈代谢的边界之内还是之外(当然,这是最初的奥托思想实验的预期寓意)。

因此,有关具身认知和嵌入式认知的分布式功能分解式的研究工作,并不支持像我们一样的心灵需要像我们一样的身体这种观点。尽管它坚持认为身体和世界的操作运行可以成为延展信息加工处理例程的积极关键的参与者。分布式功能分解理论家还坚持,真正具有重要性的是神经机遇、总的身体机遇和世界机遇的某种组合使之可用的一整套编码和操作。具有截然不同于我们的身体、大脑和世界的生物,或许会因此设计使用它们所拥有的不同资源来实施执行很多相同的认知和信息加工处理例程。

9.5　张力揭秘

所有这些都揭示了这个程序核心中的一种张力。这种张力有时很容易(单方面地)就被冠名为"具身、嵌入式认知"的研究。它是存在于以下这两种观点之间的:将身体(和世界)视为扩展了对实现认知进程和心理状态条件的判断,以及从根本上更丰满的——但我害怕更具神秘色彩的观点:具身极大地限制了"像我们一样的心灵"的空间,将人类的思维和理性与人类身体形式的细节难分难解地又极为紧密地捆绑在一起。[①] 当然,这种紧要性主要是因为遇到的(见到的、触摸到的)和本体感受感觉到的延伸的身体活动,将会成为意识经验中被给定东西的一部分,且这些会因此倾向于通过诸多容易理解的方式来影响和告知我们的自我意象和态度。在那个程度上,具身特定形式的细节无疑制造了影响。那么,就存在这样一个问题,身体形式中的所有差异都必须制造那种超越这些直接的且是工具性效用的影响吗?

因此,考虑夏皮罗以下的观察结果:

> 人类大脑计算相对深度的指令在眼睛结构不同于人类的生物中并不起作用。这是感知深度被具身化的意义层面。人类感知深度的程序——一个关于人类心理的事实——是依有关人类身体的事实而定的。(2004, 188)

夏皮罗从这样的事实回忆中(2004)得出结论:"人类视觉需要一个人类身体。"(189)然而,这一主张是模棱两可的。这或许只意味着大脑的算法会把身体结构和机遇纳入其中。正如我们所看到的,这肯定是正确的且与分布式功能分解的灵活平台形式完全兼容。或者它可能意味着要能够制造我们可以制造

[①] 人体已经有了各种各样的形状和形态的简单事实可能表明后一种描述可能会有错误。那么,究竟什么是可能如此干净利落地描述"人类心理"空间的"人类具身"呢?

9 解开具身

的各种总的视觉辨别力,就需要具有与我们身体一模一样的那种身体(至少在眼睛结构方面)。① 但是这个主张肯定是错误的,因为在某个大脑不同和身体不同的存在中,那些相同的信息加工步骤的替代性分布也能够执行那个相同的算法。② 或最终,它可能意味着任何这种替代性的执行实施,都不需要维持人类深度感知的那种定性感觉——这种定性感觉在某种程度上是紧密地绑定于,具有如此-如此形状和处于较远位置特征的总的物理双眼的使用,而不是绑定于那个抽象算法的。

这场辩论中的万能牌自然是我们的老朋友——现象性经验本身。身体有没有可能做出了某种特殊的贡献,且这种贡献不得不影响(以紧要的方式)我们心理生活的某些定性的方面呢?这或许是理解诺亚之前引证断言的最好方法,这一断言即"我们的经验特征依赖于……我们感官执行的特质方面"(2004, 26)。如果你认为感官执行扮演了独一无二的(超功能性的)角色,且对经验内容做出了重要而直接的贡献,你就有理由认为执行过程中的每一个差异,都会对感觉到的经验自身的本质

---

① 夏皮罗(私人通信)澄清了隐含意图实际是前者(即大脑的算法把身体偶然性计算在内)。然而,鉴于这一点,为什么关于具身的事实被用来反对可分离性论点,这似乎还不清楚。

② 因此,思考一下弗利克(Flicker)的案例。弗利克是一种只有一只眼睛的造物,它的眼睛快速地从脸部的一侧移动到另一侧,仅在与人眼相匹配的两个位置发送信号。通过神经控制和下游感知后置处理电路的一些巧妙的调整,这种存在可以精确实现与人类一样的基本立体深度感知算法。这种情况与使用快速串行计算机来模拟并行处理设备没有什么不同。

产生真实的（或许小得难以察觉的）影响。①

然而，甚至就意识经验而言，我们对任何这样充分且有原则的对一个存在的具身和/或感官装置精微细节的敏感度的认可并非显而易见。站在机械论的立场上，似乎令人信服的是，两种存在在总的感官装置和具身方面可能十分不同，但或许承蒙下游进程关键方面的补偿性差异，最终实现了同样决定经验的操作和状态转换。诺亚（2004；O'Regan and Noë 2001）似乎并没有为这万一的可能性留下任何余地。诺亚在第 8 章明确表示："像我们这样去看，你必须……有一个像我们一样的感觉器官和身体"（Noë 2004, 112，在原著中强调）。②

或许这是正确的。生物具身的所有细节紧密地渗透于经验之中。我自己的看法，正如第 8 章所辩护的那样，这不可能是真的。仅仅通过使用于感觉运动表面所定义的一整套有关偶然性的隐式知识来识别经验的内容，这种强感觉运动解释没有留下任何余地，给补偿性的下游调整以产生完全相同的经验，而不管表面上的相异点。③ 它也没有留下任何这样的余地给感觉

---

① 诺亚实际上可能认为身体对心灵有更为普遍的作用。他写道："总的来说，认为我们能够明确区分，一方面是高度抽象的算法层面上的视觉处理，另一方面是具体实现层面上的视觉处理，这是错的。重点并不是算法被它们的实现所限制，尽管这是事实。而重点实际上是，算法至少在一定程度上是根据实现级别的事项来制定的。您可能需要在算法中提及手和眼睛（2004, 25）！"

不过，目前还不清楚诺亚在这里考虑的是什么。请参阅夏皮罗（印刷中）的有关讨论。

② 正如我们在第 8 章中所看到的，这样一个说法使得不同具身化的存在在原则上不可能充分共享人类的感知经验。

③ 因此，诺亚（私人通信）确实断言："除非你有相同的感觉运动（转下页）

运动表面的微小差异以产生经验上的影响，承蒙其无法把信号中任何显著的差异传递给下游处理器。或许，也就是说，下游处理提供了一种网格，相对于这个网格，感官输入（和相关联的偶然性）层面的某些差异无法制造任何影响。

相关的忧虑至少预示了拉考夫和约翰逊有关具身形式和基本概念指令系统主张的最强版本的形成。具身经验实际上所提供的作为学习和隐喻思维的基线的东西，无疑依赖于身体形式、环境结构和（可能先天的）下游内部加工的某种复杂混合。这里也同样在两个非身体活动场所之一的补偿性调整，看起来很有可能产生思维和理性的可用形式，这种可用形式并没有以任何方式被拴在总的身体根基上。

基于这些一般的原因，我认为满足于任何有关意识感知经验被紧密地绑定于特定身体形式精微细节的说法都是不明智的。尽管如此，或许我们可以将身体理解为发挥着独特功能性或计算性的作用，这种作用影响有意识和无意识的认知策略，而且解释了身体在没有使其具有神秘重要性的条件下发挥着重要性的原因。这就是我现在要转向的选择。

9.6 身体是什么？

在前面的八章里，我们已经看到，很多问题都有一个巧妙的、计算和表征成本低的解决方案，充分利用了总的身体平台

（接上页）经验，否则你不可能拥有相同的体验。"这可能是真实的，但对我来说这还不明确，即为什么它应该是真的或者我们现在怎么能知道这是真的。

和局部情境的物理属性。例如，思考一下传感器布置的具体细节。具有一定空间分布的光和热的传感器系统不需要调配多重推理步骤，来确定光和热的某些具有生态显著性的信号模式是否在场或缺席。此外，安装在身体上传感器之间的固定关系排除了不断确定在X点上的输入如何与Y点上的输入相联系的需要。这种联系要么是持续不变的（就如在两只固定的眼睛之间），要么是系统性多变的（就如在左食指和右食指的情况中，X和Y都是独立可控的或可移动的）。在任意一种情况下，身体的总属性将感官输入保持一致，而且我们可以通过将感官输入作为问题解决信息的资源的算法使用来进行假定（而不是明确地表征）。

身体也是成功的意志行为首先影响更广泛世界的点。这听起来微不足道，但实际上具有深刻的重要性。在典型的人类案例中，观察到这些意志行为的点包括所有我们自愿的感官运动。当把这种观察结果和以上结合，就会产生将身体视为感觉和行动共有的持续轨迹的直觉性理解。[1] 有关思科网真（telepresence）技术的大量研究工作（Clark 2003；见第4章）表明，人类对存在的感觉和对存在于空间中某一地点的感觉完全

---

① 请注意，此外，这可能有助于解释，从现象学上说，为什么心灵机器常常看起来好像都位于有机体的边界之内。直观地说，因为心灵是介导感知和行为的，而身体就是感知和行为相遇的地方。但是，并不能从这得出结论说，真正的心灵机器是封闭在身体内的，也能说移动机器人的控制系统位于感应和行动的外壳内。在机器人的案例里，整个机器人大脑可能位于其他地方（在Dennett 1981中巧妙扩展的场景）。在一个科幻场景中，人类自主体的大脑虽然仍然介导身体的感知和行为，但却被保存在一个遥远的实验室里。

9　解开具身

是由进入闭环交互的能力所决定的,其中意志感官运动产生新的感官输入,而且还是由我们作用于至少因此归入感官范围的一些事物的能力所决定的。

最后,作为意志行为直接轨迹的身体也同样是智能卸载的通道。正如我们在前面章节看到的,身体是智能使用环境结构的主要工具。它担当着移动桥梁作用,使我们以简化和转换内部问题解决的方式来开发利用外部世界。因此,身体是连结这两组不同的(内部和外部的)关键信息加工资源的中间人。身体在这些情况中的作用就是桥梁式的工具,使得各种各样新的分布式信息加工组织可以反复出现。毫不夸张地说,这一作用可以被比作胼胝体的作用。二者都是关键的物理结构,其部分认知作用是使独特的资源集合参与到高度整合形式的问题解决活动中。

此时,身体似乎就如它发生的那样是意志行为的轨迹、感觉运动的汇合点、智能卸载的通道和稳定的(虽然不是长久固定的)平台,其特征和关系可以依赖于(不用被表征)潜在于智能表现的计算。但是,我倾向于将其推进一步,主张这不仅仅是身体之所为,这(或很像这的东西)就是身体之所是,至少对所有认知科学的目的而言。也就是说,我倾向于用在智能行为的起源和组织中扮演这些(无疑还有一些附加的[①])角色的

[①]　这里一个明显的竞争者是身体在情感和情感反应建构中的假定作用。有关以各种方式探索这种可能性的一些处理方法,参见 Damasio(1994, 1999)、Colombetti 和 Thompson(印刷中)、Prinz(2004)。

任何东西来识别身体[1]。

9.7 参与机制和形态学计算

在之前章节中反复出现的一个主题一直都是身体和世界所起到的、现在被冠名"参与机制"作用的能力——即成为心灵和认知的物理实现机制的一部分,且因此成为各种不同的心理状态和进程的局部物质随附基础的一部分。

因为这对很多人而言似乎是一个非常具有独特性的主张(见第5章到第7章中有生动的辩论),所以在此值得添加一个最终的且最简单的说明——这个说明同时也支持这样一个图景(见第9章第5节),即具有认知关键性的系列操作或许可以通过改变总的身体和神经加工的添加剂来实现。

谦达那·保罗(2004, 2006)举出了一个玩具的例子,其旨在证明"一个机器人的身体,除了可用作为控制器的效应器以外,还可以用于计算"。这一论证的背景涉及一类简单的被称为感知机的神经网络(Rosenblatt 1962)。众所周知,如果给一个感知机提供两个输入A和B,这个感知机就可以算出"或"函数(OR)和"与"函数(AND)(实际上是线性可分割的函数),但不能计算线性不可分割的函数,例如"异或"。异或函数,一般写为XOR,其成真的条件是其中的一个选言命题是真

---

[1] 请注意,这里没有任何东西规定在普通三维空间中有一个单一的、持续存在的身体。相反,可能存在真实但形式分散的具身、虚拟或混合现实中的具身和用于单个智能的多重具身(Clark 2003; Ismael 2006,印刷中)。

9 解开具身

的，而非两个选言命题都是真的。

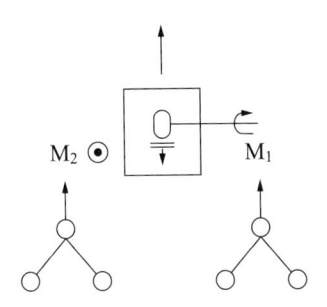

图 9.1 异或函数（XOR）机器人。这个机器人有一个轮子，这个轮子有两个驱动自由度。马达 M_1 负责转动轮子使机器人向前移动。马达 M_2 负责将轮子抬离地面。每一种运动都是由单独的感知机网络控制，其将二者视为输入 A 和输入 B。M_1 由计算 A 或 B 的网络控制，M_2 由计算 A 与 B 的网络控制。只使用这些控制器，机器人就能显示自身行为中的异或函数。（源自 Paul 2004，经许可使用。）

保罗的论证涉及一个因布赖滕贝格（Braitenberg 1984）而闻名的一种简单"车辆"。它的行为是由两个感知机的活动来决定的（图 9.1）。感知机 1 计算 OR 函数并控制 M_1，被传递到前轮驱动车辆的单中枢前轮的向前驱动。这意味着如果输入之一或两种输入都是活跃的（这也因此可以计算标准的 OR 函数），那么动力就被传递到单中枢前轮。感知机 2 计算标准的 AND 函数且控制 M_2，当且仅当两个输入都是活跃的条件下，这个抬升设备才能向前驱动车辆的单前轮以抬离地面。

你或许会看见这样的发展趋势。当 A 和 B 都显示为 OFF（零、错误），且两个网络都输出为零时，车轮在地面上，但动力没有传递到轮子上，所以机器人保持静止。当只有 A 显示为

ON 且 AND 网络传递为零时,车轮保持在地面上,且 OR 网输出为 1。车轮转动,机器人前进。当只有 B 是 ON 时,才会有相同的情景出现。但(这是关键情况)当 A 和 B 都显示为 ON 时,OR 网引起 M_1 的移动,而 AND 网将车轮抬离地面,所以机器人保持静止。具身化系统对 A 和 B 输入的不同可能值的反应剖面因此具有了标准 XOR 真值表的形式,尽管有这样的事实存在,即计算的控制器是先天不能计算非线性可分割函数,例如 XOR 的感知机。抬起前轮来回应两种输入的结合在此时代替了 XOR 真值表中的"缺失线"。这个物理车辆尽管只有感知机作为控制器,但以这种方式,它的行为就如同是在 XOR 网控制之下一样。它现在的行为方式如表 9.1 所示。

表 9.1 异或机器人的行为概况

A	B	行为
假	假	静止
假	真	移动
真	假	移动
真	真	静止

来源:Paul 2004,经许可使用。

机器人活跃的身体提供着缺失的第二层神经加工进程的功能对等物,解决计算 XOR 的线性不可分割问题所需要的额外加工处理(图 9.2)。整个具身系统因此能够提供缺失的功能性,相当于在第一次输入中执行一个 NOT 函数,紧接着又执行一个 AND 函数。这样,"此例表明,机器人身体可以通过其结构配置在它的输入中执行一个可计量的操作"(Paul 2004, 33)。

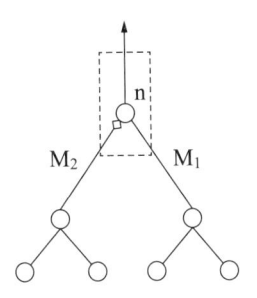

图 9.2 相当于 XOR 机器人的计算结构。XOR 机器人的身体行为就好像它在第一个输入中执行一个 NOT 函数,紧接着又执行一个 AND 函数。(源自 Paul 2004,经许可使用。)

在这一点上,怀疑论者可能会辩称,这个 XOR 计算在某种程度上不真实——这更多的是在观察者的眼中,而不是推理机器人的真正资源。按照现状来看,其中也存在某种事实。机器人当前展示的是保罗称之为"潜在的形态学计算"的东西,这种计算明显(对我们来说)隐含在全部物理设备的回应剖面中,但还不能被设备自身用作一般用途的问题解决资源。然而,一个简单的(正如我们将看到的,生物学上普通的)微调使得新的功能性能为设备自身所用。因此,保罗接下来描述了一个"真空吸尘机器人"(在这里我们不需要涉及其具体细节)。真空吸尘机器人就如同 XOR 机器人,除了一点,就是这次给它添置了一个传感器,告知它自身行动会产生的行为后果。扩增这个传感器以后,机器人可以学习(或被程控)并将涉及身体的 XOR 电路合并到一套开放式的其他例程中，通过身体电路按指定路线发送不同的 AB 信号，并读取来自前轮快速的自我感知的身体抽动的 XOR 结果。这个抽动不需要持续足够久就能引起实际的前进运动。之前可能仅仅只出现在观察者眼中的涉及身体的 XOR 计算，现在是一种一般目的之资源，它可以像一个普通的逻辑门被调用。那么，一般而言，

> 当一个具有潜在形态学计算能力的机器人被添置一个可感知行为后果的传感器时，它使得由形态学定义的计算函数变得清晰。这样一来，它就可以在加工处理进程的任一阶段被用作标准计算子单位。(Paul 2004, 36)

这似乎只是一种粗笨的招数，为什么使用机器人身体来执行一种只需要使用三层神经网络就能被轻易低成本地处理的计算呢？然而，要这样认为就没有抓住论证的要领和效力。因为这个想法认为，进化了的生物智能不同于我们作为设计师看到的最为常见的经过灵巧设计的解决方案，它能够完美地发现并开发利用多重功能性的非预期形式。[1] 换言之，进化了的生物智能可能会发现并开发利用这样一些解决方案，即其中一个单一元素（例如，一个身体例程或运动）能够起多重作用，一些只是实用性的作用，而另一些作用在本质上更具"认知性"（Kirsh and Maglio 1994；见第 4 章第 6 节）。如果我们寻求的是

---

[1] 有关在演进系统中多重功能的精彩描述，请参见 Anderson（2007）。

9 解开具身

效率和资源开发的最大化,那么,作为人类设计的很多解决方案所具有的机械(身体)设计和控制器设计之间清晰的分工这个特征看起来就不重要了(甚至,往往会适得其反)。保罗的论证或许会被拿来与汤姆森(A. A. Thompon)、哈维(Harvey)和赫斯本兹(1996)以及汤姆森(1998)的研究相比较。这几位的研究工作使用遗传算法来进化真实的电子电路。进化的电路最终可以开发利用常常被人类工程设计师忽略或刻意压制了的所有物理属性方式(参见 Clark 2001a,以及第 5 章的讨论)。根据笔者的观点,这里得出的经验是:

> 人们可以预期的是,所有详细的硬件物理学都将施加影响于手头的问题:时间延迟、寄生电容、串话、亚稳态限制和其他低水平特征都可能被用于生成进化了的行为。(Thompson et al. 1996, 21)

因此,适应于大脑的(硬件芯片)东西也能适应于物理身体的其他部分。它或许也能通过各种意想不到的方式被开发利用为信息加工处理组织的一个至关重要的组成部分。保罗接着提出,在现实情况中,我们应该期望发现身体行为扮演的计算角色通常比一般的二元函数计算更为复杂,或许涉及具有意想不到的复杂程度的模拟函数。思维手势的案例(第 6 章第 7 节)就是这一类型的例子,其中实际的手和手臂动作看起来是在执行编码和加工处理的操作。麦克尼尔指出,这些编码和加工处理操作是整体的、模拟的而非局部的、符号的和离散的。

最近有关手指肌腱网络的计算作用的研究工作也强调了这种可能性。瓦莱罗-奎瓦斯（Valero-Cuevas2007）等人将现实世界中的尸体实验（实验在此使用的是从前臂中段刚刚切除的尸体的手）和计算机模拟结合在一起，来证明解剖学上的手指运动控制的分布式信息加工。尤其是，他们展示出这种控制不仅仅是由神经系统来实现的，还涉及连接的肌腱网络的复杂且必要的贡献。这样，

> 肌腱网络自身的输入拉力分布调控着张力传递到手指关节的方式，就像一个逻辑门的开关函数一样，以非线性的方式产生不同的力矩生产能力。（Valero-Cuevas et al.2007, 1161）

连接的肌腱网络本身是一种复杂的"张拉整体"（Fuller 1961; Paul, Valero-Cuevas and Lipson 2006）结构，其中刚性元素（此处，骨骼）通过连续的拉伸元素（此处，肌腱网）所组成的互相连接的网络被结合在一起。[①] 神经系统和肌腱网络因而能"协同合作以优先达到力矩激活的不同区域"（Valero-Cuevas et al. 2007, 1164）。它们携手合作产生了比原先可能产生的范围更广的指尖力量方向和大小，从而解决了"万能的手指关节驱动"问题。

在有关被动动力行走的研究工作中（见第1章第1节），我们已遇到过这种负载共享。但作者认为，在目前情况下，不仅

[①] 在手和手指系统的情况下，其依次与肌肉连接（作为收缩元素）。

9 解开具身

是负载被传播,而且控制函数本身被分布于神经网络和肌腱网络中。这样,"控制器的部分被嵌入解剖学之中,这与当前将人体解剖学专门归因于神经系统的观点相悖"(Valero-Cuevas et al. 2007, 1165)。

基于我对作者观点的理解,这是因为肌腱网络自身的结构以一种复杂系统的方式修改着他们描述(1165)为神经网络传递的信号解释的东西。它是通过像逻辑门一样,形成一个非线性的开关函数来影响张力传递到手指关节的方式。张力的传递方式因此以显著扩大可能的关节驱动模式空间的方式被转换(类比于一个简单案例,即每条肌腱路径将肌肉连接到每根单独的骨骼)。如果这样一种函数是被神经系统本身所执行,那么这个函数无疑会被视为进化的控制装置的一部分。通过公正性原则(见第 4 章第 8 节)的一种内部延展(!),我们似乎的确应该将肌腱网络的这种贡献算作对控制函数本身的贡献(Valero-Cuevas et al. 2007, 1165-1166)。[1]

回到保罗的机器人演示,我们现在可以领会到,它虽然简单但有助于揭示形态学和控制之间权衡取舍的基本概念(见第 1 章第 1 节)、表面上更具独特性的认知行为的概念(见第 4 章第 6 节)和表面上甚至更具独特性的延展心灵的概念(见第 4 章第 8 节)之间的深层链接。一旦我们开始质疑我们已接收的有关大脑、身体和世界之间正常分工的构想,我们就会清楚地领悟到,通过添加神经、身体和环境元素的复杂添加剂,认知

---

[1] 肌腱网络和神经控制系统的共同演化也可能与此相关,因为它不仅表明实际角色的平等性,而且还显示了所选角色的平等性。

和控制的支持组织的实现不存在任何障碍。

保罗的机器人也提供了有关认知性的自我刺激能力的最终例子（见第6章第9节），因为由潜在到明确的形态学计算的步骤本质上取决于自主体感知自我身体状态的能力。随着具身自主体充满输出副本系统和感觉我们自己身体在做什么的系统，我们被理想化地放置以得益于我们自己的身体行为，并为实现认知和计算的结果开发利用我们自身的身体行为。因此，每日的具身行为或许发挥着很多微妙的、尚未被理解的认知作用。仅举一个具体的例子说明，即现在有越来越多的研究关注眼部运动在思维、推理、话语理解和回忆中的可能作用（有益的评论，请参见 Spivey,Richardson and Fitneva et al. in press）。研究包括巴拉德等人在有关积木复制中（基于视觉固定点的）指针的研究（见第1章第3节），理查森和斯皮维（2000）在有关眼部运动在回忆中认知作用的解释，理查森和柯卡姆（Kirkham）（2004）在有关眼部运动在六个月大的儿童中所发挥的对听觉信息进行空间标引的作用的探究，以及理查森和戴尔（Dale）（2004）的话语理解中说者和听者否认眼部运动之间的耦合作用模型。

9.8　量化具身

最后，我想勇敢地（如果简短地）提出一个主题，其标签会在一些更为彻底的具身认知支持者中引发争议。这个主题就是对具身进行量化——也就是说，来测量具身究竟对行为、才干或能力产生了多大的影响。

9 解开具身

这个问题乍看起来有些奇怪。量化具身的影响能够意味着什么呢？我们可能相对于什么来测量这些影响呢？当我们一旦开始通过一种更广义的信息理论的视角来看待具身时，这个问题听起来就没那么奇怪了——也就是说，一旦我们尝试通过在信息诱导、储存、转换与加工处理中和确保智能行为控制的准备使用中理解身体、行为[1]和环境，从而理解三者的认知性作用。事实上，这是从将身体、世界和行为视为延展的动力学计算例程到尝试量化的一小步。早在1995年，我们就读道：

> 理解各种外部行为符合计算的全面战略是有必要性的。这需要识别由外部行为和变化提供的心理函数，以及列举特定认知组件中被节省下来的资源，例如，视觉记忆、发音循环、注意力和感知控制。(Kirsh 1995a, 31)

在同一篇论文中，基尔希在各种不同任务中测量了通过对手、手指和周围的物质对象的"认知使用"（如他所说）而获得的性能效益。最近，马利奥、韦格纳和科普兰（2003；见第4章第6节）策划了源于熟练的俄罗斯方块游戏中信息自构造的所谓风险函数中的增加值（请回忆一下，风险函数是在下一个行动中完成一个过程的瞬时可能性，起着粗略测量信息加工处

---

[1] 请注意，这里的"行为"必须扮演双重角色，既作为实际行为本身，也是作为选择其他行为的信息处理例程的一部分。这当然是我们在各种情况中所发现的，从所谓的俄罗斯方块中的认识行为（第4章第6节）到言语和手势在思维中的作用（第6章第7节），而最近，到第二代XOR机器人的微妙抽动。

理回报的作用)。我们也已经遇到过格雷和福(2004；见第6章第5节)对信息理论成本和节省测量的尝试，这些是通过各种神经加工和具身行为的混合来实现的，并把实际花费的时间作为对花费精力的粗略测量。

这些量化具身和行为效益的尝试还处在萌芽阶段，但我们也有理由对此保持乐观。伦加雷拉等人(2005)描述了多种量化由于协同的感觉运动活动(见第1章第6节中描述的信息自构造)而出现在原始感官经验中信息增加的方法。实验设置包括一个能够调配主动视觉(以机器人控制的相机形式)从而检测视频数据流中的信息结构的机器人。这项研究调查了产生自生的运动活动(主动构造引导正在进行中的运动活动本身的感官输入活动)在多大程度上能够增加出现在用于引导学习和反应的感官信号中的信息结构。其结果很明确，协同的自生运动活动的存在(当相比于控制条件时)导致了一系列暗含于感官阵列中的信息结构的可测量差异。例如，在交互信息(在简单实验和视觉阵列中个体像素状态的一个变量在统计上相关性于另一个变量)、整合(变量间的统计相关性的总量，变量因此共享信息的程度)和复杂性(各元素设法被专门化的程度，报告统计上独立的事件，同时还共享信息)上都有可测量的增加。[1]笔者认为，这种出现在感官信号中信息结构的增加为进化和将协同感觉运动行为，用作积极构造我们自己感官经验的一种手

---

[1] 复杂性是一个特别有意思的测量方式。它采集系统的功能专门化和功能集成的程度，是一种提供最大信息处理能力的性能。参见 Sporns(2002)易理解的讨论。

9 解开具身

段提供了一个清晰的功能依据。

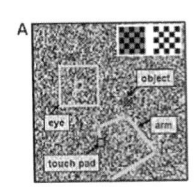

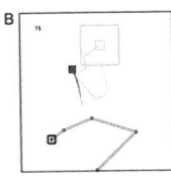

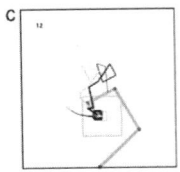

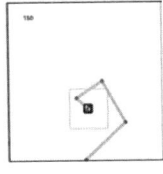

图 9.3 生物和环境。(A) 样本框架展示了颜色在环境、对象、眼睛包括中央凹和带有触控板的手臂中的分布，右上角的嵌块显示的是物体的视觉（左）和触觉特征（右）。(B) 样本框架（省略颜色环境）展示了进化选择（随机基因组）之前的行为。(C) 样本框架显示了复杂感官信息（成本函数 Cplx）的进化选择之后的行为。（来自 Sporns and Lungarella 2006，经许可使用。）

在一个利落的倒转中，这些信息测量也可以被用来驱动人造自主体的进化。斯伯恩斯和伦加雷拉（2006）通过将这些测量用作适合函数的一部分，而能够调查感官信号中最大化信息结构的直接压力所导致的形态学和行为。这个想法在模拟中得到检测，模拟中使用了一种简单的生物和环境（图 9.3）。这一生物具有眼睛形式呈现的视觉，这只眼睛（一个 25×25 像素的移动窗口，其中央凹的像素是 5×5）可以扫描环境；它还有触觉，其呈现形式是可以在环境中穿移的、带有手-手臂／触控板的附加物。环境自身只是一个 100×100 像素的区域，其中每个像素和每一步都显示了随机生成的颜色（红或绿或蓝）。在这个小小世界里，单一颜色的对象（5×5 像素）在随机的路径上保持恒定速度运动。与环境其余部分不同，这个对象也具有触觉特征（脊线或把手）。当触控板遇到这个对象时，对象停止，以使触控板可以扫描表面来检测触觉属性。一旦触觉损坏，对象就恢复随机行走。对简单身体的控制是一个评估视觉和听觉输入的神经系统，这个系统还要具有一个涉及使用显著地图来驱动眼睛和手臂活动的注意力系统。斯伯恩斯和伦加雷拉通过使用一个混合行为和信息理论的成本函数（表9.2），从而能够使具有协同视觉运动行为能力的自主体得到进化。在进化之前，偶然触碰目标对象不会生成中央凹、追踪或延长的对象"捕捉"。在进化之后，手臂和眼睛能够协同合作以获取和扫描对象。因此，特定信息结构的最大化被视为导致了关键适应性

表9.2 行为（B）、信息理论（I）和控制（C）成本函数

成本函数		描述
B	中央凹	眼睛和对象之间距离少于 2.5 个像素，时间达到最大值
	触摸	对象被触摸，时间达到最大值
	中央凹触摸	中央凹和触摸同时发生
	最大化红色	中央凹区域红色最大化
I	negH	熵最小化
	MI	交互信息最大化
	Intg	整合最大化
	Cplx	复杂性最大化
C	H	熵最大化
	negCplx	复杂性最小化

来源：Sporns and Lungarella 2006，经许可使用。

9 解开具身

策略的出现,包括视觉中央凹、追踪、伸达和触碰探测对象。相对于自构造的信息流来将关键参数主动最大化,用这种方法有助于解释协同感觉运动行为在具身自主体中的出现,而且为进化的人造自主体提供了新的设计工具。这些人造自主体能够从各种形式的具身干预中获益,且因此也能够从信息自构造中获益。

9.9 海德格尔剧场

根据最近一位作者的观点,将心灵视为具有具身性的当代趋势是"贴在一个有350年历史的老伤口上的词汇创可贴,这个老伤口还因为精神分裂式的形而上学而不断化脓"(Sheets-Johnstone1999, 275)。有人在这里看到的是一个创可贴,可还有人看到的是一剂灵丹妙药,它是在对具身和环境嵌入的述求中发现标准形式的认知科学探索和理解的广泛而彻底的替代。这两种观点都不应该强迫我们去认可。要严肃认真地看待具身仅仅只是接受一种有关认知(的确,我们人类)本质更平衡的观点。我们是思考的存在,且我们作为思考存在的本质,不是偶然地而是深度且持续地依据我们作为物理具身的、社会技术嵌入的有机体的存在。

要了解如何成为这样、在哪里会这样、这样的程度和它造成了什么影响,还要了解我们需要目前能支配的所有工具,或许更多。我预测,我们需要将对行为、时机、密切耦合的延伸与各种各样常见工具和构念的使用结合起来。这些将包括各种计算的、表征的和信息理论的视角，这些视角目前似乎为我们提供了对神经、身体和环境贡献与操作之间适应性权衡的丰富复杂空间的最佳理解。但尽管使用了一些常见的和不常见的工具，这里的研究对象都不同于以往。我们的目标不仅仅是神经控制系统，还有一个横跨大脑、身体和世界的复杂认知结构体。在这个复杂结构体中，身体扮演着至关重要的角色。它是积极感觉的器官、信息自构造的手段和支持种种延展问题解决组织的赋能结构。我可以斗胆这样说吗？身体就是海德格尔剧场：一个一切都聚在一起的地方，或都一起来到的地方。

10 结论——混搭的心灵

在延展表型经典论述的一开始，理查德·道金斯就鼓励读者去尝试一种"心理翻转"（mental flip）(1982, 4-5)。之前我们仅看到整体的有机体（虽然充斥着小部件，且它们自身形成和再形成了更大的组群和整体），而我们现在可以想象这些身体变得透明了，以此揭示了几乎天衣无缝的 DNA 复制。通过这个特殊的视角，蜘蛛网表现为蜘蛛延展表型的一部分，且有机体仅仅（且依旧）显现为适应性的有效非随机的 DNA 集合。道金斯提出，这一观点并非强制性的，它也不能简单地被实验所证明或驳倒（1982, 1）。其优点存在于看待常见现象的不同方式之中，其在观点视角的翻转中可能会得到繁殖，引导我们从新的、具有启发性的角度来看待更大的有机体-环境系统。

我相信，有关具身、行为和认知延展的研究工作也以同样的方式引导我们从新的、具有启发性的角度来看待心灵和认知。这些研究工作使得我们停止轻率地赋予内在的、生物的和神经贡献以特权。这反过来应有助于我们更好地理解内在的、生物的和神经贡献的本质和重要性。通过这一特殊视角观察，人类心灵出现在大脑、身体、社会和物质世界之间多产的分界面上。

阐明这些具身的、嵌入式的和延展心灵的运作需要一种不同寻常的混合，即神经科学，计算的、动力学的、信息理论的理解，"肉体的"生理学、生态学的敏感性，以及我们在其中成长、工作、思考和行为的一堆堆设计者的茧房的混合。这种前景或许看似令人却步，但我们也有理由对此抱有乐观的态度。在学习、发展和进化演变中，神经控制、身体形态学和行为之间的权衡取舍以及环境资源与机遇的精明使用都被定期可靠地实现了。因为这种"混乱的"但强大的解决方案被可靠地找到了，所以很有可能这些解决方案可以被系统性地理解。更好的状态是，针对这一艰难任务的分析框架和形式的发展方面，心灵科学已经在迅速地发展之中。我已经努力地展示过，具身心灵的成熟科学将会需要合并动力学的见解。例如，通过更好地理解适应性权衡的广泛空间来强调各种耦合形式的有机体－环境延伸，目前实现这种理解的最好方式，或许我已经讨论过，就是通过使用计算的、表征的和信息理论路径所提供的更多的常见工具。

对具身的述求，如果是正确的，除了标志着一种彻底的转向，更多标志着心灵科学趋于成熟的一种自然进展。它并不质疑所有的"机械隐喻"，它需要不涉及任何对用表征和计算术语表达的（尽管它不再单一致力于）解释的否定。对前面章节中遇到的千变万化的案例和情况的合理回应是，将心灵和智能

10 结论——混搭的心灵

视为是通过复杂移动的混合体而被机械实现的,这个混合体包括能量和动力耦合、表征和计算的内外形式、身体行为的认知有效形式,以及对体外道具、辅助和支架的精明开发利用。像我们这样的心灵,作为惊人地天衣无缝的整体,出现于这个多姿多彩的流动变迁中,从异质元素和进程的目不暇接的混杂中喷出适应性的混搭体。这些类型的心灵只相对于一些毫无创造性的预期而被放大。可见,我们混搭的心灵终究只具有心灵的大小。

附录：延展的心灵[1]

安迪·克拉克　　大卫·查默斯

心灵止于何处，余下世界又始于何处？这个问题有两种标准答案。一些人接受体肤和颅骨的分界，认为体外之物也是心外之物。另一些人折服于这样的争论，即我们语词的意义是"不在头脑中"，且相信有关意义的外在主义会结转到有关心灵的外在主义。我们提议来探究第三种观点，即提倡一种十分不同的外在主义，基于环境驱动认知进程的积极作用的积极外在主义。

延展认知

思考一下人类解决问题的三个案例。

第一，一个人坐在计算机前，屏幕上显示了各种各样的二维几何图形。这个人被要求回答有关这些图形和所描述"插

---

[1] 作者顺序依据他们在中心论点中的可信度排列。

附录：延展的心灵

槽"的可能匹配度的问题。为了能评估匹配，这个人必须在心理上对这些图形进行旋转以对准插槽。

第二，一个人坐在类似的计算机前，但这次他可以选择是通过按下按钮对屏幕上的图像进行物理旋转还是像之前一样进行心理旋转。我们还可以假设给物理旋转操作增加某种速度优势，这也并不是不切实际的。

第三，在未来网络朋克的某个时候，一个人坐在一个相似的计算机前。然而，这个自主体得益于一个神经植入，这种植入可以和之前例子中同样快的速度来执行旋转操作。鉴于每种资源对注意力和其他同时发生的大脑活动所提出的要求不同，自主体仍然必须选择使用哪一种内部资源（那个神经植入或者老式却不错的心理旋转）。

在这些案例中，认知的存在度是多少呢？我们认为，这三个案例都是相似的。有神经植入的案例三似乎显然与案例一和案例二一样。虽然有旋转按钮的案例二是分布于自主体和电脑间而非内化于自主体的，但是它所显示的计算结构与案例三是一样的。如果案例三中的旋转具有认知性，那我们凭借什么权力认为案例二具有根本上的差异呢？我们不能简单地指向体肤／颅骨的界线，把这当作理由，因为这个界线的划分是否合理还存有争议的东西。然而，没有任何其他事物似乎是不同的。

刚刚所描述的那种情况在一开始出现时就显得更为独特。引起这个问题的不仅仅是高级外部计算资源的存在，还有人类推理者所依赖环境支持的这种总体倾向。因此，思考一下如下情况，使用笔和纸来进行冗长的乘法运算（McClelland et al. 1986; Clark 1989），在拼字游戏中对字母块进行物理的重新排列以激起对单词的回忆（Kirsh 1995b），使用诸如航海计算尺（Hutchins 1995）这样的工具，以及语言、书籍、表格和文化这样的普通随身用具。在所有这些情况下，个体的大脑执行一些操作，同时委派其他部分来操纵外部媒介。假设如果我们的大脑是不同的，那么任务的分配无疑也会改变。

事实上，在案例一和案例二中描述的心理旋转都是真实的。这些案例反映了电脑游戏中俄罗斯方块玩家可用的选择。在俄罗斯方块游戏中，下落的几何图形必须被迅速地导向进入正在显现的结构中的合适凹槽中。玩家可以使用一个旋转按钮。大卫·基尔希和保罗·马利奥（1994）计算出，对一个图形进行90度的物理旋转耗时大概100毫秒，还要加上选择按钮所花费的大约200毫秒的时间。使用心理旋转达到同样结果的耗时大概为1000毫秒。基尔希和马利奥继而提出有力证据表明，物理旋转不仅被用作将图形定好位以匹配一个凹槽，而且还常常帮助决定这个图形和这个凹槽是否相兼容。后一种使用构成了被基尔希和马利奥称为"认知行动"的东西。认知行动对世界进行改变以辅助和扩增认知进程，例如认知和搜索。相比之下，纯粹的实际行动（pragmatic actions）对世界进行改变是因为某种物理变化是满足于其自身需要的（例如，将水泥倒入水坝的一个洞中）。

我们认为，认知行动要求传播认知信用（epistemic credit）。当我们面对某个任务时，如果世界的一部分起着这样一种进程

附录：延展的心灵

的作用，即这个进程假如是在头脑中完成的，那么我们会毫不犹豫将其认作认知进程的一部分，世界的那个部分就是（我们如此声称）那个认知进程的一部分。认知进程不（全都）在头脑中！

积极的外在主义

在这些案例中，人类有机体与外部实体以双向交互的方式链接在一起，创造了一个凭其自身就能被视为认知系统的耦合系统。系统中的所有组件都发挥着积极的因果性作用，而且它们联合起来以与认知的通常方式相同的方式对行为进行支配管理。如果我们移除外部组件，系统的行为能力就会下降，就如同如果移除其大脑的部分一样。我们的论点是，无论这种耦合进程是否完全在头脑中进行，它同样也算作一个认知进程。

这种外在主义与普特南（1975a）和伯奇（1979）所拥护的标准变体截然不同。当我相信水是湿的且我的孪生同胞相信孪生的水也是湿的时候，使我们信念不同的外部特征具有远端性和历史性，且位于长长的因果链的另一端。存在的特征并不相关，如果我碰巧此时被 XYZ 包围（或许我被心灵运输到孪生地球上），因为我的历史我的信念仍然涉及标准的水。在这些情况下，相关的外部特征是消极被动的。因为其远端的本质，它们对于此时此地的认知进程的驱动不起任何作用。这被一个事实所反映，即尽管我和我的孪生同胞有外在的差异，但在物理上是难以区分由我们所执行的行为。

相比之下，在我们描述的案例中，相关的外部特征是积极活跃的，在此时此地发挥着关键作用。因为它们耦合于人类有机体，对有机体和其行为具有直接的影响。在这些案例中，世界的相关部分处于循环之中，而不是在长因果链的另一端晃来晃去。对于这种耦合的关注引导我们走向一种积极的外在主义，对立于普特南和伯奇的消极外在主义。

很多人都曾抱怨，即使普特南和伯奇有关内容外在性的观点是正确的，这些外在方面在行为的产生中所起的因果性或解释性作用还是不明确。在一些反事实的案例中，内部结构恒定而这些外部特征发生了变化，行为看似是一样的。因此，内部结构似乎在做关键的工作。我们不在此对这个问题进行裁定判决，但是我们注意到，积极外在主义不会受到任何这种问题的威胁。耦合系统中的外部特征所起的作用是不可消除的——如果我们保留内部结构而改变外部特征，行为可能会完全改变。这里的外部特征和经典的大脑内部特征具有同样的因果相关性。①

通过接纳积极外在主义，我们使得对所有类型的行为进行更加神经性的解释成为可能。例如，我在拼字游戏中的单词选择可以被解释为包含对我托盘里的字母块进行重新排列的一个延展认知进程的结果。当然，对我行为的解释还可以试图从内

---

① 外在主义在心灵哲学中的大部分吸引力可能源于积极外在主义的直觉性的吸引力。外在主义者通常会在耦合系统中进行涉及外在特征的类比，并述求于大脑和环境之间的边界。但这些直觉与标准外在主义的字面意义不一致。在大多数普特南/伯奇的案例中，直接环境是不相关的；只有历史性环境才是重要的。辩论的焦点是心灵是否必须在大脑中这个问题。但在评估这些例子时，一个关联性更大的问题可能是：心灵在当下吗？

附录：延展的心灵

部进程和一长系列的"输入"和"行为"的方面来进行，但是这种解释具有不必要的复杂性。如果一种同形的进程正在头脑中进行，我们可能不会有欲望去用这种麻烦的方式来描绘它。[①]在十分真实的意义层面上，重新排列托盘中的字母块不是行为的一部分，而是思维的一部分。

越来越多的大量认知科学研究反映了我们在此所支持的这种观点。这些研究涵盖的领域十分多样化，包括情境认知理论（Suchman 1987）、真实世界机器人学的研究（Beer 1989）、儿童发展的动力学路径（Thelen and Smith 1994），以及集体自主体的认知属性研究（Hutchins 1995）。在这些领域中，研究者通常认为认知是与环境中的进程相连续的。[②]因此，将认知视为是延展的，这不仅仅是做出一种术语上的决定，这对科学调查的方法论也产生了重要影响。实际上，可能曾经被认为只适合用来分析"内在"进程的解释方法现在已经适应于外部研究了，而且我们对于认知的理解有希望因此变得更加丰富。

有人认为这种外在主义味同嚼蜡。一种原因或许在于很多人将认知等同于意识，且认为在这些案例中意识延展至头脑之外，还远不能让人信服。但是，至少在标准用法上，并不是每一个认知进程都是意识过程。超越意识边界的所有类型的

[①] 赫伯特·西蒙（Herbert Simon 1981）曾经建议我们将内部记忆视为实际上"真正的"内部过程运行的外部资源。"在记忆中搜索，"他评论道，"与外部环境中搜索没有什么不同。"西蒙的观点至少具有平等对待内部和外部处理的优点。但我们怀疑，在他的观点中，心灵在大多数人看来将会缩小太多。

[②] 有着类似精神的哲学观可以在 Haugeland（1995）、McClamrock（1985）、Varela 等人（1991）和 Wilson（1994）中找到。

进程在认知进程中都发挥着至关重要的作用，这一点已被广泛接受。例如，在检索记忆、语言进程和技能习得的过程中就是如此。因此，只是意识具有内在性之处，外部进程才具有外在性这样一个事实，并不能作为否认那些进程具有认知性的理由。

更有趣的是，人们或许会争论，让真正的认知进程保持在头脑中的东西就是认知进程需具有便携性（portable）这个要求。此外，我们被一种可能被称为"裸心"（Naked Mind）的愿景所触动，不管局部环境如何，我们总能带来对认知任务施加影响的一系列资源和操作。基于这种观点，耦合系统的麻烦之处就是它们太轻易就被解耦了。真正的认知进程是那些存在于系统恒定核心的进程，而任何其他的进程只是一种额外的附加。

这个反对观点中还是有一些有意义的信息。大脑（或大脑和身体）包含一系列自身就很有意思的、基本的、便携式的认知资源。这些资源可能会将身体行为合并入认知进程中，就如同我们在棘手的计算中使用自己的手指来作为工作记忆，但是它们不会包含我们外部环境的更具偶然性的方面，比如一个便携式计算器。尽管如此，耦合的纯粹偶然性并没有排除认知地位。在遥远的未来，我们或许可以将各种各样的模块插入我们的大脑以帮助我们脱离困境。例如，在我们需要时，插入一个额外短期记忆模块。当模块被插入时，涉及此模块进程所具有的认

附录：延展的心灵

知性程度，就如同这些进程自始至终都在此的状态一样。[1]

即使有人要将便携性这个标准置于关键位置，积极外在主义的地位也不会被破坏。例如，既然用手指计数已经跨入了这个门槛，也就不难推进这些观点了。想一想这样一个过去的景象，一个工程师无论走到哪，皮带上都挂着一个计算尺。那如果人们一直都能带着一个便携式计算器，或将它们植入，又会怎样呢？有关便携式直觉的真正寓意在于，要想耦合系统与认知的核心相关，就需要有可靠的耦合过程。最可靠的耦合过程恰巧就发生在大脑内，但在环境中也容易有可靠的耦合。如果在我需要我的计算器或我的备忘记事本时，它们都一直在那，那么它们就能可靠地耦合于我，就如同我所需要的那样可靠。实际上，它们就是我带来对日常世界施加影响的那一系列基本的认知资源。这些系统不能仅仅基于离散的破坏、损失或故障的危险，或因为任何偶然的解耦而遭受非难。生物性的大脑也处于同样的危险之中，在睡眠、醉酒和情绪化的过程中也会偶尔暂时地失去能力。如果相关能力能在它们被需要时都在那儿，这就具有足够的耦合性了。

此外，有可能生物性大脑事实上已经进化和成熟，其方式涉及可操纵外部环境的可靠存在。进化似乎青睐自载的能力，

---

[1] 或者思考一下最近的一部科幻小说（McHugh 1992, 213）中的以下段落："我被带到系统部门，在那里，我被调整以适应这个系统。我所做的只是插入设备，然后一个技术员指示系统进行调整。我注销了，去查询时间，是10 : 52。信息弹了出来。当我保持插入状态时，总是在我只能访问信息之前，它就给了我一种感觉，即我知道我在想什么和系统告诉我什么，但现在，我如何知道什么是系统而什么是张呢？"

这些能力尤其适合寄生于局部环境从而减轻记忆负载，甚至转化计算问题自身的本质。我们的视觉系统已经得到进化以通过各种方式依赖其环境。例如，它们开发利用有关自然场景结构的偶然性事实（Ullman and Richards 1984），而且利用身体行为和运动提供的计算捷径（Blake and Yuille, 1992）。可能还有其他情况，其中进化发现开发利用认知环中环境存在的可能性是有益的。如果这样，那么外部耦合就是我们带来对世界施加影响的那一系列真正的基本认知资源的一部分。

语言或许就是一个例子。语言似乎是认知进程延展至世界之中的中心手段。想一想，一群人围坐桌边进行头脑风暴，或一个通过书写进行最佳思维的哲学家一边走一边发展她的想法。这其中的部分原因可能是，语言得到进化以致我们的认知资源在积极耦合的系统之内得到延展。

在有机体的一生中，个体的学习也是随着我们的学习并围绕我们认知延展的方式来塑造大脑的。语言再一次成为此处的一个中心案例，即被学校的孩子和诸多行业的培训生作为认知延展来常规使用的各种物理工件和计算工件。在这类情况下，大脑以补充外部结构的方式发展，且学会在一个统一的、密集耦合的系统之内发挥作用。一旦我们能识别环境对于约束认知进化和发展的关键作用，我们就会看到延展认知是核心的认知进程，而不是一种额外的附加。

这样一个类比或许会有帮助。鱼会游泳且具有非凡的效率，这在现在看来似乎是部分由于其拥有一种进化了的能力，这种能力将它的游泳行为耦合于外部的动力能量库，表现为水环境中的各种漩涡（Triantafyllou 1995）。这些漩涡既包括自然产生的涡流（例如，在水碰撞岩石的地方），也包括自我引起的涡流（由定时的尾部拍打所产生）。鱼通过将这些外部发生的过程构建进运动常规中心来进行游泳行为。鱼和周围环绕的漩涡一起形成了一个统一的、非常高效的游泳机器。

现在思考一下人类环境的一个可靠特征，例如那些大量使用的语词。这种语言的围绕物自我们出生起就一直包围着我们。在这样的条件下，可塑的人类大脑肯定会将这种结构处理为一种能够被自载认知例程的塑造收纳其中的可靠资源。在鱼拍打尾部引起它随之会开发利用的各种漩涡的地方，我们用多重语言媒介进行干预，创造局部结构和干扰，其可靠存在驱动着我们正在进行的内部进程。语词和外部符号因此在帮助构建人类思维的认知漩涡中具有至高无上的地位。

从认知到心灵

到目前为止，我们主要都在说"认知进程"，并争论其环境的延展问题。也许有人认为，人们对这种结论买账显得太容易了。也许某种进程是发生在环境之中的，但心灵呢？我们目前所讨论的所有观点都是与以下观点相兼容的，即真正的心理状态——经历、信念、欲望、情感等——都是由大脑的状态所决定的。或许，真正心理的东西都终究是内部的？

我们提议再向前迈一步。一些心理状态，例如经验，或许是由内部所决定的，但还有其他情况，其中外部因素做出了重要贡献。我们要争论的是，尤其当环境特征在驱动认知进程中发挥了正确作用时，这些特征就可以部分地构成信念。如果是这样的话，心灵就延展进入了世界。

首先，思考一个信念嵌入记忆的普通案例。因加从一个朋友那里听说现代艺术博物馆正在举办一个展览，并决定去参观展览。她思考了一会儿，记起来博物馆是在第53街上，所以她步行至第53街并进入了博物馆。这里似乎很清楚，因加相信博物馆是在第53街上，而且她甚至在查阅自己的记忆之前就相信这点。这之前并不是一种正在发生的信念，但我们大多数的信念也不是。信念正位于记忆中的某个地方，等待被获取。

现在来思考一下奥托。奥托患有阿尔茨海默病。就如同很多这样的患者一样，他依赖环境中的信息来帮助建构自己的生活。无论走到哪儿，奥托都随身携带一个笔记本。当他学到新信息时，他就会把信息写下来。当他需要某个过去的信息时，他就在笔记本中进行查阅。对奥托而言，他的笔记本所起的作用就是生物性记忆通常所起的作用。今天，奥托听说现代艺术博物馆有展览，并决定去看一看。他查阅笔记本后，笔记本告诉他博物馆位于第53街上，所以他步行至第53街并进入了博物馆。

很明显，奥托步行至第53街是因为他想到博物馆，而且他相信博物馆在第53街上。正如因加甚至在查阅她的记忆之前就有了信念一样，似乎有理由说奥托甚至在查阅他的笔记本之前就相信博物馆在第53街上。两个案例的相关方面是完全具有类比性的，笔记本对奥托的作用和记忆对因加的作用一样。笔记本中的信息就如同构成一种普通的、非正在发生信念的信息一

附录：延展的心灵

样起作用；只是碰巧，这种信息存在于身体之外。

另一种替代性的说法就是，奥托直到查阅了他的笔记本时才产生了有关事物的信念，他充其量也就是相信博物馆位于笔记本中记载的地址。但如果我们跟着奥托转一会儿，就会发现这种说法有多反常。奥托一直把使用他的笔记本当作理所当然的事，这是他在所有背景下的行为中心，其方式就如同记忆是正常生活的中心一样。在信息进入奥托人工记忆的深处之前，相同的信息可能会一次又一次地出现，或许偶尔会有细微的变化。当笔记本被移开时，信念就消失了，这样说好像未能抓住整体情况，就如同说一旦因加不再意识到自己的信念时，她的信念就消失了一样。在两个案例中，信息在被需要时都可靠地在那儿，能被意识所用，也可用来指导行为，其方式就是我们期望信念所能做到的一样。

当然，在信念和欲望具有其解释性的作用范围内，奥托和因加的案例似乎是对等的，两个案例本质的因果动力学都是互相的精确写照。我们乐于从以下两个方面来解释因加的行为，因加想去博物馆的这个正在发生的欲望，以及她相信博物馆在第53街上的这个固定信念。我们也应该乐于用同样的方式来解释奥托的行为。对奥托行为的另一种替代性的解释就是从以下几个方面理解：他想去博物馆这个正在发生的欲望，他相信博物馆位于笔记本里记载的位置这个固定信念，以及笔记本说博物馆就在第53街上这个可获取的、易理解的事实，但这给解释增加了不必要的复杂性。如果我们必须采取这种方式来解释奥托的行为，那么我们在解释无数其他涉及其笔记本的行为时也要这样做，即在每一个解释中，都将有涉及笔记本的额外表述。我们认为，用这种方式解释事物是走了非常繁复的一步。这种复杂性是没有意义的，就如同用有关因加记忆的信念来解释她的行为一样，复杂得没有意义。笔记本对奥托而言是一个恒定的事物，就如同记忆对因加而言是恒定的事物一样；在解释每一个信念／欲望时都指向它就会是多余的。在解释中，简洁就是力量。

如果这是正确的，那我们甚至可以构造一个孪生奥托的案例。孪生奥托和奥托一样，除了不久以前他在笔记本里错误地记载了现代艺术博物馆位于第51街。今时今日，孪生奥托从体肤之内开始都是奥托的物理复制品，但是他的笔记本不一样。因此，孪生奥托的特点可以说是相信博物馆在第51街上，而奥托相信博物馆是在第53街上。在这些案例中，信念不在头脑中。

这反映了普特南和伯奇的结论，但其中存在很多重要的差异。在普特南和伯奇的案例中，形成信念中差异的外部特征是具有远端性和历史性的，所以这些案例中的双胞胎产生了物理上不能区别的行为。在我们描述的案例中，相关的外部特征在此时此地发挥了积极的作用且直接影响行为。奥托步行至第53街，孪生奥托步行至第51街。毫无疑问，这种外部信念内容具有解释上的无关性，它被引入的原因正是因其发挥了解释的关键性作用。就像普特南和伯奇的案例，这些案例涉及指称和真

附录：延展的心灵

值的条件不同，但它们也涉及认知动力学的不同。①

这里的寓意是，在涉及信念时，体肤和颅骨并没有什么神秘的东西。使得信息能被算作信念的东西是其信息所发挥的作用，而且没有理由说相关的作用只能在身体内部发挥。

这个结论会遭到一些人的抵制。反对者可能会采取坚决的立场，坚持认为当她使用"信念"这个表述或甚至依据标准的用法时，奥托并没有资格相信博物馆位于第53街。我们并不想去争论什么是标准用法，因为我们更广泛的要点是信念的概念应该被使用，以便奥托有资格拥有讨论中的这个信念。从所有重要的方面来看，奥托的案例类似于（非正在发生的）信念的标准案例。奥托和因加案例之间的差异是显著但又肤浅的。通过一种更广泛的方式使用"信念"这个概念，它挑选出了更类似于一种自然类型的东西。这个概念变得更有深度和统一性，而且对解释也更有帮助。

为了提供实质性的反对意见，反对者不得不表明奥托和因加的案例在某个重要且相关的方面有区别。但这些案例在什么样的深层方面是不同的呢？仅仅依据一个案例中的信息在头脑内，而另一个案例中的信息不在头脑内这一点来解释这些情况可能会乞题。如果这个差异与信念中的差异相关，这个相关性一定不是最初就有的。为了证明这种不同的处理方式是合理

---

① 在查默斯的"内容组件"术语中，普特南和伯奇案例中的双胞胎只在关系的内容上有所不同，而奥托和他的孪生兄弟在概念的内容上有所不同，这是支配认知的内容。概念的内容通常对于认知系统而言是内在的，但在这种情况下，认知系统自身实际上已扩展到包括笔记本了。

的，我们就必须找到某种更为基础的、潜在于两者间的差异。

可能有观点表明，案例间的相关差异在于因加能够更可靠地获取信息。毕竟，可能有人会随时拿走奥托的笔记本，而因加的记忆更保险。恒定性在此时相关，这一点也不是没有道理的。的确，奥托可以一直使用他的笔记本这个事实在我们论证其认知地位时起到了一定作用。如果奥托查阅的手册是一次性的，那我们就不太可能将固定信念归属于奥托了。但在原始案例中，奥托对笔记本的获取是十分可靠的——当然并非完全可靠，但那么因加对其记忆的获取也非完全可靠。外科医生可能会篡改她的大脑，或更世俗一点，她可能会喝多了酒。仅仅是这种篡改的可能性也不足以否认她有信念。

有人也可能会担心，奥托对笔记本的获取事实上是变化不定的。例如，他洗澡时没有带笔记本，环境黑暗时他无法查阅笔记本。他的信念一定不会如此轻易地变来变去吧？我们可以通过重新描述这个情境来应对这个问题，但在任何情况下，一种偶然且临时的分离都不会改变我们的主张。毕竟，当因加睡着了或喝醉了时，我们不会说她的信念就消失了。真正关键的是，当主体需要信息时，信息就唾手可得，且两个案例都同样满足这种约束限制。如果奥托的笔记本常常在其中的信息需要时而不可用，那就会有问题了。因为这信息就不能起到指导行为的作用，而这作用对信念来说又是至关重要的；但如果它在大多数相关情境下都轻易可用，那信念就没有陷入危机。

一种差异可能是因加对信息的获取比奥托更有优势？因加的"中心"进程和她的记忆之间可能具有相对高带宽的链接。

与之相比，奥托和他的笔记本之间只具有低级的关联。但仅仅是这一点并不能作为相信和不相信之间的区别。思考一下也要去博物馆的因加的朋友露西。因为非标准的生物学情况或过去的不幸遭遇，露西的生物性记忆与她的中枢系统之间只有低级链接。在她的情况下，加工处理进程的效率可能会更低，但只要相关信息能被获取，露西就明确地相信博物馆位于第53街。如果这种联系太间接了——如果露西不得不非常努力地去检索有混合结果的信息，或需要心理治疗师的辅助——我们可能就不愿意将信念进行归属了。但这种情况已远远超越了奥托的情境，其中信息是可以被轻易获取的。

另一种建议可能是，奥托只能通过感知获取相关信息，而因加的获取途径更为直接——或许通过内省。然而，从某些方面来看，这样理解也是在乞题。终究，我们是在实际上支持这样一种观点，即奥托的内部进程和他的笔记本共同构成了一个单独的认知系统。从这个系统的角度出发，笔记本和大脑之间的信息流根本就不具有感知性，因为它不涉及系统外事物的影响。它更类似于大脑内的信息流。获取过程具有感知性的唯一深层方式就是，奥托的案例中有关联于信息检索的明显感知性的现象学，而因加的案例没有。但为什么一种相关联的现象学的本质应该影响信念的地位呢？因加的记忆或许具有某种关联的现象学，但它仍然是一个信念。当然，现象学不具有视觉性。但对视觉性的现象学而言，思考一下与阿诺·施瓦辛格电影同名的终结者。当终结者从记忆中回忆某些信息时，这些信息被"显示"在他面前的视域里（假设他意识到了这一点，因为有很多幕都描绘了他的视角）。固定记忆通过这种不寻常的方式被回忆这一事实肯定不会对它们作为固定信念的地位产生影响。

奥托和因加案例间的这些各种各样的微小差异全都是肤浅的差异。关注这些差异可能会错失以下观点，即奥托笔记本中的条目发挥作用的方式就和信念在指引大多数人的生活中的作用方式是一样的。

奥托的信念并不是真正的信念这样一种直觉或许来自一种残留的感觉，即只有正在发生的信念才是真正的信念。如果我们来认真看待这种感觉的话，那因加的信念也会被排除在外，还有我们在日常生活中归属的诸多信念。这种想法很极端，但也可能是否认奥托信念的最一致的方式。基于一种稍微不那么极端的观点——例如，信念必须对意识可用的观点——奥托的笔记本条目似乎就有和因加记忆一样的资格了。一旦倾向性信念迈入了这个门槛，我们就很难抗拒奥托的笔记本具有所有的相关倾向这个结论了。

超越外部局限

如果这个论点被接受，那我们应该走多远呢？各种疑难情况涌向脑海。《百年孤独》中失去记忆的村民，他们忘记了所有事物的名称，所以在每个地方都悬挂上标签，这种情况是怎样的呢？我备忘记事本里的信息可以算作我记忆的一部分吗？如果奥托的笔记本被破坏了，他会相信新设置的信息吗？在我的面前有一页纸，在我读之前，我会相信里面的内容吗？我的认

附录：延展的心灵

知状态是不是通过某种方式在因特网上传播呢？

我们并不认为所有这些问题都有绝对的答案，我们也不会给出这样的答案。但为了帮助理解延展信念的归属涉及了什么，我们至少可以调查一下让这个概念如此适用于那里的中心案例的特征。第一，那个笔记本是奥托生活中的一个恒定事物——在笔记本中信息具有相关性的情况下，奥托很少会不查阅它而采取行动。第二，笔记本中信息具有毫不费力的直接可用性。第三，他从笔记本中检索信息那一刻就认可了它。第四，笔记本中的信息在过去某一时刻就已经被有意识地认可过，而且这种认可的确带来了影响。[1]把第四种特征作为信念的一个标准还有争议（也许人们可以从潜意识感知中或通过篡改记忆来获得信念？），但前三个特征无疑扮演着至关重要的角色。

在越来越具独特性的疑难情况缺少这些特征的范围内，"信念"概念的适用性会渐渐降低。例如，如果我很少会在查阅我的备忘记事本之前就采取相关行动，那这个记事本在我认知系统中的地位就类似于奥托案例中笔记本的地位。但如果我经常不查阅就行动——例如，如果我有时对相关问题的回答是"我不知道"，那么其中的信息就不那么明确地可以被算作我信念系统的一部分了。因特网很有可能会无法进行多重计数，除非我

---

[1] 恒定性和过去认可标准可能表明，历史部分是由信念构成的。人们可以通过删除任何历史组件来对此做出反应（例如，对恒定性标准的完全意向性解读和消除过去认可标准），或者人们可以容许这样的组件，只要主要的负担是由当下的特征来承载的。

对电脑有反常的依赖性，擅长电脑技术，而且对其很信任，但我电脑里某些文件夹中的信息才可能有资格。在一些中间案例中，有关信念是否存在的问题可能具有不确定性，或者这个问题的回答可能依赖于变化的标准。这些标准在可能会问这个问题的各种不同的环境中发挥着作用，但此处任何的不确定性都不意味着在中心案例中的答案是不明确的。

那具有社会延展性的认知又是怎样的呢？其他思考的人的心理状态能部分构成我的心理状态吗？原则上，我们没看到为什么不能的理由。在一对异常相互依赖的夫妻间，其中一个人的信念完全有可能会对另一个人起到如笔记本对奥托起到的作用一样的作用。① 重要的是高度的信任、依赖和可达性。在其他的社会关系里，这些标准可能就无法这样明确地被满足了，然而，在某些特定领域还是有满足的可能。例如，一个我最爱的餐馆的服务员可能会充当有关我最喜欢的餐点的信念仓库（这甚至可能被构建为一个延展欲望的案例）。在其他情况下，一个人的信念可能被具身化在一个人的秘书、会计或合伙

---

① 在《纽约时报》1995年3月30日第B7页刊登的一篇关于加州大学洛杉矶分校前篮球教练约翰·伍登（John Wooden）的文章中写道："伍登和他的妻子连续36次参加决赛，她总是充当他的记忆库。"内莉·伍登（Nell Wooden）很少忘记一个名字——她的丈夫很少记住一个名字——在座无虚席的四强决赛大厅里，她能为他认出其他人来。

附录：延展的心灵

人身上。[1]

在这每一种情况下，自主体间耦合的主要压力都是由语言来承担的。如果没有语言，我们或许会更类似笛卡尔式的、离散的"内在"心灵，其中高层次认知主要依赖于内部资源，但语言的到来使得我们能够将这种压力散播到世界中去。如此解释，语言并不是我们内在状态的一面镜子，而是内在状态的补充。语言起着工具的作用，通过自载设备无法做到的方式来延展认知。的确有可能是，近期进化时代中的智能爆炸既归因于这种语言赋能的认知延展，也同样归因于我们内在认知资源的所有独立发展。

最后，自我呢？延展的心灵是否暗示着一个延展的自我？似乎是这样的。我们大多数人已经接受了自我超出意识的边界这个观点。例如，我的倾向性信念在某种深层意义上构成了我是谁的一部分。如果是这样，那么这些边界线也可能会超出体肤。例如，奥托笔记本里的信息是他作为认知自主体身份的中心部分。这一点表明奥托自身最好被看作是一个延展的系统和生物有机体与外部资源的耦合。为了一致性地抵制这个结论，我们不得不将自我缩小到纯粹的一系列正发生的状态，这会严

---

[1] 这种推理是否也承认像伯奇的延展"关节炎"信念的观点呢？毕竟，我可能总是听从医生的意见，针对我的疾病采取相关行动。也许是那样，但也有一些明显的差异。例如，任何延展的信念都将建立在与医生现有积极关系的基础上，而不是一种与语言社区的历史性关系。在目前的分析中，我对医生的顺从可能会易于产生一些类似于我大腿上还有其他疾病的真实信念，而不是我那里有关节炎的虚假信念。另一方面，如果我仅仅把医学专家当作术语顾问，伯奇的分析结果就可能被反映出来。

重危及其深层的心理延续性。我们最好接受那个更广泛的观点，将自主体自身视为传播到世界之中的自主体。

对我们自己的任何重新构想而言，这种观点都将产生重大的影响。它对哲学的心灵观和认知科学研究的方法论都产生了明显的影响，但在道德和社会领域也产生了效用。例如，在一些情况下干扰某个人的环境会和干扰他们本人一样产生同样的道德意义。如果此观点被认真对待，社会活动的某些形式可能会被重新审视为不太类似于交流和行为，而是更类似于思维。在任何情况下，一旦体肤和颅骨的霸权被推翻，我们就有可能真正将我们自身视为这个世界的造物主。

参考文献

Abraham, R., and C. Shaw. 1992. *Dynamics—The geometry of behavior*. Redwood City, CA: Addison-Wesley.

Adams, F., and K. Aizawa. 2001. The bounds of cognition. *Philosophical Psychology* 14, no. 1: 43-64.

———. in press-a. Defending the bounds of cognition. In *The extended mind*, ed. R. Menary. Aldershot, UK: Ashgate.

———. in press-b. Why the mind is still in the head. In *Cambridge handbook of situated cognition*, ed. M. Aydede and P. Robbins. New York: Cambridge University Press.

Aglioti, S., M. Goodale, and J. F. X. DeSouza, 1995. Size contrast illusions deceive the eye but not the hand. *Current Biology* 5: 679-685.

Agre, P. 1995. Computational research on interaction and agency. In *Computational theories of interaction and agency*, ed. P. Agre and S. Rosenschein. Cambridge, MA: MIT Press.

Alač, M., and E. Hutchins. 2004. I see what you are saying: Action as cognition in fMRI brain mapping practice. *Journal of Cognition and Culture* 4, no. 3: 629-661.

Anderson, M. 2007. The massive redeployment hypothesis and the functional topography of the brain. *Philosophical Psychology* 20, no. 2: 143-174.

———. in press. Cognitive science and epistemic openness. *Phenomenology and the Cognitive Sciences* 4, no. 4.

Bach y Rita, P., and S. W. Kercel. 2003. Sensory substitution and the human-machine interface. *Trends in Cognitive Sciences* 7, no. 12: 541-546.

Bach y Rita, P., M. Tyler, and K. Kaczmarek. 2003. Seeing with the brain. *International Journal of Human–Computer Interaction* 15, no. 2: 285-295.

Baddeley, A. 1986. *Working memory*. Oxford, UK: Clarendon Press.

Baker, S. C., R. D. Rogers, A. M. Owen, C. D. Frith, R. J. Dolan, R. S. J. Frackowiak, and T. W. Robbins. 1996. Neural systems engaged by planning: A PET study of the Tower of London task. *Neuropsychologia* 34, no. 6: 515-526.

Ballard, D., M. M. Hayhoe, and J. B. Pelz. 1995. Memory representations in natural tasks. *Journal of Cognitive Neuroscience* 7, no. 1: 66-80.

Ballard, D., M. Hayhoe, P. Pook, and R. Rao. 1997. Deictic codes for the embodiment of cognition. *Behavioral and Brain Sciences* 20: 723-767.

Bargh, J. A., and T. L. Chartrand. 1999. The unbearable automaticity of being. *American Psychologist* 54: 462-479.

Barr, M. 2002. Closed-loop control. *Embedded Systems Programming* (August): 55-56.

Barsalou, L. W. 1999. Perceptual symbol systems. *Behavioral and Brain Sciences* 22: 577-609.

———. 2003. Abstraction in perceptual symbol systems. *Philosophical Transaction of the Royal Society of London B Biological Sciences* 358: 1177-1187.

Beach, K. 1988. The role of external mnemonic symbols in acquiring an occupation. In *Practical aspects of memory*, Vol. 1, ed. M. M. Gruneberg and R. N. Sykes. New York: Wiley.

Bechtel, W. in press. Explanation: Mechanism, Modularity, and Situated Cognition in P. Robbins and M. Aydede (Eds.). *Cambridge handbook of situated cognition*. Cambridge: Cambridge University Press.

Beer, R. 1989. *Intelligence as adaptive behavior*. New York: Academic Press.

———. 2000. Dynamical approaches to cognitive science. *Trends in Cognitive Sciences* 4, no. 3: 91-99.

Berk, L. E. 1994. Why children talk to themselves. *Scientific American* (November): 78-83.

Bermudez, J. 2003. *Thinking without words*. New York: Oxford University Press.

Berti, A., and F. Frassinetti. 2000. When far becomes near: Re-mapping of space by tool use. *Journal of Cognitive Neuroscience* 12: 415-420.

Bingham, G. P. 1988. Task-specific devices and the perceptual bottleneck. *Human Movement Science* 7: 225-264.

参考文献

Bisiach, E., and C. Luzzatti. 1978. Unilateral neglect of representational space. *Cortex* 14: 129-133.

Blake, A., and A. Yuille, eds. 1992. *Active vision*. Cambridge, MA: MIT Press.

Block, N. 1990. The computer model of the mind. In *An invitation to cognitive science: Thinking*, Vol. 3, ed. E. E. Smith and D. N. Osherson. Cambridge, MA: MIT Press.

———. 2005. Review of Alva Noë, "Action in perception." *Journal of Philosophy* 102, no. 5: 259-272.

———. in press. Consciousness, accessibility, and the mesh between psychology and neuroscience. *Behavioral and Brain* Sciences.

Bongard, J., V. Zykov, and H. Lipson. 2006. Resilient machines through continuous self-modeling. *Science* 314: 1118-1121.

Bowerman, M., and S. Choi. 2001. Shaping meanings for language: Universal and language-specific in the acquisition and shaping of semantic categories. In *Language acquisition and conceptual development*, ed. M. Bowerman and S. Levinson. Cambridge, UK: Cambridge University Press.

Boysen, S. T., G. Bernston, M. Hannan, and J. Cacioppo. 1996. Quantity-based inference and symbolic representation in chimpanzees (*Pan troglodytes*). *Journal of Experimental Psychology: Animal Behavior Processes* 22: 76-86.

Braddon-Mitchell, D., and F. Jackson. 2007. *The philosophy of mind and cognition*. 2nd ed. Oxford: Basil Blackwell.

Bradley, D. 1992. *From text to performance in the Elizabethan theatre: Preparing the play for the stage*. Cambridge, UK: Cambridge University Press.

Braitenberg, V. 1984. *Vehicles: Experiments in synthetic psychology*. Cambridge, MA: MIT Press.

Braver, T. S., and S. R. Bongiolatti. 2002. The role of frontopolar cortex in subgoal processing during working memory. *NeuroImage* 15: 523-536.

Bridgeman, B., and M. Mayer. 1983. Failure to integrate visual information from successive fixations. *Bulletin of the Psychonomic Society* 21: 285-286.

Brooks, R. 1991. Intelligence without representation. *Artificial Intelligence* 47: 139-159.

———. 2001. The relationship between matter and life. Nature 409: 409-411.

Brooks, R. A., C. Breazeal, M. Marjanovic, B. Scassellati, and M. M. Williamson. 1999. The Cog project: Building a humanoid robot. In *Computation for metaphors, analogy and agents*, Vol. 1562 of Springer Lecture Notes in Artificial Intelligence, ed. C. L. Nehaniv. Berlin: Springer-Verlag.

Brugger, P., S. S. Kollias, R. Muri, G. Crelier, M. C. Hepp-Reymond, and M. Regard. 2000. Beyond remembering: Phantom sensations of congenitally absent limbs. *Proceedings of the National Academy of Science* 97: 6167-6172.

Burge, T. 1979. Individualism and the mental. In *Midwest studies in philosophy*, Vol. 4, Metaphysics, ed. P. French, T. Uehling Jr., and H. Wettstein. Minneapolis: University of Minnesota Press.

———. 1986. Individualism and psychology. *Philosophical Review* 95: 3-45.

Burgess, P. W., A. Quayle, and C. D. Frith. 2001. Brain regions involved in prospective memory as determined by positron emission tomography. *Neuropsychologia* 39, no. 6: 545-555.

Burton, G. 1993. Non-neural extensions of haptic sensitivity. *Ecological Psychology* 5: 105-124.

Butler, K. 1998. *Internal affairs: A critique of externalism in the philosophy of mind*. Dordrecht, The Netherlands: Kluwer.

Campbell, D. T. 1974. Evolutionary epistemology. In *The philosophy of Karl R. Popper*, ed. P. A. Schilpp. LaSalle, IL: Open Court. Reprinted in *Methodology and epistemology for social sciences: Selected papers*, ed. E. S. Overman. Chicago: University of Chicago Press.

Campbell, J. 2002. *Reference and consciousness*. Oxford, UK: Oxford University Press.

Carey, D. 2001. Do action systems resist visual illusions? *Trends in Cognitive Sciences* 5, no. 3: 109-113.

Carmena, J., M. Lebedev, R. Crist, J. O'Doherty, D. Santucci, D. Dimitrov, P. Patil, C. Henriquez, and M. Nicolelis. 2003. Learning to control a brain-machine interface for reaching and grasping by primates. *Public Library of Sciences: Biology* 1, no. 2: 193-208.

Carrasco, M., S. Ling, and S. Read. 2004. Attention alters appearance. *Nature Neuroscience* 7: 308-313.

Carruthers, P. 1998. Thinking in language. In *Language and thought*, ed. J. Boucher and P. Carruthers. Cambridge, UK: Cambridge University Press.

———. 2002. The cognitive functions of language. *Behavioral and Brain Sciences* 25: 657-726.

Chalmers, D. 2000. What is a neural correlate of consciousness? In *Neural correlates of consciousness: Empirical and conceptual questions*, ed. T. Metzinger. Cambridge, MA: MIT Press.

———. 2005. MATRIX. In *Philosophers explore the matrix*, ed. C. Grau. New York: Oxford University Press.

Chapman, S. 1968. Trigonometric outfielding. *Scientific American* 220: 49-50.

Christoff, K., J. M. Ream, L. P. Geddes, and J. D. Gabrieli. 2003. Evaluating selfgenerated information: Anterior prefrontal contributions to human cognition. *Behavioral Neuroscience* 117, no. 6: 1161-1168.

Churchland, P. 1989. *The neurocomputational perspective*. Cambridge, MA: MIT/Bradford Books.

———. 1995. *The engine of reason, the seat of the soul*. Cambridge, MA: MIT Press.

Churchland, P., and Sejnowski, T. J. 1992. *The computational brain*. Computational Neuroscience Series, Cambridge, MA: MIT Press.

Churchland, P., V. Ramachandran, and T. Sejnowski. 1994. A critique of pure vision. In *Large-scale neuronal theories of the brain*, ed. C. Koch and J. Davis. Cambridge, MA: MIT Press.

Clark, A. 1989. *Microcognition: Philosophy, cognitive science and parallel distributed processing*. Cambridge, MA: MIT Press/Bradford Books.

———. 1993. *Associative engines: Connectionism, concepts and representational change*. Cambridge, MA: MIT Press/Bradford Books.

———. 1996. Connectionism, moral cognition and collaborative problem solving. In *Mind & morals*, ed. L. May, M. Friedman, and A. Clark. Cambridge, MA: MIT Press.

———. 1997a. *Being there: Putting brain, body and world together again*. Cambridge, MA: MIT Press.

———. 1997b. The dynamical challenge. *Cognitive Science* 21, no. 4: 461-481.

———. 1998a. Magic words: How language augments human computation. In *Language and thought: Interdisciplinary themes*, ed. P. Carruthers and J. Boucher. Cambridge, UK: Cambridge University Press.

———. 1998b. Twisted tales: Causal complexity and cognitive scientific explanation. *Minds and Machines* 8: 79-99. Reprinted in *Explanation and cognition*, ed. F. Keil and R. A. Wilson. Cambridge, MA: MIT Press, 2000.

———. 1999. Visual awareness and visuomotor action. *Journal of Consciousness Studies* 6, no. 11-12: 1-18.

———. 2000a. A case where access implies qualia? *Analysis* 60, no. 265: 30-38.

———. 2000b. Making moral space: A reply to Churchland. In *Moral epistemology naturalized: Canadian Journal of Philosophy*, Supp. Vol. 26, ed. R. Campbell and B. Hunter. Alberta, Canada: University of Calgary Press.

———. 2000c. Word and action: Reconciling rules and know-how in moral cognition. In *Moral epistemology naturalized: Canadian Journal of Philosophy*, Supp. Vol. 26, ed. R. Campbell and B. Hunter. Alberta, Canada: University of Calgary Press.

———. 2001a. *Mindware: An introduction to the philosophy of cognitive science*. New York: Oxford University Press.

———. 2001b. Reasons, robots, and the extended mind. *Mind and Language* 16: 121-145.

———. 2001c. Visual experience and motor action: Are the bonds too tight? *Philosophical Review* 110, no. 4: 495-519.

———. 2002. Is seeing all it seems? Action, reason and the grand illusion. *Journal of Consciousness Studies* 9, no. 5-6: 181-202. Reprinted in *Is the visual world a grand illusion?* ed. A. Noë. Thorverton, UK: Imprint Academic, 2002.

———. 2003. *Natural-born cyborgs: Minds, technologies, and the future of human intelligence*. New York: Oxford University Press.

———. 2004. Is language special? Some remarks on control, coding, and coordination. *Language Sciences*, Special issue on Distributed Cognition and Integrational Linguistics, ed. D. Spurrett, 26: no. 6.

———. 2005a. Beyond the flesh: Some lessons from a mole cricket. *Artificial Life* 11: 233-244.

———. 2005b. Intrinsic content, active memory, and the extended mind. *Analysis* 65, no. 1 (January): 1-11.

———. 2005c. The twisted matrix: Dream, simulation or hybrid? In *Philosophers explore the matrix*, ed. C. Grau. New York: Oxford University Press.

———. 2006. Language, embodiment and the cognitive niche. *Trends in Cognitive Sciences* 10, no. 8: 370-374.

———. 2007. What reaching teaches: Consciousness, control, and the inner zombie. *British Journal for the Philosophy of Science* 58, no, 3: 563-594.

———. in press-a. Memento's revenge: The extended mind, re-visited. In *The Extended Mind*, ed. R. Menary. Aldershot, UK: Ashgate.

———. in press-b. Re-inventing ourselves: The plasticity of embodiment, sensing, and mind. *Journal of Medicine and Philosophy*.

参考文献

Clark, A., and D. Chalmers. 1998. The extended mind. *Analysis* 58, no. 1: 7-19. Reprinted in *The philosopher's annual*, Vol. 21, ed. P. Grim, 1998, and in *Philosophy of mind: Classical and contemporary readings*, ed. D. Chalmers. New York: Oxford University Press, 2002.

Clark, A., and R. Grush. 1999. Towards a cognitive robotics. *Adaptive Behavior* 7, no. 1: 5-16.

Clark, A., and A. Karmiloff-Smith. 1993. The cognizer's innards: A philosophical and psychological perspective on the development of thought. *Mind and Language* 8, no. 4: 487-519.

Clark, A., and P. Mandik. 2002. Selective representing and world-making. *Minds and Machines* 12: 383-395.

Clark, A., and C. Thornton. 1997. Trading spaces: Computation, representation, and limits of uninformed learning. *Behavioral and Brain Sciences* 20: 57-90.

Clark, A., and J. Toribio. 1994. Doing without representing? *Synthese* 101: 401-431.

———. 2001. Sensorimotor chauvinism? Commentary on O'Regan, J. K., and Noë, A. "A sensorimotor approach to vision and visual consciousness." *Behavioral and Brain Sciences* 24, no. 5: 979-980.

Clowes, R. 2007. The complex vehicles of human thought and the role of scaffolding, internalization, and semiotics in human representation. Target paper for web discussion at http://www.interdisciplines.org/adaptation/papers/11.

Clowes, R. W., and A. F. Morse. 2005. Scaffolding cognition with words. In L. Berthouze, F. Kaplan, H. Kozima, Y. Yano, J. Konczak, G. Metta, J. Nadel, G. Sandini, G. Stojanov, and C. Balkenius, (eds.), *Proceedings of the Fifth International Workshop on Epigenetic Robotics: Modeling Cognitive Development in Robotic Systems*. Lund University Cognitive Studies, Lund, Sweden 101-105.

Collins, H. in press. The cruel cognitive psychology. Appears as part of a three-authored discussion by H. Collins, J. Shrager, and A. Clark entitled "Keeping the collectivity in mind?" Special issue of *Phenomenology and the Cognitive Sciences*, ed. E. Selinger.

Collins, S. H., and A. Ruina. 2005. A bipedal walking robot with efficient and human-like gait. *Proceedings IEEE International Conference on Robotics and Automation*, Barcelona, Spain.

Collins, S. H., A. L. Ruina, R. Tedrake, and M. Wisse. 2005. Efficient bipedal robots based on passive-dynamic walkers. *Science* 307: 1082-1085.

Collins, S. H., M. Wisse, and A. Ruina. 2001. A three-dimensional passive-dynamic

walking robot with two legs and knees. *International Journal of Robotics Research* 20, no. 7: 607-615.
Colombetti, G., and E. Thompson. in press. The feeling body: Towards an enactive approach to emotion. In *Developmental perspectives on embodiment and consciousness*, ed. W. F. Overton, U. Muller, and J. Newman. Hillsdale, NJ: Erlbaum.
Cooney, J., and M. Gazzaniga. 2003. Neurological disorders and the structure of human consciousness. *Trends in Cognitive Sciences* 7, no. 4: 161-165.
Cowie, F. 1999. *What's within? Nativism reconsidered.* New York: Oxford University Press.
Cummins, R. 1983. *The nature of psychological explanation.* Cambridge, MA: Bradford Books/MIT Press.
———. 1989. *Meaning and mental representation.* Cambridge, MA: MIT Press.
Damasio, A. 1994. Descartes' error. New York: Grosset/Putnam.
———. 1999. *The feeling of what happens.* New York: Harcourt Brace.
———. 2000. Subcortical and cortical brain activity during the feeling of self-generated emotions. *Nature Neuroscience* 3: 1049-1056.
Damasio, A., and H. Damasio. 1994. Cortical systems for retrieval of concrete knowledge: The convergence zone framework. In *Large-scale neuronal theories of the brain*, ed. C. Koch. Cambridge, MA: MIT Press.
Dawkins, R. 1982. *The extended phenotype.* Oxford, UK: Oxford University Press.
de Villiers, J. G., and P. A. de Villiers. 2003. Language for thought: Coming to understand false beliefs. In *Language in mind: Advances in the study of language and thought*, ed. D. Gentner and S. Goldin-Meadow. Cambridge, MA: MIT Press.
Decety, J., and J. Grezes. 1999. Neural mechanisms subserving the perception of human actions. *Trends in Cognitive Sciences* 3, no. 5: 172-178.
Dehaene, S. 1997. *The number sense.* New York: Oxford University Press.
Dehaene, S., E. Spelke, P. Pinel, R. Stanescu, and S. Tviskin. 1999. Sources of mathematical thinking: Behavioral and brain imaging evidence. *Science* 284: 970-974.
Dennett, D. 1981. Where am I? In *Brainstorms*, ed. D. Dennett. Sussex, UK: Harvester Press.
———. 1987. *The intentional stance.* Cambridge, MA: MIT Press.
———. 1991a. *Consciousness explained.* Boston: Little, Brown.
———. 1991b. Real patterns. *Journal of Philosophy* 88: 27-51.
———. 1993. Learning and labeling (commentary on A. Clark and A. Karmiloff-Smith, "The cognizer's innards"). *Mind and Language* 8, no. 4: 540-547.

———. 1996. *Kinds of minds*. New York: Basic Books.

———. 1998. Reflections on language and mind. In *Language and thought: Interdisciplinary themes*, ed. P. Carruthers and J. Boucher. New York: Cambridge University Press.

———. 2000. Making tools for thinking. In *Metarepresentations: A multidisciplinary perspective*, ed. D. Sperber. Oxford, UK: Oxford University Press.

———. 2003. *Freedom evolves*. New York: Viking.

Densmore, S., and D. Dennett. 1999. The virtues of virtual machines. *Philosophy and Phenomenological Research* 59: 3: 747-761.

Donald, M. 1991. *Origins of the modern mind*. Cambridge, MA: Harvard University Press.

———. 2001. A mind so rare. New York: Norton.

Dourish, P. 2001. *Where the action is: The foundations of embodied interaction*. Cambridge, MA: MIT Press.

Dretske, F. 1996. Phenomenal externalism, or if meanings ain't in the head, where are qualia? *Philosophical Issues* 7.

———. 2006. Perception without awareness. In *Perceptual Experience*, ed. T. Gendler and J. Hawthorne. New York: Oxford University Press, p. 147-180.

Dreyfus, H., and S. Dreyfus. 2000. *Mind over machine*. New York: Free Press.

Dyde, R. T., and A. D. Milner. 2002. Two illusions of perceived orientation: One fools all of the people some of the time; the other fools all of the people all of the time. *Experimental Brain Research* 144: 518-527.

Eliasmith, C. 2003. Moving beyond metaphors: Understanding the mind for what it is. *Journal of Philosophy* 100, no. 10: 493-520.

Ellis, R., J. Flanagan, and S. Lederman. 1999. The influence of visual illusions on grasp position. *Experimental Brain Research* 125: 109-114.

Elman, J. 1995. Language as a dynamical system. In *Mind as motion*, ed. R. Port and T. van Gelder. Cambridge, MA: MIT Press.

———. 2004. An alternative view of the mental lexicon. *Trends in Cognitive Sciences* 8, no. 7: 301-306.

———. 2005. Connectionist models of cognitive development: Where next? *Trends in Cognitive Sciences* 9: 111-117.

Feldman, M. W., and L. L. Cavalli-Sforza. 1989. On the theory of evolution under genetic and cultural transmission with application to the lactose absorption problem. In *Mathematical evolutionary theory*, ed. M. W. Feldman. Princeton, NJ: Princeton University Press.

Felleman, D. J., and D. C. Van Essen. 1991. Distributed hierarchical processing in primate cerebral cortex. *Cerebral Cortex* 1: 1-47.

Fisher, J. C. 2007. Why nothing mental is just in the head. *Nous* 41: 318-334.

Fitzpatrick, P., and A. Arsenio. 2004. Feel the beat: Using cross-modal rhythm to integrate perception of objects, others, and self. In *Proceedings of the fourth International Workshop on Epigenetic Robotics*, ed. L. Berthouze, H. Kozima, C. G. Prince, G. Sandini, G., G. Stojanov, G. Metta, and C. Balkenius. Lund, Sweden: Lund University Cognitive Studies.

Fitzpatrick, P., G. Metta, L. Natale, S. Rao, and G. Sandini. 2003. Learning about objects through action: Initial steps towards artificial cognition. In *2003 IEEE International Conference on Robotics and Automation* (ICRA), May 12-17, Taipei, Taiwan.

Fodor, J. A. 1981. *Representations: Philosophical essays on the foundations of cognitive science.* Cambridge, MA: MIT Press.

———. 1983. *The modularity of mind.* Cambridge, MA: MIT Press.

———. 1987. *Psychosemantics: The problem of meaning in the philosophy of mind.* Cambridge, MA: MIT Press.

———. 1994. *The elm and the expert.* Cambridge, MA: MIT Press.

———. 1998. Do we think in mentalese: Remarks on some arguments of Peter Carruthers. In *Critical condition: Polemical essays on cognitive science and the philosophy of mind*, ed. J. Foder. Cambridge, MA: MIT Press.

———. 2001. *The mind doesn't work that way.* Cambridge, MA: MIT Press.

———. 2004. Having concepts: A brief refutation of the twentieth century. *Mind and Language* 19, no. 1: 29-47.

Fowler, C., and M. T. Turvey. 1978. Skill acquisition: An event approach with special reference to searching for the optimum of a function of several variables. In *Information processing in motor control and learning*, ed. G. Stelmach. New York: Academic Press.

Frisch, K. von. 1975. *Animal architecture.* London: Hutchinson.

Fuller, R. 1961. Tensegrity. *Portfolio and Artnews Annual* 4: 112-127.

Gallagher, S. 1998. Body schema and intentionality. In *The body and the self*, ed. J. Bermudez. Cambridge, MA: MIT Press.

———. 2005. *How the body shapes the mind.* Oxford, UK: Oxford University Press.

Gazzaniga, M. 1998. *The mind's past.* Berkeley: University of California Press.

参考文献

Gedenryd, H. 1998. *How designers work: Making sense of authentic cognitive activities*. Lund, Sweden: Lund University Cognitive Studies.

Gertler, B. 2007. Overextending the mind? In *Arguing about the mind*, ed. B. Gertler and L. Shapiro. New York: Routledge.

Gibbs, R. 2001. Intentions as emergent products of social interactions. In *Intentions and intentionality*, ed. B. Malle, F. Moses, J. Louis, and D. Bladwin. Cambridge, MA: MIT Press.

Gibson, J. J. 1979. *The ecological approach to visual perception*. Boston: Houghton-Mifflin.

Gleick, J. 1993. Genius: *The life and times of Richard Feynman*. New York: Vintage.

Goldin-Meadow, S. 2003. *Hearing gesture: How our hands help us think*. Cambridge, MA: Harvard University Press.

Goldin-Meadow, S., H. Nusbaum, S. Kelly, and S. Wagner. 2001. Explaining math: Gesturing lightens the load. *Psychological Science* 12: 516-522.

Goldin-Meadow, S., and S. Wagner. 2004. How our hands help us learn. *Trends in Cognitive Sciences* 9, no. 5: 234-241.

Goodale, M. 1998. Where does vision end and action begin? *Current Biology* R489-R491.

———. 2001. Real action in a virtual world. Commentary on O'Regan and Noë. *Behavioral and Brain Sciences* 24, no. 5: 984-985.

Goodale, M., and D. Milner. 2004. *Sight unseen: An exploration of conscious and unconscious vision*. Oxford, UK: Oxford University Press.

Goodale, M., and D. Westwood. 2004. An evolving view of duplex vision: Separate but interacting cortical pathways for perception and action. *Current Opinion in Neurobiology* 14: 203-221.

Goodwin, B. 1994. *How the leopard changed its spots*. London: Weidenfeld & Nicolson.

Gordon, P. 2004. Numerical cognition without words: Evidence from Amazonia. *Science* 306: 496-499.

Gray, W. D., and W.-T. Fu. 2004. Soft constraints in interactive behavior: The case of ignoring perfect knowledge in the world for imperfect knowledge in the head. *Cognitive Science* 28, no. 3: 359-382.

Gray, W. D., C. R. Sims, W.-T. Fu, and M. J. Schoelles. 2006. The soft constraints hypothesis: A rational analysis approach to resource allocation for interactive behavior. *Psychological Review* 113, no. 3: 461-482.

Gray, W. D., and V. D. Veksler. 2005. The acquisition and asymmetric transfer of interactive routines. In *27th annual meeting of the Cognitive Science Society*, ed. B. G. Bara, L. Barsalou, and M. Bucciarelli. Austin, TX: Cognitive Science Society.

Gregory, R. 1981. *Mind in science: A history of explanations in psychology*. Cambridge, UK: Cambridge University Press.

Grush, R. 1995. Emulation and cognition. PhD diss., University of California, San Diego.

———. 2003. In defence of some "Cartesian" assumptions concerning the brain and its operation. *Biology and Philosophy* 18: 53-93.

———. 2004. The emulation theory of representation: Motor control, imagery, and perception. *Behavioral and Brain Sciences* 27: 377-442.

Gusnard, D. A., E. Akbudak, G. L. Shulman, and M. E. Raichle. 2001. Medial prefrontal cortex and self-referential mental activity: Relation to a default mode of brain function. *Proceedings of the National Academy of Sciences*, USA, 98: 4259-4264.

Haugeland, J. 1991. Representational genera. In *Philosophy and connectionist theory*, ed. W. Ramsey, S. Stich, and J. McCelland. Hillsdale, NJ: Erlbaum. Reprinted in *Having thought: Essays in the metaphysics of mind*, ed. J. Haugeland. Cambridge, MA: Harvard University Press.

———. 1998. Mind embodied and embedded. In *Having thought: Essays in the metaphysics of mind*, ed. J. Haugeland. Cambridge, MA: Harvard University Press. This originally appeared *in Acta Philosophica Fennica* 58, 1995, a special issue on Mind and Cognition, ed. L. Haaparanta and S. Heinamaa.

Hayhoe, M. 2000. Vision using routines: A functional account of vision. *Visual Cognition* 7, no. 1-3: 43-64.

Heidegger, M. 1927/1961. *Being and time*, trans. J. Macquarrie and E. Robinson. New York: Harper & Row.

Henderson, J., and A. Hollingworth. 2003. Eye movements and visual memory: Detecting changes to saccade targets in scenes. *Perception and Psychophysics* 65, no. 1: 58-71.

Hermer-Vazquez, L., E. Spelke, and A. Katsnelson. 1999. Sources of flexibility in human cognition: Dual-task studies of space and language. *Cognitive Psychology* 39: 3-36.

Hirose, N. 2002. An ecological approach to embodiment and cognition. *Cognitive Systems Research* 3: 289-299.

参考文献

Hollingworth, A., and J. M. Henderson. 2002. Accurate visual memory for previously attended objects in natural scenes. *Journal of Experimental Psychology: Human Perception and Performance* 28: 113-136.

Hollingworth, A., G. Schrock, and J. M. Henderson. 2001. Change detection in the flicker paradigm: The role of fixation position within the scene. *Memory and Cognition* 29: 296-304.

Hommel, B., Musseler, J., Aschersleben, G., & Prinz, W. 2001. The theory of event coding (TEC). A framework for perception and action planning. *Behavioral and Brain Sciences*, 24, 849-937.

Houghton, D. 1997. Mental content and external representations. *Philosophical Quarterly* 47, no. 187: 159-177.

Hurley, S. 1998. *Consciousness in action*. Cambridge, MA: Harvard University Press.

———. in press. The varieties of externalism. In *The Cambridge handbook of situated cognition*, ed. M. Aydede and P. Robbins. Cambridge, UK: Cambridge University Press.

Husbands, P., T. Smith, N. Jakobi, and M. O'Shea. 1998. Better living through chemistry: Evolving GasNets for robot control. *Connection Science* 10, no. 4: 185-210.

Husserl, E. 1907. *Thing and space*, trans. R. Rojcewicz. Boston: Kluwer.

Hutchins, E. 1995. *Cognition in the wild*. Cambridge, MA: MIT Press.

———. in press. Material anchors for conceptual blends. *Journal of Pragmatics*.

Iida, F., and Pfeifer, R. 2004. Self-stabilization and behavioral diversity of embodied adaptive locomotion. In *Embodied artificial intelligence*, ed. F. Iida, R. Pfeifer, L. Steels, and Y. Kuniyoshi. Berlin, Springer.

Iizuka, H., and T. Ikegami. 2004. Simulating autonomous coupling in discrimination of light frequencies. *Connection Science* 16, no. 4: 283-300.

Irwin, D. 1991. Information integration across saccadic eye movements. *Cognitive Psychology* 23: 420-456.

Ismael, J. 2006. *The situated self*. Oxford, UK: Oxford University Press.

———. in press. Selves and self-organization. *Minds and Machines*.

Ito, M. 1984. *The cerebellum and neural control*. New York: Raven Press.

Iverson, J., and S. Goldin-Meadow. 1998. Why people gesture when they speak. *Nature* 396: 228.

———. 2001. The resilience of gesture in talk. *Developmental Science* 4: 416-422.

Iverson, J., and E. Thelen. 1999. Hand, mouth and brain. In *Reclaiming cognition: The primacy of action, intention and emotion*, ed. R. Nunez and W. J. Freeman.

Bowling Green, OH: Imprint Academic.
Jackendoff, R. 1996. How language helps us think. *Pragmatics and Cognition* 4, no. 1: 1-34.
Jackson, S., and A. Shaw. 2000. The Ponzo illusion affects grip force but not grip-aperture scaling during prehension movements. *Journal of Experimental Psychology: Human Perception and Performance* 26: 418-423.
Jacob, P., and M. Jeannerod. 2003. *Ways of seeing: The scope and limits of visual cognition.* Oxford, UK: Oxford University Press.
Jeannerod, M. 1997. *The cognitive neuroscience of action.* Oxford, UK: Blackwell.
Jeannerod, M., and P. Jacob. 2005. Visual cognition. A new look at the two visual systems model. *Neuropsychologia* 43: 301-312.
Jordan, S. 2003. Emergence of self and other in perception and action: An event-control approach. *Consciousness and Cognition* 12: 633-646.
Kawato, M. 1990. Computational schemes and neural network models for formation and control of multijoint arm trajectory. In *Neural networks for control*, ed. W. T. Miller, R. Sutton, and P. Werbos. Cambridge, MA: MIT Press.
———. 1999. Internal models for motor control and trajectory planning. *Current Opinion in Neurobiology* 9: 718-727.
Kawato, M., K. Furukawa, and R. Suzuki. 1987. A hierarchical neural network model for control and learning of voluntary movement. *Biological Cybernetics* 57: 447-454.
Kelso, S. 1995. *Dynamic patterns.* Cambridge, MA: MIT Press.
Kirsh, D. 1995a. Complementary strategies: Why we use our hands when we think. In *Proceedings of the 17th annual conference of the Cognitive Science Society.* Hillsdale, NJ: Erlbaum.
———. 1995b. The intelligent use of space. *Artificial Intelligence* 73, no. 1-2: 31-68.
———. 2004. Metacognition, distributed cognition and visual design. In *Cognition, education and communication technology*, ed. P. Gardinfors and P. Johansson. Hillsdale, NJ: Erlbaum.
Kirsh, D., and P. Maglio. 1992. Reaction and reflection in Tetris. In *Artificial intelligence planning systems: Proceedings of the first annual conference AIPS*, ed. J. Hendler. San Mateo, CA: Morgan Kaufmann.
———. 1994. On distinguishing epistemic from pragmatic action. *Cognitive Science* 18: 513-549.
Kiverstein, J., and A. Clark. in press. Experience and agency: Slipping the mesh.

参考文献

Commentary on N. Block, "Consciousness, accessibility, and the mesh between psychology and neuroscience." *Behavioral and Brain Sciences*.

Koch, C. 2004. *The quest for consciousness*. New York: Roberts.

Kravitz, J. H. 1972. Conditioned adaptation to prismatic displacement. *Perception and Psychophysics* 11: 38-42.

Kroliczak, G., P. F. Heard, M. A. Goodale, and R. L. Gregory. 2006. Dissociation of perception and action unmasked by the hollow-face illusion. *Brain Research* 1080, no. 1: 1-16.

Kuniyoshi, Y., Y. Ohmura, K. Terada, A. Nagakubo, S. Eitoku, and T. Yamamoto. 2004. Embodied basis of invariant features in execution and perception of whole body dynamic actions—Knacks and focuses of roll-and-rise motion. *Robotics and Autonomous Systems* 48, no. 4: 189-201.

Lakoff, G., and M. Johnson. 1980. *Metaphors we live by*. Chicago: University of Chicago Press.

———. 1999. *Philosophy in the flesh: The embodied mind and its challenge to Western thought*. New York: Basic Books.

Laland, K. N., J. Odling-Smee, and M. W. Feldman. 2000. Niche construction, biological evolution and cultural change. *Behavioral and Brain Sciences* 23, no. 1: 131-146.

Lee, D., and P. Reddish. 1981. Plummeting gannets: A paradigm of ecological optics. *Nature* 293: 293-294.

Levy, N. in press. *Neuroethics: Challenges for the twenty-first century*. Cambridge, UK: Cambridge University Press.

Lewontin, R. C. 1983. Gene, organism, and environment. In *Evolution from molecules to men*, ed. D. S. Bendall. Cambridge, UK: Cambridge University Press.

Logan, R. 2000. *The sixth language*. Toronto: Stoddart Publishing.

———. 2007. *The extended mind: The emergence of language, the human mind, and culture*. Toronto: University of Toronto Press.

Lucy, J., and S. Gaskins. 2001. Grammatical categories and the development of classification preferences: A comparative approach. In *Language acquisition and conceptual development*, ed. M. Bowerman and S. Levinson. Cambridge, UK: Cambridge University Press.

Lungarella, M., T. Pegors, D. Bulwinkle, and O. Sporns. 2005. Methods for quantifying the information structure of sensory and motor data. *Neuroinformatics* 3, no. 3: 243-262.

Lungarella, M., and O. Sporns. 2005. Information self-structuring: Key principles for learning and development. *Proceedings 2005 IEEE International Conference on Development and Learning*: 25-30.

Lungarella, M., O. Sporns, and Y. Kuniyoshi. 2008. Candidate principles of development in natural and artificial systems. Unpublished manuscript.

MacKay, D. 1967. Ways of looking at perception. In *Models for the perception of speech and visual form*, ed. W. Wathen-Dunn. Cambridge, MA: MIT Press.

Maglio, P., T. Matlock, D. Raphaely, B. Chernicky, and D. Kirsh. 1999. Interactive skill in Scrabble. In *Proceedings of 21st annual conference of the Cognitive Science Society*. Mahwah, NJ: Erlbaum.

Maglio, P. P., and M. J. Wenger. 2000. Two views are better than one: Epistemic actions may prime. In *Proceedings of the 22nd annual conference of the Cognitive Science Society*. Mahwah, NJ: Erlbaum.

———. 2002. On the potential of epistemic actions for self-cuing: Multiple orientations can prime 2D shape recognition and use. In *Proceedings of the 24th annual conference of the Cognitive Science Society*. Mahwah, NJ. Erlbaum.

Maglio, P. P., M. J. Wenger, and A. M. Copeland. 2003. The benefits of epistemic action outweigh the costs. In *Proceedings of the 25th annual conference of the Cognitive Science Society*. Hillsdale, NJ: Erlbaum.

Maravita, A., and A. Iriki. 2004. Tools for the body (schema). *Trends in Cognitive Sciences* 8, no. 2: 79-86.

Martin, M. G. F. 2004. The limits of self-awareness. *Philosophical Studies* 120: 37-89.

Matthen, M. 2005. *Seeing, doing and knowing*. Oxford, UK: Oxford University Press.

Maturana, H. 1980. Biology of cognition. In *Autopoiesis and cognition*, ed. H. Maturana, R. Humberto, and F. Varela. Dordrecht, The Netherlands: Reidel.

McBeath, M., D. Shaffer, and M. Kaiser. 1995. How baseball outfielders determine where to run to catch fly balls. *Science* 268: 569-573.

McClamrock, R. 1995. *Existential cognition*. Chicago: University of Chicago Press.

McClelland, J. L., D. E. Rumelhart, and G. E. Hinton. 1986. The appeal of parallel distributed processing. In *Parallel distributed processing*, Vol. 2, ed. J. L. McClelland and D. E. Rumelhart. Cambridge, MA: MIT Press.

McConkie, G. W. 1991. Perceiving a stable visual world. In *Proceedings of the sixth European Conference on Eye Movements*, ed. J. Van Rensbergen, M. Devijver, and G. d'Ydewalle. Belgium: University of Leuven.

参考文献

McConkie, G. W., and D. Zola. 1979. Is visual information integrated across successive fixations in reading? *Perception and Psychophysics* 25: 221-224.

McGeer, T. 1990. Passive dynamic walking. *International Journal of Robotics Research* 9, no. 2: 68-82.

McHugh, M. 1992. *China Mountain Zhang*. New York: Tom Doherty.

McLeod, P., N. Reed, and Z. Dienes. 2001. Toward a unified fielder theory: What we do not yet know about how people run to catch a ball. *Journal of Experimental Psychology: Human Perception and Performance* 27: 1347-1355.

———. 2002. The optic trajectory is not a lot of use if you want to catch the ball. *Journal of Experimental Psychology: Human Perception and Performance* 28: 1499-1501.

McNeill, D. 1992. *Hand and mind*. Chicago: University of Chicago Press.

———. 2005. *Gesture and thought*. Chicago: University of Chicago Press.

Mead, G. H. 1934. *Mind, self, and society*, ed. C. W. Morris. Chicago: University of Chicago Press.

Meijer, P. B. L. 1992. An experimental system for auditory image representations. *IEEE Transactions on Biomedical Engineering* 39, no. 2: 112-121.

Meltzoff, A. N., and M. K. Moore. 1997. Explaining facial imitation: A theoretical model. *Early Development and Parenting* 6: 179-192.

Menary, R. 2007. *Cognitive integration: Attacking the bounds of cognition*. New York: Palgrave Macmillan.

Merleau-Ponty, M. 1945/1962. *The phenomenology of perception*, trans. C. Smith. London: Routledge and Kegan Paul.

Metta, G., and Fitzpatrick, P. 2003. Early integration of vision and manipulation. *Adaptive Behavior* 11, no. 2: 109-128.

Milner, D., and R. Dyde. 2003. Why do some perceptual illusions affect visually guided action, when others don't? *Trends in Cognitive Sciences* 7: 10-11.

Milner, D., and M. Goodale. 1995. *The visual brain in action*. New York: Oxford University Press.

———. 2006. *The visual brain in action*, 2nd ed. Oxford, UK: Oxford University Press.

Mitroff, S., D. Simons, and D. Levin. 2004. Nothing compares two views: Change blindness can occur despite preserved access to the changed information. *Perception and Psychophysics* 66, no. 8: 1268-1281.

Mundale, J. 2001. Neuroanatomical foundations of cognition: Connecting the neuronal level with the study of higher brain areas. In *Philosophy and the neurosciences: A reader*, ed. W. Bechtel, P. Mandik, J. Mundale, and R. S. Stuffl ebeam. Oxford, UK: Basil Blackwell.

———. 2002. Concepts of localization: Balkanization in the brain. *Brain and Mind* 3: 1-18.

Mussa-Ivaldi, F., and L. Miller. 2003. Brain-machine interfaces: Computational demands and clinical needs meet basic neuroscience. *Trends in Cognitive Sciences* 26, no. 6: 329-334.

Namy, L., L. Smith, and L. Gershkoff-Stowe. 1997. Young children's discovery of spatial classification. *Cognitive Development* 12, no. 2: 163-184.

Neth, H., and S. J. Payne. 2002. Thinking by doing? Epistemic actions in the Tower of Hanoi. In *Proceedings of the 24th annual conference of the Cognitive Science Society*, ed. W. D. Gray and C. D. Schunn. Mahwah, NJ: Erlbaum.

Nilsson, N. J. 1984. Shakey the robot (Technical Note 323). Menlo Park, CA:AI Center, SRI International. Available on the Web at http://www.ai.sri.com/shakey/.

Noë, A. 2004. *Action in perception*. Cambridge, MA: MIT Press.

———. 2006. Experience without the head. In *Perceptual experience,* ed. T. S. Gendler and J. Hawthorne. New York: Oxford University Press.

———. 2007. Understanding *Action in perception:* Reply to Hickerson and Keijzer. *Philosophical Psychology* 20, no. 4: 531-538.

Norman, D. 1993a. Cognition in the head and in the world. *Cognitive Science* 17, no. 1: 1-6.

———. 1993b. *Things that make us smart*. Cambridge, MA: Perseus Books.

———. 1999. *The invisible computer*. Cambridge, MA: MIT Press.

Norman, D., and T. Shallice. 1980. Attention to action: Willed and automatic control of behavior. *Center for Human Information Processing Technical Report* 99. Reprinted in revised form in *Consciousness and self-regulation,* Vol. 4, ed. R. J. Davidson, G. E. Schwartz, and D. Shapiro. New York: Plenum Press, 1986.

Norton, A. 1995. Dynamics: An introduction. In *Mind as motion: Dynamics, behavior, and cognition,* ed. R. Port and T. Van Gelder. Cambridge, MA: MIT Press.

O'Regan, J. K. 1992. Solving the "real" mysteries of visual perception: The world as an outside memory. *Canadian Journal of Psychology* 46, no. 3: 461-488.

O'Regan, J. K., and A. Noë. 2001. A sensorimotor approach to vision and visual consciousness. *Behavioral and Brain Sciences* 24, no. 5: 883-975.

O'Reilly, R., and Y. Munakata. 2000. *Computational explorations in cognitive neuro-*

science. Cambridge, MA: MIT Press.

Odling-Smee, F. J. 1988. Niche constructing phenotypes. In *The role of behavior in evolution,* ed. H. C. Plotkin. Cambridge, MA: MIT Press.

Odling-Smee, J., K. Laland, and M. Feldman. 2003. *Niche construction*. Princeton, NJ: Princeton University Press.

Paul, C. 2004. Morphology and computation. In *From animals to animats: Proceedings of the eighth international conference on the Simulation of Adaptive Behavior, Los Angeles,* ed. S. Schaal, A. J. Ijspeert, A. Billard, S. Vijayakumar, J. Hallam, and J.-A. Meyer. Cambridge, MA: MIT Press.

———. 2006. Morphological computation: A basis for the analysis of morphology and control requirements. *Robotics and Autonomous Systems* 54: 619-630.

Paul C., F. J. Valero-Cuevas, and H. Lipson. 2006. Design and control of tensegrity robots. *IEEE Transactions on Robotics* 22, no. 5: 944-957.

Peck, A., R. Jeffers, C. Carello, and M. Turvey. 1996. Haptically perceiving the length of one rod by means of anotherr. *Ecological Psychology* 8: 237-258.

Pettit, P. 2003. Looks as powers. *Philosophical Issues* 13: 221-252.

Pfeifer, R. 2000. On the role of morphology and materials in adaptive behavior. In *From animals to animats 6. Proceedings of the sixth international conference on Simulation of Adaptive Behavior,* ed. J.-A. Meyer, A. Berthoz, D. Floreano, H. Roitblat, and S. W. Wilson. Cambridge, MA: MIT Press.

Pfeifer, R., and J. Bongard. 2007. *How the body shapes the way we think*. Cambridge, MA: MIT Press.

Pfeifer, R., M. Lungarella, O. Sporns, and Y. Kuniyoshi. 2006. On the information theoretic implications of embodiment principles and methods. Unpublished manuscript.

Pfeifer, R., and C. Scheier. 1999. *Understanding intelligence*. Cambridge, MA: MIT Press.

Philippides, A., P. Husbands, T. Smith, and M. O'Shea. 2005. Flexible couplings: Diffusing neuromodulators and adaptive robotics. *Artificial Life* 11:139-160.

Pinker, S. 1997. *How the mind works*. London: Allen Lane/Penguin Press.

Port, R., and T. van Gelder. 1995. *Mind as motion: Dynamics, behavior, and cognition*. Cambridge, MA: MIT Press.

Prinz, J. 2000. The ins and outs of consciousness. *Brain and Mind* 1, no. 2: 245-256.

———. 2004. *Gut reactions: A perceptual theory of emotion*. New York: Oxford University Press.

Prinz, J., and A. Clark. 2004. Putting concepts to work: Some thoughts for the 21st century (a reply to Fodor). *Mind and Language* 19, no. 1: 57-69.

Prinz, W. 1997. Perception and action planning. *European Journal of Cognitive Psychology* 9, no. 2: 129-154.

Putnam, H. 1960. Minds and machines. In *Dimensions of mind*, ed. S. Hook. New York: New York University Press.

———. 1967. Psychological predicates. In *Art, mind and religion*, ed. W. Capitan and D. Merrill. Pittsburgh, PA: Pittsburgh University Press.

———. 1975a. The meaning of "meaning." In *Language, mind and knowledge*, ed. K. Gunderson. Minneapolis: University of Minnesota Press. Reprinted in *Mind, language, and reality: Philosophical papers*, Vol. 2, ed. H. Putnam. New York: Cambridge University Press.

———. 1975b. Philosophy and our mental life. In *Mind, language, and reality*, ed. H. Putnam. Cambridge, UK: Cambridge University Press.

Pylyshyn, Z. 1984. *Computation and cognition*. Cambridge, MA: MIT Press.

———. 2001. Visual indexes, preconceptual objects, and situated vision. *Cognition* 80: 127-158.

Ramachandran, V. S., and S. Blakeslee. 1998. *Phantoms in the brain: Probing the mysteries of the human mind*. New York: Morrow.

Reed, E. 1996. *Encountering the world: Toward an ecological psychology*. New York: Oxford University Press.

Reisberg, D. 2001. *Cognition*. New York: Norton.

Richardson, D. C., and R. Dale. 2004. Looking to understand: The coupling between speakers' and listeners' eye movements and its relationship to discourse comprehension. *Proceedings of the 26th annual meeting of the Cognitive Science Society*. Mahwah, NJ: Erlbaum.

Richardson, D. C., and N. Z. Kirkham. 2004. Multi-modal events and moving locations: Eye movements of adults and 6-month-olds reveal dynamic spatial indexing. *Journal of Experimental Psychology: General* 133, no. 1: 46-62.

Richardson, D. C., and M. J. Spivey. 2000. Representation, space and *Hollywood Squares:* Looking at things that aren't there anymore. *Cognition* 76: 269-295.

Rizzolatti, G., L. Fogassi, and V. Gallese. 2001. Neurophysiological mechanisms underlying the understanding and imitation of action. *Nature Reviews: Neuroscience* 2: 661-670.

Rockwell, T. 2005a. Attractor spaces as modules: A semi-eliminative reduction of symbolic AI to dynamical systems theory. *Minds and Machines* 15, no. 1: 23-55.

———. 2005b. *Neither brain nor ghost: A nondualist alternative to the mind-brain identity theory*. Cambridge, MA: MIT Press.

Rohrer, T. 2006. The body in space: Embodiment, experientialism and linguistic conceptualization. In *Body, language and mind*, Vol. 2, ed. J. Zlatev, T. Ziemke, R. Frank, and R. Dirven. Berlin: Mouton de Gruyter.

Rosenblatt, F. 1962. *Principles of neurodynamics*. New York: Spartan Books.

Rowlands, M. 1999. *The body in mind: Understanding cognitive processes*. Cambridge, UK: Cambridge University Press.

———. 2006. *Body language: Representing in action*. Cambridge, MA: MIT Press.

Rumelhart, D. E., P. Smolensky, J. L. McClelland, and G. E. Hinton. 1986. Schemata and sequential thought processes in parallel distributed processing. In *Parallel distributed processing: Explorations in the microstructure of cognition, Vol. 2: Psychological and biological models*. ed. D. E. Rumelhart, J. L. McClelland, and the PDP Research Group. Cambridge, MA: MIT Press.

Rupert, R. 2004. Challenges to the hypothesis of extended cognition. *Journal of Philosophy* 101, no. 8: 389-428.

———. 2006. Extended cognition as a framework for empirical psychology: The costs outweigh the benefits. Paper presented to American Philosophical Association central division meeting.

———. in press-a. Innateness and the situated mind. In *The Cambridge handbook of situated cognition,* ed. P. Robbins and M. Aydede. Cambridge, UK: Cambridge University Press.

———. in press-b. Representation in extended cognitive systems: Does the scaffolding of language extend the mind? In *The extended mind,* ed. R. Menary. Aldershot, UK: Ashgate.

Ryle, G. 1949/1990. *The concept of mind*. London: Penguin.

Salzman, E., and J. A. S. Kelso. 1987. Skilled actions: A task dynamic approach. *Psychological Review* 94: 84-106.

Salzman, L., and W. Newsome. 1994. Neural mechanisms for forming a perceptual decision. *Science* 264: 231-237.

Samuels, R. 2004. Innateness in cognitive science. *Trends in Cognitive Sciences* 8: 136-141.

Scaife, M., and Y. Rogers. 1996. External cognition: How do graphical representations work? *International Journal of Human-Computer Studies* 45: 185-213.

Schrope, M. 2001. Simply sensational. *New Scientist* (June): 30-33.

Semendeferi, K., E. Armstrong, A. Schleicher, K. Zilles, and G. W. Van Hoesen. 2001. Prefrontal cortex in humans and apes: A comparative study of area 10. *American Journal of Physical Anthropology* 114: 224-241.

Semendeferi, K., A. Lu, N. Schenker, and H. Damasio. 2002. Humans and great apes share a large frontal cortex. *Nature Neuroscience* 5: 272-276.

Shaffer, D. M., S. M. Krauchunas, M. Eddy, and M. K. McBeath. 2004. How dogs navigate to catch Frisbees. *Psychological Science* 15: 437-441.

Shaffer, D. M., and M. K. McBeath. 2005. Naive beliefs in baseball: Systematic distortion in perceived time of apex for fly balls. *Journal of Experimental Psychology: Learning, Memory, and Cognition* 31: 1492-1501.

Shaffer, D. M., M. K. McBeath, W. L. Roy, and S. M. Krauchunas. 2003. A linear optical trajectory informs the fielder where to run to the side to catch fly balls. *Journal of Experimental Psychology: Human Perception and Performance* 29, no. 6: 1244-1250.

Shallice, T. 2002. Fractionation of the supervisory system. In *Principles of frontal lobe function*, ed. D. T. Stuss and R. T. Knight. New York: Oxford University Press.

Shapiro, L. 2004. *The mind incarnate*. Cambridge, MA: MIT Press.

———. in press. Reductionism, embodiment, and the generality of psychology. In *Reductionism,* ed. H. Looren de Jong and M. Schouten. Oxford, UK: Blackwell.

Sheets-Johnstone, M. 1999. Emotion and movement: A beginning empirical-phenomenological analysis of their relationship. *Journal of Consciousness Studies* 6, no. 11-12: 259-277.

Shiffrin, R., and W. Schneider. 1977. Controlled and automatic human information processing: II. General theory. *Psychological Review* 82: 127-190.

Silverman, M., and A. Mack. 2001. Priming from change blindness [Abstract]. *Journal of Vision* 1, no. 3: 13a.

Simon, H. 1981. *The sciences of the artificial*. Cambridge, MA: MIT Press.

Simons, D. J., C. F. Chabris, T. T. Schnur, and D. T. Levin. 2002. Evidence for preserved representations in change blindness. *Consciousness and Cognition* 11: 78-97.

Simons, D., and D. Levin. 1997. Change blindness. *Trends in Cognitive Sciences* 1, no. 7: 261-267.

Simons, D., and R. Rensink. 2005. Change blindness: Past, present and future. *Trends*

参考文献

in Cognitive Sciences 9, no. 1: 16-20.

Sirigu, A., L. Cohen, J. R. Duhamel, B. Pillon, B. Dubois, and Y. Agid. 1995. A selective impairment of hand posture, for object utilization in apraxia. *Cortex* 31: 41-55.

Sloman, A. 1993. The mind as a control system. In *Philosophy and cognitive science: Royal Institute of Philosophy Supplement 34*, ed. C. Hookway and D. Peterson. Cambridge, UK: Cambridge University Press.

Sloman, A., and R. Chrisley. 2003. Virtual machines and consciousness. *Journal of Consciousness Studies* 10, no. 4-5: 133-172.

Smith, E. 2000. Neural bases of human working memory. *Current Directions in Psychological Science* 9: 45-49.

Smith, L. 2001. How domain-general processes may create domain-specific biases. In *Language acquisition and conceptual development,* ed. M. Bowerman and S. Levinson. Cambridge, UK: Cambridge University Press.

Smith, L., and M. Gasser. 2005. The development of embodied cognition: Six lessons from babies. *Artificial Life* 11, no. 1: 13-30.

Smitsman, A. 1997. The development of tool use: Changing boundaries between organism and environment. In *Evolving explanations of development: Ecological approaches to organism–environment systems,* ed. C. Dent-Read and P. Zukow-Goldring. Washington, DC: American Psychological Association.

Spencer, J. P., and G. Schoner. 2003. Bridging the representational gap in the dynamical systems approach to development. *Developmental Science* 6: 392-412.

Sperber, D. 2001. An evolutionary perspective on testimony and argumentation. *Philosophical Topics* 29: 401-413.

Spivey, M. J., D. C. Richardson, and S. Fitneva. in press. Memory outside of the brain: Oculomotor indexes to visual and linguistic information. In *Interfacing language, vision, and action,* ed. F. Ferreira and J. Henderson. San Diego, CA: Academic Press.

Sporns, O. 2002. Network analysis, complexity and brain function. *Complexity* 8: 56-60.

Sporns, O., D. Chialvo, M. Kaiser, and C. C. Hilgetag. 2004. Organization, development and function of complex brain networks. *Trends in Cognitive Sciences* 8: 418-425.

Sporns, O., and M. Lungarella. 2006. Evolving coordinated behavior by maximizing information structure. In *Proceedings of the 10th international conference on arti-*

ficial life. Cambridge, MA: MIT Press.

Sterelny, K. 2003. *Thought in a hostile world: The evolution of human cognition.* Oxford, UK: Blackwell.

———. 2004. Externalism, epistemic artefacts, and the extended mind. In *The externalist challenge*, ed. Richard Schantz. New Studies on Cognition and Intentionality. New York: de Gruyter.

Sterling, B. 2004. Robots and the rest of us: Fear and loathing on the human-machine frontier. *WIRED* (May): 116.

Suchman, L. 1987. *Plans and situated actions.* Cambridge, UK: Cambridge University Press.

Sudnow, D. 2001. *Ways of the hand: A rewritten account.* Cambridge, MA: MIT Press.

Sur, M., A. Angelucci, and J. Sharma. 1999. Rewiring cortex: The role of patterned activity in development and plasticity of neocortical circuits. *Journal of Neurobiology* 41, no. 1: 33-43.

Sutton, J. 2002a. Cognitive conceptions of language and the development of autobiographical memory. *Language and Communication* 22: 375-390.

———. 2002b. Porous memory and the cognitive life of things. In *Prefiguring cyberculture: An intellectual history*, ed. D. Tofts, A. Jonson, and A. Cavallaro. Cambridge, MA: MIT Press/Power Publications.

———. 2007. Batting, habit, and memory: The embodied mind and the nature of skill. *Sport in Society* 10, vol. 5: 763-786.

Szucs, A., P. Varona, A. Volkovskii, H. Arbanel, M. Rabinovich, and A. Selverston. 2000. Interacting biological and electronic neurons generate realistic oscillatory rhythms. *NeuroReport* 11: 1-7.

Thelen, E. 2000. Grounded in the world: Developmental origins of the embodied mind. *Infancy* 1, no. 1: 3-28.

Thelen, E., G. Schoner, C. Scheier, and L. B. Smith. 2001. The dynamics of embodiment: A field theory of infant perseverative reaching. *Behavioral and Brain Sciences* 24: 1-86.

Thelen, E., and L. Smith. 1994. *A dynamic systems approach to the development of cognition and action.* Cambridge, MA: MIT Press.

Thompson, A. 1998. *Hardware evolution: Automatic design of electronic circuits in reconfigurable hardware by artificial evolution.* Berlin: Springer Verlag.

Thompson, A., I. Harvey, and P. Husbands. 1996. Unconstrained evolution and hard consequences. In *Towards evolvable hardware,* ed. E. Sanchez and M. Tomassini. Berlin: Springer-Verlag. Thompson R. K. R., and D. L. Oden. 2000. Categorical perception and conceptual judgments by nonhuman primates: The paleological monkey and the analogical ape. *Cognitive Science* 24: 363-396.

Thompson, R. K. R., D. L. Oden, and S. T. Boysen. 1997. Language-naive chimpanzees (*Pan troglodytes*) judge relations between relations in a conceptual matching-to-sample task. *Journal of Experimental Psychology: Animal Behavior Processes* 23: 31-43.

Tooby, J., and L. Cosmides. 1990. The past explains the present: Emotional adaptations and the structure of ancestral environments. *Ethology and Sociobiology* 11: 375-424.

Townsend, J. T., and F. G. Ashby. 1978. Methods of modeling capacity in simple processing systems. In *Cognitive theory,* Vol. 3, ed. J. Castellan and F. Restle. Hillsdale, NJ: Erlbaum.

Townsend, J. T., and G. Nozawa. 1995. On the spatiotemporal properties of elementary perception: An investigation of parallel, serial, and coactive theories. *Journal of Mathematical Psychology* 39: 321-359.

Treue, S. 2004. Perceptual enhancement of contrast by attention. *Trends in Cognitive Sciences* 8, no. 10: 435-437.

Triantafyllou, M., and G. Triantafyllou. 1995. An efficient swimming machine. *Scientific American* 272, no. 3: 64-70.

Tribble, E. 2005. Distributing cognition in the globe. *Shakespeare Quarterly* 56, no. 2: 135-155.

Tucker, V. A. 1975. The energetic cost of moving about. *American Scientist* 63, no. 4: 413-419.

Turner, S. J. 2000. *The extended organism: The physiology of animal-built structures.* Cambridge, MA: Harvard University Press.

Turvey, M., and C. Carello. 1986. The ecological approach to perceiving-acting: A pictorial essay. *Acta Psychologica* 63: 133-155.

Ullman, S. 1984. Visual routines. *Cognition* 18, no. 1-3: 97-159.

Ullman, S., and W. Richards. 1984. *Image understanding.* Norwood, NJ: Ablex.

Valero-Cuevas, F. J., J. W. Yi, D. Brown, R. V. McNamara. C. Paul, and H. Lipson. 2007. The tendon network of the fingers performs anatomical computation at a macroscopic scale. *IEEE Transactions on Biomedical Engineering* 54, no. 6: 1161-1166.

Van Essen, D. C., C. H. Anderson, and B. A. Olshausen. 1994. Dynamic routing strategies in sensory, motor, and cognitive processing. In *Large scale neuronal theories of the brain,* ed. C. Koch and J. Davis. Cambridge, MA: MIT Press.

Van Essen, D., and J. Gallant. 1994. Neural mechanisms of form and motion processing in the primate visual system. *Neuron* 13: 1-10.

Van Gelder, T. 1995. What might cognition be, if not computation? *Journal of Philosophy* 92, no. 7: 345-381.

Van Gelder, T., and R. Port, eds. 1995. It's about time: An overview of the dynamical approach to cognition. In *Mind as motion: Explorations in the dynamics of cognition,* ed. R. Port and T. Van Gelder. Cambridge, MA: MIT Press.

Varela, F., E. Thompson, and E. Rosch. 1991. *The embodied mind.* Cambridge, MA: MIT Press.

Vygotsky, L. S. 1962/1986. *Thought and language,* trans. A. Kozulin. Cambridge, MA: MIT Press.

Wagner, S. M., H. C. Nusbaum, and S. Goldin-Meadow. 2004. Probing the mental representation of gesture: Is handwaving spatial? *Journal of Memory and Language* 50: 395-407.

Warren, W. 2006. The dynamics of action and perception. *Psychological Review* 113, no. 2: 358-389.

Webb, B. 1996. A cricket robot. *Scientific American* 275: 62-67.

Wegner, D. M. 2005. Who is the controller of controlled processes? In *The new unconscious,* ed. R. Hassin, J. S. Uleman, and J. A. Barg. New York: Oxford University Press.

Wenger, M. J., and J. T. Townsend. 2000. Basic response time tools for studying general processing capacity in attention, perception, and cognition. *Journal of General Psychology* 127: 67-99.

Wheeler, M. 2004. Is language the ultimate artifact? In *Language Sciences,* special issue on Distributed Cognition and Integrational Linguistics, ed. D. Spurrett, 26, no. 6.

———. 2005. *Reconstructing the cognitive world.* Cambridge, MA: MIT Press.

———. in press-a. Continuity in question: An afterword to "Is language the ultimate artifact?" In *The mind, the body and the world: Psychology after cognitivism,* ed. B. Wallace, A. Ross, J. Davies, and T. Anderson. Bowling Green, OH: Imprint Academic.

———. in press-b. Minds, things and materiality. In *The cognitive life of things,* ed. C. Renfrew and L. Malafouris. Cambridge, UK: McDonald Institute for Archaelogical Research.

Wheeler, M., and A. Clark. 1999. Genic representation: Reconciling content and causal complexity. *British Journal for the Philosophy of Science* 50, no. 1: 103-135.

Wilson, M. 2002. Six views of embodied cognition. *Psychonomic Bulletin and Review* 9, no. 4: 625-636.

Wilson, R. A. 1994. Wide computationalism. *Mind* 103: 351-372.

———. 2004. *Boundaries of the mind: The individual in the fragile sciences-Cognition.* Cambridge, UK: Cambridge University Press.

Wolpert, D. M., R. C. Miall, and M. Kawato. 1998. Internal models in the cerebellum. *Trends in Cognitive Sciences* 2: 338-347.

Yu, C., D. Ballard, and R. Aslin. 2005. The role of embodied intention in early lexical acquisition. *Cognitive Science* 29, no. 6: 961-1005.

索 引

（页码为英文原著页码，即本书边码）

Abraham, R. R. 亚伯拉罕 234
Adams, F. F. 亚当斯 xv, 85—87, 89—97, 106, 108, 112, 114, 121, 131, 138, 160, 239, 241, 243
Affect 影响 48, 67, 107—108
Aglioti, S. S. 阿廖蒂 184, 185
Agnosia 失认症 182—183, 189, 192。也可参见 Optic ataxia
Agre, P. P. 阿格雷 247
Aizawa, K. K. 相泽 xv, 85—87, 89—97, 106, 108, 112, 114, 131, 138, 160, 239, 241, 243
Alac, M. M. 奥洛克 128
Anderson, C.H. C.H. 安德森 117
Anderson, M. M. 安德森 251
Angelucci, A. A. 安杰卢奇 174
Anthropocentrism 人类中心主义 93, 199—202, 240。也可参见 Functionalism
Arsenio, A. A. 阿塞尼奥 18—19
Artificial intelligence (AI), classical 人工智能，经典的 12, 234
Artificial neural networks 人工神经网络 7, 20, 53, 55, 107, 109, 115, 133—134, 151, 174—175, 178—179, 208, 211
Ashby, F.G. F.G. 阿什比 72
Asimo（Honda）阿西莫（本田）3—4, 9
Aslin, R. R. 阿斯林 20—21, 235
Attention 注意力 10, 45—50, 54, 57, 59, 63, 65, 119, 148, 187—190, 214—216, 221, 237。role of language in 语言的作用（参见 Language）

BABYBOT 宝贝机（人形机器人名）17—18
Bach y Rita, P. P. 巴赫·丽塔 33, 35—36, 173, 191, 247
Baddeley, A. A. 巴德利 132
Baker, S.C. S.C. 贝克 147

索 引

Ballard, D. D. 巴拉德 11—15, 20—22, 27, 68—69, 120, 137, 141, 146, 197, 201, 213, 234—235

Bargh, J.A. J.A. 巴奇 95

Barr, J.A. J.A. 巴尔 150

Barsalou, L.W. L.W. 巴萨卢 54, 55, 236, 238

Beach, K. K. 比奇 62

Bechtel, W. W. 贝克特尔 246

Beer, R. R. 比尔 16, 223

Behaviorism 行为主义 96。也可参见 Functionalism

Beliefs 信念。也可参见 Content; Folk psychology dispositional 民间心理学倾向性的 xii-xiii, 76, 79—81, 88, 96—98, 115, 161, 226, 230, 232, 244, 252; eliminativism about 有关……的取消主义 161; endorsement of 认可支持的 79—80, 100, 104, 231, 252; Extended 延展的 x—xi, 76—81, 105—106, 226—232, 252（也可参见 Cognitive bloat）; private vs. public access to 私人或公共使用 100—105

Berk, L.E. L.E. 伯克 47

Bermudez, J. J. 贝穆德斯 58

Berti, A. A. 贝尔蒂 38, 236

Bimodal neurons 双模态神经元 38。也可参见 Body schema; Plasticity

Bingham, G.P. G.P. 宾厄姆 157—158

Biofeedback 生物反馈 101

Bisiach, E. E. 比夏克 104

Blake, A. A. 布莱克 225

Blakeslee, S. S. 布莱克斯利 35, 244

Block, N. N. 布洛克 192, 234, 246—247

Blocks-copying task 积木复制任务 11—17, 27, 41, 68, 74, 213。也可参见 Saccades; repeated rapid

Body schema 身体架构 33—39 与 body image 身体意象 38—39, 236

Bongard, J. J. 邦加德 6—7, 19, 234

Bongiolatti, S.R. S.R. 邦焦拉蒂 147

Bootstrapping, cognitive 自展、认知的 65—67, 138。也可参见 Niche construction

Bowerman, M. M. 鲍尔曼 237

Boysen, S.T. S.T. 博伊森 45—46, 147, 245

Braddon-Mitchell, D. D. 布拉登 – 米切尔 88, 97, 240

Bradley, D. D. 布拉德利 63

Braitenberg, V. V. 布赖滕贝格 208

Braver, T.S. T.S. 伯武 147

Bridgeman, B. B. 布里奇曼 144

Brodmann Area 布罗德曼分区系统 10（BA10），148, 246

Brooks, R.A. R.A. 布鲁克斯 15, 18, 141, 153, 234

Brugger, P. P. 布鲁格 244

Burge, T. T. 伯奇 78, 222—223, 228, 252—253

Burgess, P.W. P.W. 伯吉斯 147

Burton, G. G. 伯顿 31

Butler, K. K. 巴特勒 100, 159—160

Campbell, D.T. D.T. 坎贝尔 246

Campbell, J. J. 坎贝尔 191

Carello, C. C. 卡雷洛 324

Carey, D. D. 凯里 186

Carmena, J. J. 卡梅纳 33—34，37—38

Carrasco, M. M. 卡拉斯科 190

Carruthers, P. P. 卡拉瑟斯 49，54，132

Category membership 类别成员 17，65—66，183。也可参见 Equivalence classes

Causation 因果关系 and action 与行动（参见 Externalism, vehicle）; vs. constitution 与结构相对 86—89，126，130—131，239（也可参见 Content）; continuous reciprocal 联系相互 24—28，222—223，244（也可参见 Dynamical systems）; fine-grained 细粒式的（参见 Functionalism）; nontrivial spread of 非平凡延伸 7—8；and representational theory 表征理论 28

Cavalli-Sforza, L.L. L.L. 卡瓦里-斯福尔扎 62

Central Meaner 中央控制者 131—133。也可参见 Control

Chalmers, D. D. 查默斯 vii—xiv, xv, xxvii, 40, 76—77, 79, 86, 88, 96, 98, 102, 114—115, 118, 160—162, 164, 220, 233, 238, 240, 242, 245—246, 248, 252

Change blindness 变化盲视 41，103，242，245；and Sensorimotor model of perception 和感知感觉运动模型 141—146

Chapman, S. S. 查普曼 16

Chartrand, T.L. T.L. 查坦德 95

Chimp 黑猩猩。参见 Pan troglodytes

Choi, S. S. 崔 237

Christoff, K. K. 克里斯托弗 147—148, 245

Chunking effect 组块效应 92, 94

Churchland, P. P. 丘奇兰德 22, 50, 53, 55—56, 95, 142, 234

Clowes, R. R. 克劳斯 45, 133—134

COG 科戈（人形机器人名）17—19

Cognitive 认知的 mark of the ... 的标记 86—110, 114—115, 160, 239—240。也可参见 Content

Cognitive 认知的 seat of the ... 的位置。参见 Neurocentrism

Cognitive artifact 认知工件。参见 Epistemic artifact

Cognitive bloat 认知膨胀 80。也可参见 Beliefs

Cognitive cost 认知成本 distribution of 分配状况 8, 12—13, 32, 221—222, 225; ecological 生态的 72, 197, 206—212（也可参见 Computation; Control）; and gesture 与姿态 124; impartiality in 公正的 121—123, 136—137, 197, 243（也可参见 Motor deference; Parity principle）; and information retrieval methods 与信息检索方法 119—122, 242; intelligent offloading in 智能减负 65, 69, 137, 166, 207, 235, 244, 245（也可参见 Niche construction）; in minimal memory model 最小内存模型中 12, 69, 120—121, 146, 201（也可参见 Motor deference）; social 社会的 223, 231—232, 243

Cognitive impartiality 认知的公正性

hypothesis of 假说。参见 Cognitive cost

Cognitive load 认知负荷。参见 Cognitive cost

Cognitive niche 认知生态位。参见 Niche construction

Collins, H. H. 柯林斯 108, 161

Collins, S.H. S.H. 柯林斯 4—6, 8—9, 234

Colombetti, G. G. 科隆贝蒂 251

Common-sense psychology 常识心理学 See Folk psychology

Complexity 复杂性 quantification of system 系统的量化 251

Computation 计算 and descriptive complexity of environment 与描述环境的复杂性 46, 65; and epistemic actions 与认知行为 70—73; morphological 形态的 4—11, 29, 33—34, 43, 81, 196, 206—213（也可参见 Body schema）; motor behavior as 运动行为 70; quantification of embodied 量化体现 213—216（也可参见 Cognitive cost）; and visual fixation 和注视（参见 Saccades; repeated rapid）; wide 广阔的 13, 68—70, 106, 119—121, 196（也可参见 Representation）

Connectionism 联结主义。参见 Artificial neural networks

Consciousness 意识 and extended mind 与延展心灵 xii—xiii, 223—224, 230; and functionalism 与机能主义 xiii, 88; prenoetic role of body in structuring 在身体构建中的前意向性作用 128

Content 内容 xiv: conscious vs. unconscious 意识与无意识 79; derived vs. intrinsic 派生的与内在的 86, 89—92, 97, 106—108, 240; notional vs. relational 表意的与表示关系的 228; supervenience base for phenomenal 被知觉事物的随附基础 118, 194—195, 207（也可参见 Functionalism）; of thought 思想 53—55, 195; vs. vehicles 对阵载体 76; virtual 模拟的（参见 Representation: virtual）

Control 控制 body as locus of 身体作为控制点 207, 251; brain as locus of 大脑作为轨迹 159—162（也可参见 Decomposition）; centralized vs. decentralized 集中与分散 120, 131—133, 135—137, 212—213, 242—243, 244; as coordination 作为协调 75, 239; ecologically exploitative 生态开发 5, 43, 197, 208—213（也可参见 Computation; Plasticity）; fine-grained motor 细粒式的运动 187, 192（也可参见 Sensorimotor model of perception）; as interaction management 作为交互管理 73（也可参见 Dovetailing; Epistemic actions）; interactive vs. simple 交互式的与结构单一的 9—10, 234; and kinds of effort 和作用力的种类 9—13; and linguistic scaffolding 和语言框架 47—48（也可参见 Language）; of locomotion 行进的 4—6; organism-bound vs. organism-centered 机体边界与机体中心 122—123, 135—139; soft 软性的 133—135; of willed action 有意志的行动 206—207, 251

Convergence zones, neural 集中地带, 神经系统的 241

Cooney, J. J.库尼 104

Coordination 协调。参见 Control

Copeland, A.M. A.M.科普兰 72, 214

Corpus callosum 胼胝体 207

Cosmides, L. L.科斯米德斯 67

Coupling 联结 autonomous 自发的 133—135, 137; -constitution fallacy 结构性谬误（参见 Causation）; and deictic pointing 和直证的指示 12, 21, 213; loose 松散的 134—135; neural-extraneural 神经系统的与外神经系统的 146—149; perceptual 感知的（参见 Sensing: active）; reliability of 可靠性 79—80, 224—230, 241; and self-generated input 自生的输入 130—131, 196, 213—216; and self-structuring 和自我构建 17—20, 196; and sense of presence 和存在感 206—207（也可参见 Control: of willed action）; and soft-assembled coalitions 软装配联合 116, 118, 121, 131, 137, 241, 242（也可参见 Causation; Dynamical Systems）

Cowie, F. F.考伊 238

Cummins, R. R.卡明斯 198, 234

Dale, R. R.戴尔 213

Damasio, A. A.达马西奥 148, 241, 251, 241

Damasio, H. H.达马西奥 241

Dawkins, R. R.道金斯 123, 218, 238, 241

de Villiers, J.G. J.G.德维利尔斯 58

de Villiers, P.A. P.A.德维利尔斯 58

Decety, J. J.戴西迪 95

Decomposition 分解 and asymmetrical contribution of parts 组成部分的非对称贡献 106—110, 129, 162—163, 242; in classic AI 在经典人工智能中 234; distributed functional 分布式功能 13—15, 68—70, 76, 89, 140, 152—153, 193, 202—204; and explanatory method 与解释性方法 157, 248, 223, 250; and interfaces 与分界面 33, 156—159, 163（也可参见 Vat argument; brain in a）; and new systemic wholes 与新的系统整体 33—40, 70, 74, 80, 87—88, 100, 107—116, 135—139, 156—158, 202, 218—219, 243, 246（也可参见 Coupling）; nonlinear 非线性的 116, 157（也可参见 Dovetailing; Dynamical systems; Epistemic actions）; non-neat 非整齐的 xxvi, 73, 129, 211

Dehaene, S. S.德阿纳 50—52

Dennett, D. D.丹尼特 xvi, 46, 55—56, 76, 86, 108, 130—133, 137, 142, 146, 160, 172, 194, 238, 240, 245—246, 251

Densmore, S. S.登斯莫尔 56

Descartes, René 勒内·笛卡尔 xxv, 154, 149, 154, 232, 233, 246

索 引

Descriptive sensory system 描述性感觉系统 191, 248。也可参见 Sensorimotor model of perception

DeSouza, J.F.X. J.F.X. 德苏扎 185

Dewey, J. J. 杜威 v

Dienes, Z. Z. 迪恩兹 16

Distributed cognition 分布式认知 64, 74, 86

Donald, M. M. 唐纳德 47, 75, 238—239

Dourish, P. P. 杜里西 9, 96

Dovetailing, active 契合, 主动的 73, 82, 116, 159, 238。也可参见 Decomposition; Epistemic actions

Dretske, F. F. 德雷特斯克 xiii, 90, 247

Dreyfus, H. H. 德赖弗斯 59

Dreyfus, S. S. 德赖弗斯 59

Dual-stream model of vision 视觉的双码流模型。参见 Sensorimotor model of perception

Dyde, R.T. R.T. 戴德 186

Dynamical systems 动力系统 24—27。也可参见 Causation; Decomposition; and levels of descriptive abstraction 与描述性抽象的层次 158; and soft computation 与软计算 27—28

Ebbinghaus 艾宾浩斯。参见 Titchener circles illusion

Ecological engineering 生态工程。参见 Niche construction

Eliasmith, C. C. 伊莱斯密斯 235

Ellis, R. R. 埃利斯 247

Elman, J. J. 埃尔曼 27, 54, 174, 238

Emergent phenomena 突现现象 94, 136—137, 238

Emulator circuit 仿真电路 motor 运动。参见 Representation

Epistemic actions 认知行为 70—81, 85, 179, 191—193, 211—213, 222, 238, 251。也可参见 Tetris

Epistemic artifact 认知工件 57, 102。也可参见 Niche construction

Epistemic engineering 认知工程。参见 Niche construction

Equivalence classes 等价类。也可参见 Category membership; and labels 与分类 46（也可参见 Language）; and spatial organization 与空间结构 64—66

Event coding 事件编码 theory of 理论 191, 248。也可参见 Sensorimotor model of perception

Executive 执行 inner 内部的。参见 Control: centralized vs. decentralized

Externalism 外在主义 vehicle 载体 23, 28, 53, 76—81, 90, 99, 105—106, 235, 239, 240。也可参见 Content active vs. passive 78—79, 220, 222—223, 251—252

Feldman, M.W. M.W. 费尔德曼 62, 238

Felleman, D.J. D.J. 费勒曼 187

Fisher, J.C. J.C. 费希尔 xiii

Fitneva, S. S. 菲特勒温 213

Fitzpatrick, P. P. 菲茨帕特里克 17—19

Flanagan, J. J. 弗拉纳根 247

Fodor, J.A. J.A. 福多 49—50, 52, 54—56, 59, 90, 117, 237—238

Fogassi, L. L. 福格西 128

Folk psychology 民间心理学 and cognitive extension 和认知延展 x, 88, 103, 105—106, 112; as innate module 作为先天模块 67

Foveation 成凹。参见 Saccades, repeated rapid

Fowler, C. C. 福勒 158

Frassinetti, F. F. 弗拉西内蒂 38, 236

Frisch, K.von K.von 弗里希 62

Frith, C.D. C.D. 弗里思 147

Fu, W.-T. W.-T. 福 118—120, 153, 214, 236

Fuller, R. R. 富勒 212

Functionalism 功能主义。也可参见 Metabolic ignorance; Parity principle anti- 反对的 165, 247; vs. behaviorism 与行为主义相对比 96; and characteristic causal processes 特有的因果过程 92—94（也可参见 Cognitive; mark of the）; common-sense 常识的 x, 87—89, 96—97; and content vehicles 内容载体 90（也可参见 Content; Externalism, vehicle）; distributed 分布式（参见 Cognitive cost; Decomposition: distributed functional）; empirical 经验主义的 88, 96—97, 240; fine- vs. coarse-grained 细粒式的与粗粒式的 88—93, 99, 114—115, 177—180（也可参见 Parity principle; Sensorimotor model of perception）; machine 机械 198—201, 235, 249, 235; and natural kinds 和自然种类 95—96, 115—116, 121; noncomputational 非计算的 249; and phenomenal experience 现象性经验 194—195, 204—206, 250; and platform neutrality 和平台中立性 198—206; vs. profound embodiment 与深度具身 198—217, 249, 250; weak 弱的 xiii

Gallagher, S. S. 加拉格尔 xv, 39, 128—129, 236, 244

Gallese, V. V. 威尔士 128

Gaskins, S. S. 加斯金斯 237

GasNets 气网 134

Gazzaniga, M. M. 加扎尼加 104, 182

Gedenryd, H. H. 戈登瑞德 155

Gertler, B. B. 格特勒 161

Gesture 手势 spontaneous 自发的 28, 75, 122—137, 153, 163—164, 198, 202, 243—245; active vs. expressive role of 主动与表现力作用 125—127; as materialized thought 作为物化思想 126—128, 211, 245, 251; and reasoning 和推理 125, 132—133, 135; as self-generated input 作为自生的输入 126—131, 213, 244

Gibbs, R. R. 吉布斯 86

Gibson, J.J. J.J. 吉布森 8, 31, 234, 236

Gleick, J. J. 格莱克 xxiii

Goldin-Meadow, S. S. 戈尔丁‒梅多 123—127, 133, 135, 243—245

索 引

Goodale, M. M.古德尔 95，181—190，192，248
Goodwin, B. B.古德温 235
Gordon, P. P.戈登 237
Grand illusion 大幻觉 194
Gray, W.D. W.D.格雷 118—122，137，153，214，236，243
Gregory, R. R.格雷戈里 238
Grezes, J. J.格雷泽斯 95
Grush, R. R.格鲁希 33，149—156，246
Gusnard, D.A. D.A.古斯纳德 148

Haugeland, J. J.豪格兰 xxv，31—32，86，117，149—150，156，252
Hayhoe, M. M.海霍 120，243
Hazard function 风险函数 72—73，214。也可参见 Epistemic actions; Tetris
Heidegger, M. M.海德格尔 viii，10，216—17，234
Heideggerian Theater 海德格尔剧院 217
Henderson, J. J.韩德森 143—144
Hermer-Vazquez, L. L.赫米－巴斯克斯 48—49
Hippocampus 海马 109—110
Hirose, N. N.希罗斯 31
Hollingworth, A. A.霍林沃思 143—144
Hollow-face illusion 空心脸幻觉 185—187
Hommel, B. B.霍梅尔 248
Homunculus 小人 inner 内部的 9，37，86—87，135，136。也可参见 Control

Houghton, D. D.霍顿 105，241
Human-computer interaction（HCI）人机交互 96
Hurley, S. S.赫尔利 xiii，xv，xxv，22，70，76，130，234，239
Husbands, P. P.赫斯本兹 134，211
Husserl, E. E.胡塞尔 234
Hutchins, E. E.哈钦斯 47，68，128，221，223，234，238

Iida, F. F.伊达 6
Iizuka, H.饭冢广 134
Ikegami, T. T.池上 134
Intentional state 意向状态。参见 Beliefs
Interfaces 界面 ix，9，31—33，42，117，138，156—159，218—219，236，238，246，251。也可参见 Coupling; Decomposition brain-machine 分解大脑－机器 33—34; vs. systems 与系统 156—159
Introspection 内省。参见 Perception
iPhone 苹果手机 vii—viii，xii
Iriki, A. A.纳木 31，38
Irwin, D. D.欧文 144
Ismael, J. J.伊斯梅尔 158—159，251
Ito, M. M.伊藤 151
Iverson, J. J.艾弗森 124—125，129

Jackendoff, R. R.杰肯道夫 59
Jackson, F. F.杰克逊 88，97，240
Jackson, S. S.杰克逊 189
Jacob, P. P.雅各布 181，191，193，247
Jeannerod, M. M.让纳罗 181，191，193，247—248

Johnson, M. M.约翰逊 200, 206
Jordan, S. S.乔丹 248

Kaczmarek, K. K.卡奇马雷克 35
Kaiser, M. M.凯泽 16
Katsnelson, A. A.卡茨内尔松 48—49
Kawato, M. M.川户 151, 159, 246
Kelso, S. S.凯尔索 158, 235
Kercel, S.W. S.W.柯塞尔 33, 36, 191, 247
Kirkham, N.Z. N.Z.柯卡姆 213
Kirsh, D. D.基尔希 46, 48, 64—65, 70—73, 211, 214, 221—222, 238
Kiverstein, J. J.基维斯坦 xvi, 247
Koch, C. C.科克 190
Kravitz, J.H. J.H.克拉维茨 159
Kroliczak, G. G.克罗利切克 185
Kuniyoshi, Y. 国吉康雄 6—7, 17

Labels 标签。参见 Language
Lakoff, G. G.拉考夫 200, 206
Laland, K.N. K.N.莱兰 61—62, 238
Language 语言 artifact model of 工件模型 56, 58—59; and attention 和注意力 47—50, 54, 57, 237; and labels 和标签 44—53, 147; and reasoning 和推理 50—59; as scaffold 作为支架 44—60, 225—226, 232; as self-directed input 作为自主输入 53—54, 132—133, 134, 244（也可参见 Gesture, spontaneous）; of thought 思维的 16, 47, 53—57, 90; and thoughts-about-thoughts 和思维的思维 58, 148（也可参见 Niche construction）;

Lederman, S. S.莱德曼 247
Lee, D. D.李 16
Levin, D. D.莱文 141, 143—144
Levy, N. N.利维 95
Lewontin, R.C. R.C.列万廷 238
Lipson, H. H.利普森 19, 212
Locomotion 移动、运动 dynamics of 动力学 3—9
Logan, R. R.洛根 236, 239
Lucy, J. J.露西 237
Lungarella, M. M.伦加雷拉 17—18, 214—216, 248
Luzzatti, C. C.卢扎蒂 104

Mack, A. A.马克 143
MacKay, D. D.麦凯 234
Maglio, P. P.马利奥 48, 70—73, 211, 214, 221—222, 238
Mandik, P. P.曼迪克 176
Maravita, A. A.马拉维塔 31, 38
Martin, M.G.F. M.G.F.马丁 xiii
Material carrier 物质载体 126—127。也可参见 Externalism, material; Vygotsky, L.S.
Materialism 唯物论 xxvi
Matthen, M. M.马滕 172, 179, 191, 248
Maturana, H. H.马图拉纳 16
Mayer, M. M.迈耶 144
McBeath, M. M.麦克贝思 16
McClamrock, R. R.麦克拉姆罗克 252
McClelland, J.L. J.L.麦克莱兰 221
McConkie, W.W. W.W.麦康基 141, 144
McGeer, T. T.麦吉尔 4—5

索 引

McHugh, M. M.麦克休 252
McLeod, P. P.麦克劳德 16
McNeill, D. D.麦克尼尔 125—128, 132—133, 135, 202, 211, 243—244
Mead, G.H. G.H.米德 127
Meijer, P.B.L. P.B.L.梅杰 173
Meltzoff, A.N. A.N.梅尔佐夫 35
Menary, R. R.梅纳里 xv, 240
Mental state 心理状态。参见 Content
Merleau-Ponty M. M.梅洛-庞蒂 31, 129, 234
Metabolic ignorance 代谢的无知 77, 114, 138, 203。也可参见 Functionalism; Parity principle
Meta-cognition 元认知 58—59, 74—75, 238
Metta, L. L.梅塔 17—18
Miall, R.C. R.C.迈阿尔 159
Miller, L. L.米勒 33
Milner, D. D.米尔纳 95, 181—190, 192, 248
Mirror neurons 镜像神经元 127—128
Mitroff, S. S.米特罗夫 143—144
Moore, M.K. M.K.摩尔 35
Morphological computation 形态学计算。参见 Computation: morphological
Morse, A.F. A.F.莫尔斯 133—134
Motor deference 运动服从 hypothesis of 假说 146, 197。也可参见 Cognitive cost; Cognitive impartiality
Müller-Lyer illusion 缪勒-莱尔错觉 186—187, 247
Munakata, Y. Y.宗方 53

Mundale, J. J.蒙代尔 240
Mussa-Ivaldi, F. F.穆萨-伊瓦尔迪 33

Namy, L. L.纳米 65
Natural kinds 自然种类。参见 Functionalism
Neocortex 新皮质 109—110
Neth, H. H.内特 72
Neurocentrism 神经中心主义 25, 93, 105—106, 122, 235, 243
Neurofeedback 神经反馈。参见 Biofeedback
Neuroscience 神经科学 systems 系统 109, 241
Niche construction 生态位构建 61—68, 140, 149, 155, 198, 238。也可参见 Phenotype, extended。co-evolutionary account of 共同进化的解释描述 102—105; and cultural transmission 和文化传播 62; and developmental plasticity 和发展的可塑性 67—68; as inheritance mechanism 作为继承机制 67; and reduction of environmental complexity 和减少环境复杂性 64—65, 102; and theory of mind 和心灵理论 67—68
Nicolelis, M. M.尼科莱利斯 33
Nilsson, N.J. N.J.尼尔森 12
Noë, A. A.诺亚 xiii, xv, 22—23, 104, 141—142, 145—146, 169—178, 180—181, 192—194, 199, 205, 234, 247—250
Norman, D. D.诺曼 96, 238, 245
Norton, A. A.诺顿 234
Nozawa, G. G.野泽 72

Nusbaum, H. H. 努斯鲍姆 125

007 principle 007 原则。参见 Cognitive cost: distribution of
Odling-Smee, J. J. 奥德林-斯米 238
Ohmura, Y. Y. 大村 7
Optic ataxia 视觉性共济失调 182—183, 192
Optic flow 视觉流 16, 171
O'Regan, J.K. J.K. 奥里甘 22, 41, 104, 141, 169, 171—173, 178, 180—181, 192, 205, 234
O'Reilly, R. R. 奥赖利 53

Pan troglodytes 黑猩猩 45—46, 147—149, 246
Parietal cortex 顶叶皮层 183—184
Parity principle 对等原则 viii, xxiv, 77—78, 91, 97—100, 114—115, 122, 212, 222, 251—252。也可参见 Computation: wide; Functionalism; Metabolic ignorance
Paul, C. C. 保罗 198, 208—213
Payne, S.J. S.J. 佩恩 72
Peck, A. A. 佩克 31
Pelz, J.B. J.B. 佩尔斯 120
Perception 感知 and action 和行动 ix, 206—207, 251（也可参见 Interfaces; Sensorimotor model of perception）; -action-loop 行动环 71, 74—75, 148; active 积极的、主动的（参见 Sensorimotor model of perception）; augmented 扩张的 31; enactive 生成的（参见 Sensorimotor model of perception）; vs. introspection 对阵内省 78, 100—102, 121, 197, 230
Pettit, P. P. 佩蒂特 172, 179—180, 191, 193, 247
Pfeifer, R. R. 普法伊费尔 6—7, 13, 90, 153, 234
Phantom limbs 幻肢 244
Phenomenal experience 现象性经验。也可参见 Content; Functionalism; Qualia; Sensorimotor model of perception. and verbal report 和口头报告 244
Phenotype 表型 extended 延展的 61, 67, 123, 218—219, 241—242, 243。也可参见 Niche construction
Philippides, A. A. 菲利皮季斯 245
Phonological loop 语音循环 132
Pinker, S. S. 平克 39
Plasticity 可塑性。也可参见 Bimodal neurons; Body schema. brain as locus of micro- 作为微一的轨迹的大脑 56, 162; and exposure to language 和置身于语言 56, 226; and niche construction 和生态位建构 67; in sensory substitution 在感官替代 34—43, 191
Ponzo illusion 庞邹错觉 186—189, 247
Port, R. R. 波特 25, 86, 234
Pragmatic actions 实际行动。参见 Epistemic actions; Tetris
Prefrontal cortex（PFC）前额皮质 147—148, 165
Priming effect 启动效应 92—93, 143
Prinz, J. J. 普林茨 56—57, 189, 238, 251
Prinz, W. W. 普林茨 248

索 引

Proprioception 本体感受 18, 151, 204。也可参见 Body schema; Representation: in emulator circuits

Putnam, H. H. 普特南 78, 200, 222—223, 228, 252

Pylyshyn, Z. Z. 派利申 234, 247

Qualia 感受性 172—180, 195, 247—248。也可参见 Content; Functionalism; Sensorimotor model of perception

Quayle, A. A. 奎尔 147

Railway lines illusion 铁路线错觉。参见 Ponzo illusion

Ramachandran, V. V. 拉马钱德兰 22, 35, 142, 234, 244

Realization 实现 multiple 多元。参见 Anthropocentrism; Functionalism

Recency effect 近因效应 92—94

Reddish, P. P. 雷迪什 16

Reed, E. E. 里德 31

Reed, N. N. 里德 16

Reisberg, D. D. 赖斯贝格 132

Representation 表征 action-oriented 行动导向 247; definition of internal 内部定义 149—150; in emulator circuits 在仿真器电路 150—156, 176; explicit vs. implicit 显性与隐性 74—75; exploitative 开发性的 68—70, 201; hybrid forms of 混合形式 53—56 (也可参见 Language); as insensitive to sensory stimulation 对感官刺激不敏感 179—187, 189—191 (也可参见 Sensorimotor model of percep-tion); minimum internal 最小内部 141, 143—146 (也可参见 Change blindness; Cognitive cost); nonderived 非衍生化 (参见 Content); virtual 虚拟的 142—156, 193—195, 235; in visuomotor action vs. visual awareness 在视觉眼肌运动对阵视觉意识中 181—192

Richards, W. W. 理查兹 225

Richardson, D.C. D.C. 理查森 213

Rizzolatti, G. G. 里佐拉蒂 128

Roberts, T. T. 罗伯茨 xvi

Rockwell, T. T. 洛克威尔 xv, 235, 238, 241

Rogers, Y. Y. 罗杰斯 96

Rohrer, T. T. 罗勒 198, 248

Rosenblatt, F. F. 罗森布拉特 208

Rowlands, M. M. 罗兰兹 xv, 239, 240

Ruina, A. A. 鲁伊纳 4—6, 8, 234

Rumelhart, D.E. D.E. 鲁梅哈特 238, 240

Rupert, R. R. 鲁珀特 xv, 108, 111—115, 117, 121, 138, 162, 237, 239—243

Ryle, G. G. 赖尔 234

Saccades 扫视 repeated rapid 快速重复 for binding information 为绑定信息 12—15, 68, 74—75, 141, 213—216 (也可参见 Computation); and change blindness 和变化盲视 41, 141—146; and sensorimotor contingencies 和感觉运动偶然性 23, 181

Salzman, E. E. 萨尔兹曼 158

Salzman, L. L. 萨尔兹曼 25

Samuels, R. R. 塞缪尔斯 238—239
Scaffolding 支架。也可参见 Niche construction。gesture as 作为手势（参见 Gesture, spontaneous）；language as 作为语言（参见 Language）
Scaife, M. M. 斯凯夫 96
Scheier, C. C. 舍勒 13, 90, 153, 234
Schneider, W. W. 施奈德 95
Schöner, C. C. 斯科内尔 27
Schrope, M. M. 施罗普 36
Scrabble 拼字游戏 65, 72, 221, 223
Sejnowski, T.J. T.J. 谢诺夫斯基 22, 95, 142, 234
Semendeferi, K. K. 西门德费里 246
Sense-act routine 感觉–行动例程。参见 Perception
Sensing 感觉。也可参见 Plasticity。active 在活动中的 xxiv, 11—18, 22—23, 29, 74, 81, 195, 217; in classical model 在经典模型中 15; in knowledge of sensorimotor contingencies 在感觉运动偶然性知识中 22—23, 214—216（也可参见 Sensorimotor model of perception）; in purposeful action 在有目的行动中 187; in sensorimotor loops 在感觉运动循环中 18
Sensorimotor model of perception (SSM) 感知感觉运动模型 strong 强的。也可参见 Change blindness。vs. dual-stream model 与双码流模型相对 181—195, 247, 248; and fine-grained functionalism 和细粒式的功能主义 177—180, 188—191; and intrinsic qualia vs. skills 和内在感受性对阵技能 172—174, 179—180; and phenomenal experience 和现象性经验 169—172, 204—205; and prediction learning 和预测学习 174—176, 178—179（也可参见 Artificial neural networks）; vs. sensorimotor summarizing 与感觉运动汇总 190—193; strengths of 强度 172—176
Shaffer, D.M. D.M. 谢弗 16
Shallice, T. T. 沙尔利切 132, 245
Shapiro, L. L. 夏皮罗 xv, 165, 198—204, 249—250
Sharma, J. J. 夏尔马 174
Shaw, A. A. 肖 189
Shaw, C. C. 肖 234
Sheets-Johnstone, M. M. 希茨–约翰斯通 217
Shiffrin, R. R. 希夫林 95
Silverman, M. M. 西尔弗曼 143
Simons, D. D. 西蒙斯 41, 103, 141, 143—144
Sirigu, A. A. 西里古 248
Situated cognition 情境认知 64, 107, 112, 223
Slide rule 计算尺 65, 68, 221, 224
Sloman, A. A. 斯洛曼 26, 235
Smith, E. E. 史密斯 244
Smith, L. L. 史密斯 10, 47, 65—66, 165, 223, 233—235, 237, 241
Smitsman, A. A. 斯米茨曼 31
Soft-assembly 软装配 116—122, 137—139, 146, 157—159, 197, 251。也可参见 Task-specific device (TSD)
Soft constraints 软约束 120。也可参

索 引

见 Cognitive cost; Control: soft

Spelke, E. E. 斯佩克 48—49

Spencer, J.P. J.P. 斯潘塞 27

Sperber, D. D. 斯波伯 103

Spivey, M.J. M.J. 斯皮维 213

Sporns, O. O. 斯伯恩斯 xvi, 17—18, 215—216, 245, 248

Stelarc 史帝拉 robotic third arm of 机器人的第三条胳膊 10, 33, 37, 234, 236

Sterelny, K. K. 斯特瑞尼 66—68, 102—104, 243

Sterling, B. B. 斯特林 58, 43

Suchman, L. L. 萨奇曼 223

Sudnow, D. D. 萨德诺 237

Sur, M. M. 苏尔 174

Sutton, J. J. 萨顿 xv, 48, 237, 239

Symbols 符号。也可参见 Language。content of 内容 88—89; material 材料 xxvii, 45, 54—58, 76, 81

Szucs, A. A. 苏奇 90

Tactile-Visual Substitution Systems（TVSS）触觉-视觉替代系统 35—37, 173, 177—178, 191

Task-specific device（TSD）任务特定装置 156—158

Tedrake, R. R. 泰德瑞克 8

Telepresence 思科网真 207。也可参见 Control; Coupling

Tetris 俄罗斯方块 viii, 48, 70—75, 77—80, 85, 93, 117, 137, 153, 214, 238, 279。也可参见 Dovetailing

Thelen, E. E. 西伦 xxiv—xxv, 10, 125, 129, 165, 233—235, 241, 247

Thompson, A. A. 汤姆森 211

Thompson, E. E. 汤姆森 39, 169, 193, 234, 251

Thompson, R.K.R. R.K.R. 汤姆森 46, 147, 245

Titchener circles illusion 铁钦纳错觉 184—185, 190

Toddler robot 幼儿机器人 8—10

Tooby, J. J. 图比 67

Toribio, J. J. 托里比奥 xvi, 177

Tower of London task 伦敦塔任务 147

Townsend, J.T. J.T. 汤森 72

Transient extended cognitive system（TECS）瞬时延展认知系统 158—159。也可参见 Task-specific device（TSD）

Triantafyllou, G. G. 特里安塔菲卢 225

Triantafyllou, M. M. 特里安塔菲卢 225

Tribble, E. E. 特里布尔 63—64, 238

Tucker, V.A. V.A. 塔克 3

Turner, S.J. S.J. 特纳 238, 241

Turvey, M. M. 特维 158, 234

Twin earth 孪生地球 xii—xiii, 78—79, 222, 228, 252

Tyler, M. M. 泰勒 35

Ullman, S. S. 厄尔曼 225, 243

Valero-Cuevas, F.J. F.J. 瓦莱罗-奎瓦斯 211—212

Van Essen, D.C. D.C. 范·埃森 24, 187, 235

Van Gelder, T. T. 范·盖尔德 25, 86, 165, 234—235
Varela, F. F. 瓦雷拉 39, 169, 193, 234, 252
Vat argument 大桶论证 brain in a 桶中之脑 163—164, 246
Veksler, V.D. V.D. 韦克斯勒 120, 243
Virtual reality（VR）虚拟现实 9—10
Visual area MT（V_5）MT 视觉区 187
Visual area V_3 V_3 视觉区 187
Vygotsky, L.S. L.S. 维果斯基 47, 126

Wagner, S. S. 瓦格纳 125, 245
Wars, D. D. 瓦尔斯 xvi
Warren, W. W. 沃伦 8, 234
Webb, B. B. 韦布 153
Weber's law 韦伯定律 92
Wegner, D.M. D.M. 韦格纳 95
Wenger, M.J. M.J. 韦格纳 72, 214, 238
Westwood, D. D. 韦斯特伍德 186
Wheeler, M. M. 惠勒 xv, 7, 28, 31, 56—57, 99, 114, 234—235, 238—239, 249
Willed action 意志行动。参见 Control: of willed action
Wilson, R.A. R.A. 威尔逊 xv, 14, 69—70, 86, 201, 238—239, 252
WIRED magazine WIRED 杂志 30
Wisse, M. M. 维斯 4—6
Wolpert, D.M. D.M. 沃尔珀特 159
World 世界 as its own best model 作为它自己的最佳模式 15, 141, 153—155

XOR function 异或函数 208—210, 251

Yu, C. C. 余 xvi, 20—21, 197, 235
Yuille, A. A. 尤伊尔 225

Zola, D. D. 佐拉 144
Zombie thought experiment 僵尸思维实验 173, 247
Zykov, V. V. 济科夫 19

图书在版编目（CIP）数据

放大心灵：具身、行为与认知延展 /（英）安迪·克拉克著；李艳鸽，胡水周译. — 北京：商务印书馆，2022（2022.9 重印）
（心灵与认知文库. 原典系列）
ISBN 978-7-100-18959-0

Ⅰ. ①放…　Ⅱ. ①安…②李…③胡…　Ⅲ. ①心灵学　Ⅳ. ① B846

中国版本图书馆 CIP 数据核字（2021）第 277638 号

权利保留，侵权必究。

心灵与认知文库·原典系列
放大心灵
具身、行为与认知延展
〔英〕安迪·克拉克　著
李艳鸽　胡水周　译

商 务 印 书 馆 出 版
（北京王府井大街36号　邮政编码100710）
商 务 印 书 馆 发 行
北 京 中 科 印 刷 有 限 公 司 印 刷
ISBN 978-7-100-18959-0

2022年2月第1版　开本 880×1230　1/32
2022年9月北京第2次印刷　印张 13½　插页 1

定价：95.00 元